中等职业学校工业和信息化精品系列教材

网·络·技·术

Linux网络操作系统项目教程（CentOS 7.6）

微课版

周文德 王富宁◎主编

张运嵩 曹映聪 赵翊颖◎副主编

U0262183

人民邮电出版社

北 京

图书在版编目（CIP）数据

Linux网络操作系统项目教程：CentOS 7.6：微课版 / 周文德，王富宁主编. -- 北京：人民邮电出版社，2023.11
中等职业学校工业和信息化精品系列教材
ISBN 978-7-115-62538-0

Ⅰ．①L… Ⅱ．①周… ②王… Ⅲ．①Linux操作系统—中等专业学校—教材 Ⅳ．①TP316.85

中国国家版本馆CIP数据核字(2023)第159012号

内 容 提 要

本书以 CentOS 7.6 操作系统为基础，系统、全面地介绍了 Linux 操作系统的基本概念和网络服务配置。全书共分为 7 个项目，内容包括 Linux 操作系统概述，初探 CentOS 7.6，管理用户、文件和磁盘，管理进程与系统服务，管理软件，配置网络、防火墙与远程桌面，以及网络服务配置与管理。

本书既可作为中职院校计算机网络技术、通信技术等相关专业的教材，也可供广大计算机爱好者在自学 Linux 操作系统时使用。

◆ 主　　编　周文德　王富宁
　　副 主 编　张运嵩　曹映聪　赵翊颖
　　责任编辑　郭　雯
　　责任印制　王　郁　焦志炜
◆ 人民邮电出版社出版发行　　　北京市丰台区成寿寺路 11 号
　　邮编　100164　　电子邮件　315@ptpress.com.cn
　　网址　https://www.ptpress.com.cn
　　大厂回族自治县聚鑫印刷有限责任公司印刷
◆ 开本：889×1194　1/16
　　印张：16.5　　　　　　　　　　2023 年 11 月第 1 版
　　字数：341 千字　　　　　　　　2023 年 11 月河北第 1 次印刷

定价：59.80 元
读者服务热线：(010)81055256　印装质量热线：(010)81055316
反盗版热线：(010)81055315
广告经营许可证：京东市监广登字 20170147 号

前　言

操作系统国产化是国家信息安全的重要保障，也是提升国家科技创新能力的必然要求。目前，国产操作系统多以 Linux 操作系统为基础进行二次开发，这主要源于 Linux 具有安全、稳定、开源、免费等诸多特性。网络服务配置与管理是中等职业学校计算机网络技术专业的核心课程，旨在培养学生应用 Linux 完成网络基础配置和搭建网络服务的能力。本书以 CentOS 7.6 操作系统为平台，详细介绍了 Linux 操作系统相关知识及常用操作。

本书全面贯彻党的二十大精神，以社会主义核心价值观为引领，加强基础研究、发扬斗争精神，为建成教育强国、科技强国、人才强国、文化强国添砖加瓦。本书以"学中做、做中学"的理念为指导，采用项目案例的形式组织内容。全书共分为 7 个项目，对应 Linux 知识体系的七大模块。项目由引例描述引领，旨在为学生创设真实的学习情境，激发学生的学习兴趣。每个项目包括若干学习任务，任务由任务陈述、知识准备、任务实施、知识拓展和任务实训 5 部分组成。其中，知识准备重在讲解基础理论知识，任务实施将焦点放在通过实验培养学生实操能力上。每个项目还附有适量的练习题，以方便学生检验学习效果。本书的基础理论知识以"必要、够用"为原则，重点设计符合学生学习特点和实际岗位技能需求的实验，以期让学生通过大量的实践操作提高 Linux 应用能力。

本书坚持"岗课赛证"融通思路。在教学内容选取上以国家教学标准和专业人才培养方案为基础，主动对接全国职业院校技能大赛网络系统管理赛项和相关 1+X 职业技能等级证书的考核内容及评价标准，同时，本书将岗位核心技能要求融入教学目标，着力提高人才培养质量。学生在学习完本书的内容后，应能达到初级网络管理员和运维人员的能力标准。

本书在设计项目案例时融入素养元素，使读者在学习理论知识与锻炼实操技能的同时，提升职业素养，养成正确的世界观、人生观和价值观。

本书的特点是理实结合、配套完备。本书配套有大量微课视频、课程标准、电子教案、实训指导书及项目练习题等数字化学习资源。读者可登录人邮教育社区（www.ryjiaoyu.com）免费获取本书的配套资源。

本书的参考学时为 96 学时，其中理论 24 学时，实践 72 学时。各项目的参考学时详见学时分配表。

学时分配表

项目	课程内容	理论	实践	学时
项目 1	Linux 操作系统概述	1	1	2
项目 2	初探 CentOS 7.6	1	5	6
项目 3	管理用户、文件和磁盘	6	10	16
项目 4	管理进程与系统服务	4	6	10
项目 5	管理软件	2	4	6
项目 6	配置网络、防火墙与远程桌面	2	10	12
项目 7	网络服务配置与管理	8	36	44
总计		24	72	96

　　本书由周文德、王富宁任主编，张运嵩、曹映聪、赵翊颖任副主编。周文德编写了项目 1 和项目 2，王富宁编写了项目 3 和项目 4，曹映聪编写了项目 5，赵翊颖编写了项目 6，张运嵩编写了项目 7，周文德统编全稿。

　　由于编者水平有限，书中疏漏和不足之处在所难免，殷切希望广大读者批评指正。同时，恳请读者一旦发现问题，及时与编者联系，以便尽快更正，编者将不胜感激。读者可加入人邮教师服务 QQ 群（群号：159528354），与编者进行联系。

编　者
2023 年 2 月

目 录

项目1
Linux操作系统概述

学习目标

【知识目标】
- 了解Linux的发展历史。
- 熟悉Linux的层次结构。
- 理解Linux的版本构成。

【能力目标】
- 能够安装VMware Workstation（下文简称VMware）虚拟化工具并创建虚拟机。
- 能够在VMware中创建虚拟机并安装CentOS 7.6操作系统。

【素质目标】
- 增强持之以恒的学习定力。
- 培养大局观和整体性思维。

引例描述

　　小顾是某中职院校计算机网络技术专业的学生。暑假期间，小顾打算在学校附近找一家公司实习。经过多次面试，小顾得到一个在一家 IT 公司的信息管理员岗位实习的机会。小顾心里十分清楚，得到这个实习机会实属不易，毕竟过去两年自己在专业知识和技能上的积累与公司实际用人要求还有不小的差距。这家公司使用的是 Linux 操作系统，小顾之前从没有用过，因此小顾感觉压力非常大。好在这家公司给小顾安排了学识渊博、经验丰富的张经理作为小顾的企业导师，再加上小顾有一股不服输的劲儿，他决定勇敢地接受这个挑战。带着关于 Linux 操作系统的诸多疑问，小顾走进了张经理的办公室。

　　张经理十分欣赏小顾的上进心和求知欲，也看出了他的疑惑和担忧。张经理告诉小顾，Linux 操作系统是一种非常优秀和强大的操作系统，在企业市场得到了越来越广泛的应用。Linux 学习之路充满了困难和挑战，但也有很多乐趣，学好 Linux 操作系统对将来的就业有很大帮助。作为 Linux 初学者，要摆正心态，虚心请教，在学习的过程中既要重视理论知识的学习，又要利用一切机会动手实践。张经理建议小顾先从计算机系统和操作系统的基本概念开始，夯实理论基础，并利用现在比较流行的虚拟化技术安装一台 Linux 操作系统的虚拟机作为学习 Linux 的"主战场"。最重要的是记住一点，付出才有收获，要相信自己一定能够克服眼前的困难，圆满地完成实习任务。

任务 1.1 认识 Linux 操作系统

任务陈述

本书的第一个任务是了解 Linux 操作系统的发展历史，以及 Linux 的相关概念。Linux 在很大程度上借鉴了 UNIX 操作系统的成功经验，继承并发扬了 UNIX 的优良传统。Linux 具有开源的特性，因此一经推出便得到了广大操作系统开发爱好者的积极响应和支持，这也是 Linux 得以迅速发展壮大的关键因素之一。

本任务主要介绍 Linux 的诞生与发展、Linux 的层次结构及 Linux 的版本构成。另外，本书采用 CentOS 7.6 操作系统作为理论讲授与实训学习的操作平台，而 CentOS 源于 Red Hat 操作系统，因此本任务的最后还介绍了 CentOS 与 Red Hat 操作系统的关系。

知识准备

1.1.1 操作系统概述

计算机系统由硬件系统和软件系统两大部分组成，如图 1-1 所示。操作系统是软件系统中非常重要的基础软件。一方面，操作系统直接向各种硬件设备下发指令，控制硬件的运行；另一方面，所有的应用软件都运行在操作系统之上。操作系统为计算机用户提供了良好的操作界面，使用户可以方便地使用各种应用程序完成不同的任务。

狭义地说，操作系统只是覆盖硬件设备的内核，具有设备管理、作业管理、进程管理、文件管理和存储管理五大核心功能，如图 1-2 所示。Linux 作为一种操作系统，既有一个稳定、性能优异的内核，又包括

图 1-1 计算机系统的组成

丰富的系统调用接口。下面简单介绍 Linux 操作系统的诞生与发展。

图1-2　操作系统的五大核心功能

微课

计算机系统
的组成

1.1.2　Linux 的诞生与发展

Linux 是"踩着巨人的肩膀"逐步发展起来的，在 Linux 之前已经出现了一些非常成功的操作系统。

1. UNIX

微课

UNIX 操作
系统家族

Linux 是一种"类 UNIX"的操作系统。UNIX 最早是使用汇编语言开发的，取名为"Unics"。后来其第 3 版内核使用 C 语言实现，并更名为"UNIX"。在众多的 UNIX 版本中，System V 家族和 BSD UNIX 对 UNIX 的发展产生了深远的影响。

2. Minix

在 UNIX 诞生的早期，其源代码是公开的。后来 UNIX 的源代码被私有化，促使了 Minix 操作系统的诞生。Minix 的出现使得大学教师可以继续讲授 UNIX 操作系统的相关课程。

3. Linux

Minix 在学校的应用培养了一批对操作系统内核有浓厚兴趣和深刻理解的学生，其中最有名的莫过于 Linux 的创始人——Linus Torvalds（林纳斯·托瓦兹）。Linux 内核 1.0 于 1994 年正式对外发布。现如今，Linux 在企业服务器市场获得了巨大的成功；在个人消费市场，也被越来越多的用户使用。这都归功于 Linux 具有开源免费、硬件需求低、安全稳定、多用户多任务和多平台支持等诸多优秀特征。

Linux 的诞生与发展历程如图 1-3 所示。

图1-3　Linux 的诞生与发展历程

1.1.3　Linux 的层次结构

图 1-4 所示为计算机系统的层次结构。按照从内到外的顺序，Linux 分为内核、命令解释层和高层应用程序三大部分。

图1-4　计算机系统的层次结构

1. 内核

微课

Linux内核
版本演化

内核是整个操作系统的"心脏"，与硬件设备直接交互，在硬件和其他应用程序之间提供了一层接口。内核是否稳定、高效直接决定了整个操作系统的性能表现是否良好。

2. 命令解释层

微课

几种主要的
Linux发行版

Linux 内核的外面一层是命令解释层，如外壳程序（Shell）。Shell 接收用户输入的各种命令并转交至内核进行处理。

3. 高层应用程序

命令解释层的外面一层是高层应用程序，如常见的办公软件和浏览器等。这些高层应用程序为用户提供了友好的图形化操作界面，能够帮助用户完成各种工作。

1.1.4　Linux 的版本

虽然在普通用户看来，Linux 操作系统是以一个整体出现的，但其实 Linux 的版本由内核版本和发行版两部分组成，每一部分都有不同的含义和相关规定。

1. Linux 的内核版本

早期的 Linux 内核版本的格式是"主版本号.次版本号.修订版本号"。在 3.0 版本之前，次版本号有特殊的含义。当次版本号是偶数时，表示这是一个可以正常使用的稳定版本；当次版本号是奇数时，表示这是一个不稳定的测试版本。例如，2.6.2 是稳定版本，而 2.3.12 是测试版本。但在 3.0 版本之后没有继续使用这个命名约定，所以 3.7.5 表示的也是稳定版本。

2. Linux 的发行版

由于 Linux 的内核是开源的，任何人都可以对内核进行修改，一些商业公司以 Linux 内核为基础，开发了配套的应用程序，并将其组合在一起以发行版的形式对外发行，又称 Linux 套件。现在人们提到的 Linux 操作系统其实一般指的是这些发行版，而不是 Linux 内核。常见的 Linux 发行版有 Ubuntu、CentOS、Red Hat、Fedora、Debian 及国产的红旗 Linux 等，如图 1-5 所示。

图 1-5　常见的 Linux 发行版

3. CentOS 与 Red Hat 的关系

Red Hat 基于通用公共许可证（General Public License，GPL）发行，所以其源代码也一同对外发布，其他人可以对其自由进行修改并发行。CentOS 基本上可以说是 Red Hat 的商业版操作系统 RHEL 的"克隆"，但是在编译其源代码时删除了所有 Red Hat 商标，如图 1-6 所示。以这种方式发行的 CentOS 完全符合 GPL 定义的"自由"规范，不存在任何法律问题。本书的所有实验均基于 CentOS 7.6 完成。

图 1-6　CentOS 与 Red Hat 的关系

任务实施

实验：探寻 Linux 的发展历史

Linux 的诞生离不开 UNIX。Linux 继承了 UNIX 的许多优点，凭借开源的特性迅速发展壮大。读者可参阅相关计算机书籍或在互联网上查阅相关资料，了解 Linux 与 UNIX 的区别与联系。

知识拓展

关于 Linux 创始人 Linus Torvalds 的奇闻轶事详见本书配套电子资源。

任务实训

Linux 操作系统包含内核、命令解释层和高层应用程序三大部分，深刻理解 Linux 操作系统的层次结构对于之后的学习有很大的帮助。

【实训目的】

（1）了解 Linux 层次结构的组成及相互关系。

（2）了解 Linux 内核的角色和功能。

【实训内容】

（1）研究 Linux 层次结构的组成及相互关系。

（2）学习 Linux 内核的角色和功能。

（3）学习 Linux 命令解释层的角色和功能。

（4）学习 Linux 高层应用程序的特点和分类。

任务 1.2　安装 CentOS 7.6 操作系统

任务陈述

在进一步学习 Linux 之前，先要学习如何安装配置 Linux 操作系统。Linux 操作系统的安装过程与 Windows 操作系统有很大不同，且不同的 Linux 发行版的安装方法也存在一些差异。Linux 支持光盘安装、系统镜像文件安装及网络安装等多种安装方式。本任务主要演示如何使用 VMware 虚拟化工具创建虚拟机，并使用系统镜像文件安装 CentOS 7.6 操作系统。

知识准备

1.2.1　选择合适的 Linux 发行版

对于 Linux 初学者而言，选择合适的 Linux 发行版是开始学习的第一步。如果选择昂贵的商业版 Linux 操作系统，则难免给自己带来经济压力。好在有一些免费的社区版 Linux 操作系统，它们在功能和稳定性上不比商业版逊色多少，完全可以满足初学者的学习需求。

CentOS 是一款广受欢迎的社区版 Linux 操作系统，它"克隆"自 Red Hat 公司的商业版操作系统 RHEL，功能强大、稳定性好，在广大 Linux 爱好者中有较好的口碑。CentOS 7.6 操作系统能够在大多数硬件上安装运行，硬件兼容性非常好。另外，它的硬盘需求和内存需求相对比较低。对于 Linux 初学者而言，CentOS 7.6 是学习 Linux 的理想选择。

关于为何选择 Linux 可参考图 1-7。

微课

CentOS
的兼容性

图1-7　为何选择Linux

1.2.2　虚拟化技术

若将 Linux 和其他操作系统（如 Windows 等）安装在同一台计算机中，形成一个多启动系统，则对计算机的硬件配置要求较高，且不利于 Linux 的学习。对于 Linux 初学者而言，最好采用虚拟化技术安装 Linux，如图 1-8 所示。

有了虚拟化技术，用户可以先在物理机或宿主机中安装一款虚拟化软件，再创建多个虚拟机，最后在虚拟机中安装 Linux 操作系统。虚拟机和物理机共享内存、硬盘和网卡等硬件资源。用户可以在虚拟机中进行各种实验，就像在物理机中进行实验一样。

图1-8　使用虚拟化技术安装 Linux

本书使用的虚拟机软件是 VMware。VMware 是一款收费软件，大家可以付费购买其使用许可证，也可以在试用期内免费体验。

任务实施

经过近一周的"闭关"，小顾总算明白了 Linux 操作系统是怎么一回事。但是他现在不确定 Linux 是不是真有别人说的那么好，毕竟还没有亲眼见过 Linux 的"真容"。于是他找到张经理汇报自己的学习心得。张经理告诉小顾，百闻不如一见，学习 Linux 最好的方法就是自己安装 Linux 并动手实践，在实践中感受 Linux 操作系统的魅力。公司目前正在筹备建设一间智慧办公室作为新员工的培训场所，计划购买20台计算机并全部安装CentOS 7.6操作系统。张经理决定把这个任务交给小顾，在这之前，他打算先指导小顾如何在VMware中安装CentOS 7.6操作系统。张经理从创建虚拟机开始，逐步向小顾讲解CentOS 7.6的安装过程。

实验1：安装CentOS 7.6

本实验使用CentOS 7.6镜像文件作为安装源，CentOS 7.6镜像文件可以从CentOS的官方网站下载。对于国内用户而言，更快速的下载途径是国内的镜像站点，比较常用的有清华大学开源镜像站点、浙江大学开源镜像站点等。大家可以在互联网上搜索这些开源镜像站点并下载CentOS 7.6镜像文件。

1. 创建虚拟机

本书采用的VMware版本是VMware Workstation 15.5.0，VMware的工作界面如图1-9所示。

选择【文件】→【新建虚拟机】选项，或单击图1-9右侧主工作区中的【创建新的虚拟机】按钮，弹出图1-10所示的【新建虚拟机向导】对话框。

图1-9　VMware的工作界面　　　　　　图1-10　【新建虚拟机向导】对话框

在图1-10中选择默认的【典型（推荐）】安装方式，单击【下一步】按钮，进入【安装客户机操作系统】界面。选择虚拟机安装来源，可以选择通过光盘或光盘镜像文件安装操作系统。因为要在虚拟的空白硬盘中安装光盘镜像文件，并自定义一些安装策略，所以这里一定要选中【稍后安装操作系统】单选按钮，如图1-11所示。

单击【下一步】按钮，进入【选择客户机操作系统】界面，选择客户机操作系统及版本，这里选择【Linux】操作系统的【CentOS 7 64位】选项，如图1-12所示。

单击【下一步】按钮，进入【命名虚拟机】界面，为新建的虚拟机命名，并设置虚拟机在物理机中的安装路径，如图1-13所示。

图1-11 选择虚拟机安装来源

图1-12 选择客户机操作系统及版本

单击【下一步】按钮，进入【指定磁盘容量】界面，为新建的虚拟机指定虚拟磁盘的最大容量。这里指定的容量是虚拟机文件在物理硬盘中可以使用的最大容量，本次安装将其设为50GB，如图1-14所示。

图1-13 设置虚拟机名称和安装路径

图1-14 指定磁盘容量

将虚拟磁盘存储为单个文件还是拆分成多个文件主要取决于物理机的文件系统。如果文件系统是FAT32，则因为FAT32支持的单个文件最大是4GB，所以需要将虚拟磁盘拆分成多个文件；如果文件系统是NTFS，则可以将虚拟磁盘存储为单个文件，因为NTFS支持的单个文件最大达到了2TB，完全可以满足学习的需要。现在的计算机磁盘分区大多使用NTFS文件系统。

单击【下一步】按钮，进入【已准备好创建虚拟机】界面，显示虚拟机配置信息摘要，如图1-15所示。单击【完成】按钮，即可完成虚拟机的创建，如图1-16所示。

在物理机中打开虚拟机硬盘所在目录（在本实验中为*F:\CentOS7.6*），可以看到虚拟机的配置文件和辅助文件，如图1-17所示。其中，*CentOS7.6.vmx*文件就是虚拟机的主配置文件。

图1-15　虚拟机配置信息摘要

图1-16　完成虚拟机的创建

图1-17　虚拟机的配置文件和辅助文件

2. 设置虚拟机

虚拟机和物理机一样，需要硬件资源才能运行。下面介绍如何为虚拟机分配硬件资源。

在图1-16所示的虚拟机界面中单击【编辑虚拟机设置】链接，弹出【虚拟机设置】对话框，如图1-18所示。在该对话框左侧可以选择不同类型的硬件并进行相应设置，如内存、处理器、硬盘（SCSI）、显示器等。下面简要说明内存、安装源及网络适配器的设置。

选择【内存】选项，在该对话框右侧可以设置虚拟机内存大小。一般来说，建议将虚拟机内存设置为小于或等于物理机内存。这里将其设置为2GB。

选择【CD/DVD（IDE）】选项，设置虚拟机的安装源。在该对话框右侧选中【使用ISO映像文件】单选按钮，并选择实际的镜像文件，如图1-19所示。

选择【网络适配器】选项，设置虚拟机的网络连接，如图1-20所示。可通过3种方式配置虚拟机的网络连接，分别是桥接模式、NAT模式和仅主机模式。这里的配置不影响后续的安装过程，因此暂时保留默认选中的【NAT模式：用于共享主机的IP地址】单选按钮。单击【确定】按钮，回到图1-16所示的界面。

注意，以上操作只是在VMware中创建了一个新的虚拟机条目并完成了安装前的基本配置，并不是真正安装了 CentOS 7.6。

图1-18　【虚拟机设置】对话框

图1-19　设置虚拟机的安装源

3. 安装 CentOS 7.6

在图 1-16 所示的界面中单击【开启此虚拟机】链接，开始在虚拟机中安装 CentOS 7.6。俗话说，万事开头难。Linux 初学者第一次在虚拟机中安装操作系统时，往往会在这一步得到一个错误提示，如图 1-21 所示。

图1-20　设置虚拟机的网络连接

图1-21　错误提示

这是一个很普遍的问题。Intel VT-x 是美国英特尔（Intel）公司为解决纯软件虚拟化技术在可靠性、安全性等性能上的不足，而在其硬件产品上引入的虚拟化技术，该技术可以让单个 CPU 模拟多个 CPU 并行运行。这个错误提示的意思是物理机支持 Intel VT-x，但是当前处于禁用状态，因此需要启用 Intel VT-x。解决方法一般是在计算机启动时进入系统的基本输入 / 输出系统（Basic Input/Output System，BIOS），在其中选择相应的选项。至于进入 BIOS 的方法，则取决于具体的计算机生产商及相应的型号。Intel VT-x 的问题解决之后就可以继续安装操作系统了。

　　首先进入的是 CentOS 7.6 安装引导界面，如图 1-22 所示。这里先介绍一个虚拟机的操作技巧：如果想让虚拟机捕获鼠标和键盘的输入，则可以将鼠标指针移动到虚拟机内部（即图中黑色区域）后单击，或者按【Ctrl+G】组合键；将鼠标指针移出虚拟机或按【Ctrl+Alt】组合键，可使鼠标和键盘输入返回至物理机。

图 1-22　CentOS 7.6 安装引导界面

　　CentOS 7.6 安装引导界面中有 3 个选项，即【Install CentOS 7】【Test this media & install CentOS 7】【Troubleshooting】，分别表示直接安装 CentOS 7、检测安装源并安装 CentOS 7、故障排除。选择【Install CentOS 7】选项并按 Enter 键，进入 CentOS 7 安装程序。

　　安装程序开始加载系统镜像文件，进入欢迎界面，在欢迎界面中可以选择安装过程中使用的语言。CentOS 7.6 提供了多种语言供用户选择，此处选择的语言是系统安装后的默认语言。本次安装选择的语言是简体中文。选择好安装语言后，单击【继续】按钮，进入【安装信息摘要】界面。

　　【安装信息摘要】界面是整个安装过程的入口，分为本地化、软件和系统 3 个选项组，每个选项组包括 2 个或 3 个设置选项。可以按顺序或随机设置各个选项，只要单击相应的图标即可进入相应的设置界面。有些选项图标带有黄色警告标志，表示这部分的设置是必需的，也就是说，只有完成这些设置才能继续安装 CentOS 7.6。其他不带警告标志的选项是可选的，表示可以使用默认设置也可以自行设置。

　　本地化设置比较简单，包括【日期和时间】【键盘】【语言支持】3 项。其中，【键盘】采用默认的汉语，【语言支持】沿用上一步选择的安装语言，这两项都不需要修改。选择【日期和时间】选项，进入【日期 & 时间】界面。先在此界面中选择合适的城市，再在此界面的底部设置日期和时间，设置好之后单击【完成】按钮，返回【安装信息摘要】界面。

　　选择【软件选择】选项，进入【软件选择】界面，选择要安装的软件包，如图 1-23 所示。

　　安装源的镜像文件包含许多软件包，这些软件包被划分到不同的基本环境中，如最小安装、计算节点等基本环境。一个软件包可以属于多个基本环境。根据计算机的实际用途和用户操作习惯，在图 1-23 的左侧选择合适的基本环境。注意，基本环境只能选择一个。选择基本环境后，会在图 1-23 的右侧显示所选基本环境中可用的附加软件包。附加软件包又分为两大类，用横线分隔开。横线下方的附加软件包适用于所有的基本环境，而横线上方的附加软件包只适用于所选的基本环境。可以为一个基本环境同时选择多个附加软件包。

图 1-23　选择要安装的软件包

安装程序默认选择的基本环境是【最小安装】，即只安装操作系统运行所需的最基本的功能。对 Linux 初学者而言，这种工作环境不太友好，不利于快速上手学习。为了降低学习难度，本次安装选择的基本环境是【带 GUI 的服务器】，也就是带图形用户界面的操作系统。CentOS 默认使用 GNOME 作为图形用户界面。单击【完成】按钮，返回【安装信息摘要】界面。

选择【安装位置】选项，进入【安装目标位置】界面，选择要在其中安装系统的硬盘并指定分区方式，如图 1-24 所示。这里选中【我要配置分区】单选按钮，单击【完成】按钮，进入【手动分区】界面，如图 1-25 所示。

图 1-24　【安装目标位置】界面

图 1-25　【手动分区】界面

在【手动分区】界面中可以配置磁盘分区与挂载点。为简单起见，在分区方案下拉框中，选择【标准分区】选项，单击【点这里自动创建它们】链接，自动生成几个标准的分区。选择启动分区 sda3（/），将其期望容量设为 15GiB，结果如图 1-26 所示。

标准分区完成后，单击【手动分区】界面左上角的【完成】按钮，进入【更改摘要】界面，可以看到标准分区的结果，同时提醒用户为使分区生效，安装程序将执行哪些操作，如图 1-27 所示。

图 1-26　标准分区结果

图 1-27　【更改摘要】界面

单击【接受更改】按钮，返回【安装信息摘要】界面。可以看到，设置完成后该界面中的黄色警告标志自动消失。

【安装位置】下方的【网络和主机名】用于设置系统的网络连接及主机名。这里将主机名设为"centos7"，单击【应用】按钮使配置生效，如图 1-28 所示。项目 6 会专门介绍系统的网络配置，因此这里暂时跳过。单击【开始安装】按钮，安装程序开始按照之前的设置安装操作系统，并实时显示系统安装进度，如图 1-29 所示。

图 1-28　设置主机名

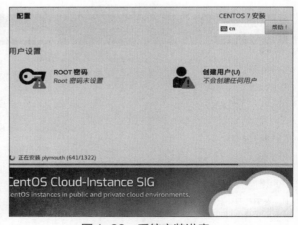

图 1-29　系统安装进度

安装软件包的同时，在图 1-29 所示的界面中选择【ROOT 密码】选项，可以为 root 用户设置密码，如图 1-30 所示。root 用户是系统的超级用户，具有操作系统的所有权限。root

用户的密码一旦泄露，将会给操作系统带来巨大的安全风险，因此强烈建议大家为其设置一个复杂的密码并妥善保管该密码。如果设置的密码没有通过安装程序的复杂性检查，那么需要单击两次【完成】按钮加以确认。

图1-30 为root用户设置密码

由于 root 用户的权限太过强大，为了避免以 root 身份登录系统后发生误操作，一般会在系统中创建一些普通用户。正常情况下，会以普通用户的身份登录系统。如果需要执行某些特权操作，则切换到 root 用户即可，具体方法会在项目 3 中详细介绍。选择【创建用户】选项，创建一个全名为 zhangyunsong、用户名为 zys 的普通用户，如图 1-31 所示。注意，全名是操作系统登录界面显示的名称，用户名是操作系统内部存储的名称。如果没有特殊说明，则本书后面的实验默认以 zys 用户的身份执行。

图1-31 创建普通用户

根据选择的基本环境、附加软件包及物理机的硬件配置，整个安装过程可能会持续20～30分钟。安装成功后进入图 1-32 所示的界面，单击【重启】按钮，重新启动计算机。

系统重启后需进行初始设置，【初始设置】界面如图 1-33 所示。选择【LICENSE INFORMATION】选项，在【许可信息】界面中选中左下角的【我同意许可协议】复选框，如图 1-34 所示。

单击【完成】按钮，回到【初始设置】界面。这里暂时不设置网络和主机名，直接单击【完成配置】按钮结束系统配置。系统再次重启后进入等待登录界面，如图 1-35 所示。

至此，成功安装了 CentOS 7.6。可以看到，CentOS 7.6 的安装是在可视化的图形用户界面中进行的。整个安装过程最复杂的一步是新建分区和挂载点。具体的登录过程及相关设置将在项目 2 中详细介绍。

图1-32　安装成功后的界面

图1-33　【初始设置】界面

图1-34　操作系统使用许可协议

图1-35　等待登录界面

实验 2：创建虚拟机快照

VMware 提供了一种创建虚拟机快照的功能，可以保存虚拟机在某一时刻的状态。如果虚拟机出现故障或者因为其他某些情况需要退回到过去的某个状态，则可以利用虚拟机快照实现这一功能。

在图 1-16 所示的界面中，左侧的工作区显示了已经创建好的虚拟机。在虚拟机关机的状态下，单击要创建快照的虚拟机，选择【虚拟机】→【快照】→【拍摄快照】选项，如图 1-36 所示。在弹出的【CentOS 7.6- 拍摄快照】对话框中，设置快照的名称和描述，单击【拍摄快照】按钮，如图 1-37 所示。

创建好的虚拟机快照显示在【虚拟机】菜单中，如图 1-38 所示。如果要恢复到某个快照的状态，则选择相应的虚拟机快照，并在弹出的确认对话框中单击【是】按钮即可，如

图 1-39 所示。注意，这个操作会删除虚拟机当前的系统设置，务必谨慎操作。

图1-36　拍摄快照

图1-37　设置快照的名称和描述

图1-38　【虚拟机】菜单

图1-39　确认恢复快照

实验 3：克隆虚拟机

跟着张经理学习了 CentOS 7.6 的安装方法后，小顾又在自己的笔记本电脑中实验了几次，现在他已经可以熟练地安装 CentOS 7.6 了。可是他又有了新的困惑：如果在 20 台计算机中重复同样的安装过程，则有些枯燥和浪费时间，有没有快速的安装方法呢？张经理告诉小顾确实有这样的方法。VMware 提供了"克隆"虚拟机的功能，可以利用已经安装好的虚拟机再创建一个新的虚拟机，新虚拟机的系统设置和原来的虚拟机完全相同。张经理并不打算带着小顾完成这个实验，他把这个实验作为一次考验让小顾自己操作。小顾从互联网中查找了一些资料，经过梳理后，按照下面的步骤完成了张经理布置的任务。

在图 1-16 所示的界面中，选择【虚拟机】→【管理】→【克隆】选项，如图 1-40 所示，弹出【克隆虚拟机向导】对话框。

单击【下一步】按钮，进入【克隆源】界面。这里选中【虚拟机中的当前状态】单选按钮，如图 1-41 所示。

单击【下一步】按钮，进入【克隆类型】界面。这里选中【创建完整克隆】单选按钮，如图 1-42 所示。

单击【下一步】按钮，进入【新虚拟机名称】界面，设置新虚拟机的名称和位置，如图 1-43 所示。单击【完成】按钮开始克隆虚拟机，完成之后单击【关闭】按钮，关闭【克隆虚拟机向导】对话框。在 VMware 界面中可以看到克隆好的新虚拟机，如图 1-44 所示。

图1-40　克隆虚拟机

图1-41　选择克隆源

图1-42　选择克隆类型

图1-43　设置新虚拟机的名称和位置

这里顺便介绍从物理机中移除或删除虚拟机的方法。用鼠标右键单击要移除的虚拟机，在快捷菜单中选择【移除】选项，可将选中的虚拟机从 VMware 的虚拟机列表中移除，如图 1-45 所示。这个操作没有把虚拟机从物理磁盘中删除，被移除的虚拟机是可以恢复的。

图1-44　克隆好的新虚拟机

图1-45　从虚拟机列表中移除虚拟机

确切地说，移除虚拟机只是让虚拟机在 VMware 界面中"隐身"。选择【文件】→【打开】选项，选中虚拟机的主配置文件（即图 1-17 中的 *CentOS7.6.vmx*）即可将移除的虚拟机重新添加到虚拟机列表中。

要想把虚拟机从物理磁盘中彻底删除，可以在图 1-41 所示的菜单中选择【从磁盘中删除】选项。需要特别提醒的是，这个操作是不可逆的，执行时一定要谨慎。

掌握了虚拟机的克隆技术，小顾顿时觉得压力小了许多。只要在一台计算机中安装好虚拟机，剩下的工作基本上就是复制文件。他现在希望公司购买的计算机早点到货，这样就可以练习自己这段时间辛苦学习的技能了。这时他看到张经理领着几位工作人员正在搬运箱子，小顾知道自己大显身手的时候到了……

知识拓展

人们平时经常以 MB 或 GB 等作为磁盘的容量单位。细心的读者可能已经注意到，在图 1-26 中出现了几个不常见的容量单位，如 MiB 和 GiB。二者的对应关系详见本书配套电子资源。

任务实训

如果在物理机中安装操作系统，把物理机当作"多启动系统"，那么对物理机的硬件配置要求较高，会提高学习成本。现在普遍的做法是先在物理机中安装虚拟化软件，然后在其中为要安装的操作系统创建一个虚拟环境，再在虚拟环境中安装操作系统，这就是通常所说的"虚拟机"。这个虚拟环境可以共享物理机的硬件资源，包括磁盘和网卡等。对于用户来说，使用虚拟机就像是使用物理机一样，可以完成在物理机中所能执行的几乎所有任务。本书使用的虚拟化软件是 VMware。

本实训的主要任务是在 Windows 物理机中安装 VMware，并在其中安装 CentOS 7.6。

【实训目的】

（1）了解采用虚拟机方式安装操作系统的基本原理。

（2）掌握修改虚拟机设置的方法。

（3）掌握安装 CentOS 7.6 的具体步骤。

【实训内容】

（1）在 Windows 物理机中安装 VMware 软件。

（2）在 VMware 虚拟平台中新建虚拟机。

（3）修改虚拟机的设置。

（4）使用镜像文件安装 CentOS 7.6，要求如下。

① 将虚拟机硬盘空间设置为 60GB，内存设置为 4GB。

② 基本环境选择【带 GUI 的服务器】。

③ 将主机名设置为 ilikelinux。

④ 设置 root 用户的密码为"toor@0211"；创建普通用户 zys，将其密码设置为"868@srty"。

项目小结

本项目包括两个任务。任务 1.1 从操作系统的基本概念讲起，内容包括 Linux 的诞生与发展、Linux 的层次结构及版本。作为学习 Linux 操作系统的背景知识，这部分内容可以帮助读者从整体上了解 Linux 操作系统的概貌。尤其是 Linux 的层次结构和版本两个知识点，最好能够熟练掌握。任务 1.2 主要讲述如何在 VMware 中安装 CentOS 7.6 操作系统。对于初学者来说，这是学习 Linux 操作系统的第一步，必须熟练掌握。

项目练习题

1. 选择题

（1）Linux 操作系统最早是由芬兰赫尔辛基大学的（　　　）开发的。

　　A. Richard Petersen　　B. Linus Torvalds　　C. Rob Pick　　D. Linux Sarwar

（2）在计算机系统的层次结构中，位于硬件和系统调用之间的一层是（　　　）。

　　A. 操作系统内核　　B. 库函数　　C. 外壳程序　　D. 高层应用程序

（3）下列选项中（　　　）不是常用的操作系统。

　　A. Windows 7　　B. UNIX　　C. Linux　　D. Microsoft Office

（4）下列选项中（　　　）不是 Linux 的特点。

　　A. 开源免费　　B. 硬件需求低　　C. 支持单一平台　　D. 多用户、多任务

（5）采用虚拟平台安装 Linux 操作系统的一个突出优点是（　　　）。

　　A. 系统稳定性大幅提高　　　　　　　　B. 系统运行更加流畅

　　C. 获得更多的商业支持　　　　　　　　D. 节省软件和硬件成本

（6）下列关于 Linux 操作系统的说法中错误的一项是（　　　）。

　　A. Linux 操作系统不限制应用程序可用内存的大小

　　B. Linux 操作系统是免费软件，可以通过网络下载

　　C. Linux 是一个类 UNIX 的操作系统

　　D. Linux 操作系统支持多用户，在同一时间可以有多个用户登录系统

（7）Linux 操作系统是一种（　　　）的操作系统。

　　A. 单用户、单任务　　　　　　　　　　B. 单用户、多任务

C. 多用户、单任务　　　　　　　　　D. 多用户、多任务

（8）CentOS 是基于（　　　）的源代码重新编译而发展起来的一个 Linux 发行版。

　　A. Ubuntu　　　　　B. Red Hat　　　C. openSUSE　　　D. Debian

（9）严格地说，原始的 Linux 只是一个（　　　）。

　　A. 简单的操作系统内核　　　　　　　B. Linux 发行版

　　C. UNIX 操作系统的复制品　　　　　　D. 具有大量的应用程序的操作系统

（10）下列关于 Linux 内核版本的说法中不正确的一项是（　　　）。

　　A. 内核有两种版本：测试版本和稳定版本

　　B. 次版本号为偶数时，说明该版本为测试版本

　　C. 稳定版本只修改错误，测试版本继续增加新的功能

　　D. 当 Linux 内核版本号为 2.5.75 时说明其为测试版本

2. 填空题

（1）计算机系统由_____和_____两大部分组成。

（2）一个完整的 Linux 操作系统包括_____、_____和_____3 个主要部分。

（3）在 Linux 操作系统的组成中，_____和硬件直接交互。

（4）UNIX 在发展过程中有两个主要分支，分别是_____和_____。

（5）Linux 的版本由_____和_____构成。

（6）将 Linux 内核和配套的应用程序组合在一起对外发行，称为_____。

（7）CentOS 是基于_____"克隆"而来的 Linux 操作系统。

（8）虚拟机的网络连接方式有_____、_____和_____3 种。

（9）按照 Linux 内核版本传统的命名方式，当次版本号是偶数时，表示这是一个_____。

3. 简答题

（1）计算机系统的层次结构包括哪几部分，每一部分的功能是什么？

（2）Linux 操作系统由哪 3 部分组成，每一部分的功能是什么？

（3）简述 Linux 操作系统的主要特点。

项目2
初探CentOS 7.6

学习目标

【知识目标】
· 了解GNOME桌面环境的特点。
· 熟悉Linux命令的结构和特点。
· 掌握vim文本编辑器的3种模式及每种模式的常用操作。

【能力目标】
· 熟练掌握CentOS 7.6的登录和基本操作。
· 熟练使用命令行界面执行基本命令。
· 熟练使用vim文本编辑器编辑文本。

【素质目标】
· 培养知行合一、勇于实践的精神。
· 培养脚踏实地的学习态度。

引例描述

　　在张经理的悉心指导下，小顾已经掌握了在VMware中安装CentOS 7.6的方法。对于安装过程中的关键步骤和常见问题，小顾也能轻松应对。看到CentOS 7.6清爽的桌面环境，小顾心中泛起一丝好奇，这清爽的桌面背后究竟隐藏了哪些"好玩"的功能？Linux和Windows操作系统有什么不同？小顾就这些问题请教了张经理，期望从他那里得到答案。可是张经理却告诉小顾，如果没有亲自使用过CentOS 7.6，无论如何也体会不到它的优点。他还告诫小顾，安装好CentOS 7.6只是"万里长征"的第一步。现在的首要任务是尽快熟悉CentOS 7.6的基本使用方法，尤其是以后会经常使用的Linux命令行界面和vim文本编辑器。张经理告诉小顾，可以从CentOS 7.6的登录过程开始，逐步探索CentOS 7.6的强大功能。

任务 2.1　初次使用 CentOS 7.6

任务陈述

安装好 CentOS 7.6 后，还要完成必要的初始化配置才能开始使用 CentOS 7.6，这是本任务要介绍的第 1 项内容。本书后面的所有实验基本上都是在 Linux 命令行界面中完成的，所以要熟悉 Linux 命令行的基本操作，这对后面的理论学习和实验操作而言非常重要。Linux 命令行的特点和使用方法是本任务的核心知识点，请大家务必熟练掌握。

知识准备

2.1.1　CentOS 7.6 初始化配置

任务 1.2 详细讲解了在 VMware 中安装 CentOS 7.6 的方法和步骤，本任务将完成首次登录 CentOS 7.6 时的初始化配置。为方便介绍，图 2-1 再次展示了 CentOS 7.6 的等待登录界面。

图 2-1　等待登录界面

在等待登录界面的顶部中间位置显示的是系统时间。单击该时间会弹出一个下拉列表显示更详细的日期和时间信息。等待登录界面的右上角有几个系统设置图标。单击人形图标，弹出的下拉列表中包含一些辅助登录选项，如图 2-2 所示。例如，【大号文本】选项可以放大登录界面中的文字，而【屏幕键盘】选项则会在用户输入时弹出一个软键盘，如图 2-3 所示，当物理键盘出现故障时，可以使用这个软键盘进行输入。

图 2-2　辅助登录选项

图 2-3　软键盘

人形图标的右侧还有两个图标，即用于调节系统音量的喇叭图标和用于关机及重启系统的电源图标，具体操作这里不再演示。

在等待登录界面的中间部分列出了可以登录系统的用户。之前在安装系统时已经添加了 zhangyunsong 这个用户，因此它显示在登录界面中。可以注意到 root 用户不在其中，这并不代表不能以 root 用户的身份登录系统。root 用户是操作系统的超级用户，权限非常大，正常情况下都以普通用户的身份登录操作系统，需要执行特权操作时才切换到 root 用户，因此这里并未显示 root 用户。

图2-4　用户密码输入界面

单击用户 zhangyunsong 后输入密码，单击【登录】按钮或直接按 Enter 键即可登录 CentOS 7.6。用户密码输入界面如图 2-4 所示。

由于是首次登录操作系统，为了满足不同用户的使用习惯，还需要经过几步简单的操作来设置系统工作环境。首先，在【欢迎】界面中选择语言，如图 2-5 所示。默认选中的语言是和安装操作系统时选择的安装语言一致的。

单击【欢迎】界面右上角的【前进】按钮，在【输入】界面中选择键盘布局，如图 2-6 所示。这里使用默认的【汉语】即可。

图2-5　选择语言

图2-6　选择键盘布局

单击【前进】按钮，在【隐私】界面中设置隐私条款，如图 2-7 所示。本次安装只用于学习 Linux 操作系统，因此这里选择关闭位置服务。

单击【前进】按钮，在【连接您的在线账号】界面中选择在线账号，如图 2-8 所示。

直接单击【跳过】按钮，完成首次登录设置，如图 2-9 所示。单击【开始使用 CentOS Linux】按钮，系统自动打开一个包含快速入门内容的帮助窗口。若感兴趣，可以选择需要的内容进行学习。关闭帮助窗口后，就可以看到期待已久的 CentOS 7.6 桌面了，如图 2-10 所示。

图2-7 设置隐私条款

图2-8 选择在线账号

图2-9 完成首次登录设置

图2-10 CentOS 7.6 桌面

2.1.2 GNOME 桌面环境

在图2-10所示的CentOS 7.6桌面环境中，整个桌面可以分为3个主要部分。

1. 菜单栏

菜单栏位于桌面的顶部。菜单栏的右侧显示了系统的当前日期和时间，以及音量和电源图标。单击日期和时间会显示更详细的日历信息。将鼠标指针移动到音量和电源图标上会弹出图2-11所示的下拉列表，可以在该下拉列表中设置系统音量和网络连接、切换用户、注销用户、关机或重启系统等。

在菜单栏的左侧有两个一级菜单，即【应用程序】和【位置】。将鼠标指针移动到【应用程序】菜单上，可以看到按功能分类的软件类型列表，如办公软件、工具软件和影音软件等，将鼠标指针停留在某种软件类型上，会在右侧显示该类型具体包含的软件，如图2-12所示。

图 2-11　下拉列表

图 2-12　【应用程序】菜单

可以注意到图 2-12 的左下角有一个【活动概览】选项，选择该选项后打开图 2-13 所示的活动概览图。图 2-13 中位置 1 处垂直排列了一些常用的软件；单击位置 2 处的 9 个圆点图标可以查看全部软件；位置 3 处显示了 4 个虚拟桌面的缩略图，大多数 Linux 发行版都提供了 4 个可用的虚拟桌面，也称为工作区，用户可以在每个工作区中独立完成不同的工作，这个设计可以扩展用户的工作界面，方便用户合理安排工作，目前高亮显示了第 1 个工作区；位置 4 处列出了当前在这个工作区中打开的软件。可以发现第 2 个工作区中其实也有软件在运行，而下面两个工作区是空的。按 Esc 键可以退出活动概览图。

选择【应用程序】→【系统工具】→【设置】选项，进入系统设置主界面，如图 2-14 所示。在这里可以进行网络、桌面背景、系统通知、地区和语言、安全等方面的设置，它很像 Windows 操作系统中的控制面板。

图 2-13　活动概览图

图 2-14　系统设置主界面

菜单栏中的【位置】菜单提供了进入 CentOS 7.6 文件资源管理器的入口，如图 2-15 所示。【主文件夹】代表当前登录用户的主目录。【视频】【图片】【文档】【下载】【音乐】都是

【主文件夹】中的子目录，这里提供了直接打开这些子目录的快捷方式。选择【计算机】选项，打开资源管理器窗口，如图2-16所示。CentOS 7.6的资源管理器窗口和Windows操作系统的资源管理器非常类似，具体操作这里不再讲解。需要说明的是，打开资源管理器窗口后，【位置】菜单的右侧会出现一个【文件】菜单。可以通过【文件】菜单设置资源管理器窗口的外观和操作方式，如自定义键盘快捷键、设置是否显示左侧边栏、是单击打开目录还是双击打开目录等。

图2-15　【位置】菜单

图2-16　资源管理器窗口

2. 桌面

CentOS 7.6的桌面看起来比较清爽，只有【回收站】【主文件夹】【CentOS 7 x86_64】3个图标。【回收站】用于保存尚未彻底删除的文件和目录，【主文件夹】就是当前登录用户的主目录，【CentOS 7 x86_64】代表安装CentOS 7.6时使用的操作系统镜像文件。用鼠标右键单击【CentOS 7 x86_64】图标，在快捷菜单中选择【弹出】选项，可以卸载镜像文件。

3. 任务栏

桌面的底部是任务栏，显示了用户打开的应用程序。和Windows操作系统一样，可以按【Alt+Tab】组合键快速切换应用程序。任务栏的右侧还有一个数字图标，代表前面提到的4个工作区。单击数字图标可以在工作区之间切换，如图2-17所示，也可以按【Ctrl+Alt+↑】或【Ctrl+Alt+↓】组合键进行切换。

关于GNOME桌面环境就介绍到这里。经过这么多年的发展，Linux操作系统的图形用户界面越来越人性化，学习门槛也越来越低。熟悉Windows操作系统的用户可以很容易地切换到Linux操作系统，因为很多操作方式是类似甚至是相同的。大家可以在VMware中创建一台虚拟机并安装CentOS 7.6，在图形用户界面中多做一些尝试，不用担心把虚拟机"玩坏"。因为经过前面的学习，创建虚拟机对于大家来说应该是一件非常简单的事情了。

图2-17　切换工作区

2.1.3　注销用户和关机

现在来学习注销用户和关机的操作。

1. 注销用户

在图 2-11 所示的界面中，单击【zhangyunsong】右侧的按钮，展示其选项，如图 2-18 所示。选择【注销】选项，可以注销当前用户并重新登录系统。

2. 关机

在图 2-18 中单击下方中间位置的锁形图标，可以锁定当

图 2-18　注销用户

前用户，如图 2-19 所示。输入密码，按 Enter 键或单击【解锁】按钮即可重新进入系统。

单击图 2-18 下方右侧的电源图标，系统提示自动关机，如图 2-20 所示。在这里可以单击【重启】或【关机】按钮选择立刻重启系统或关机。

图 2-19　锁定用户

图 2-20　系统提示自动关机

2.1.4　Linux 命令行模式

从现在开始，我们把学习重点转移到 Linux 命令行模式。Linux 命令行界面也被称为终端界面或终端窗口等。不同于图形用户界面，命令行界面是一种字符型的工作界面。在命令行模式中没有按钮、下拉列表、文本框等图形用户界面中常见的元素，也没有时尚的窗口切换效果。用户能做的只是把要完成的工作以命令的形式传达给操作系统，并等待响应。

1. Shell 终端窗口

如果直接在命令行界面中工作，则可能大部分 Linux 初学者会感到极不适应。确实，命令行界面更适合经验丰富的 Linux 系统管理员使用。对于普通用户或初学者来说，可以通过外壳程序 Shell 来体验命令行界面的工作环境。

选择【应用程序】→【系统工具】→【终端】选项，如图 2-21（a）所示，或者直接用鼠标右键单击桌面空白处，在快捷菜单中选择【打开终端】选项，如图 2-21（b）所示，即可打开 Shell 终端窗口。

（a）

（b）

图 2-21　打开 Shell 终端窗口

　　在默认配置下，CentOS 7.6 的 Shell 终端窗口如图 2-22 所示。在图 2-22 中，位置 1 处为标题栏，位置 2 处为快捷按钮，位置 3 处为菜单栏，位置 4 处显示的是 Linux 命令提示符。

图 2-22　CentOS 7.6 的 Shell 终端窗口

　　命令提示符包括命令提示符边界、当前登录用户名、分隔符、主机名、当前工作目录、登录用户身份指示符等几部分，如图 2-23 所示。命令提示符的格式可以根据用户习惯自行设置，具体方法这里不再演示，感兴趣的读者可以查阅相关资料自行学习。

图 2-23　命令提示符

微课

Linux
命令提示符

2. Linux 命令的结构

　　学习 Linux 操作系统总会涉及大量 Linux 命令。在学习具体的 Linux 命令之前，有必要先了解 Linux 命令的基本结构。Linux 命令一般包括命令名、选项和参数 3 部分。Linux 命令的结构如图 2-24 所示。

其中，选项和参数对命令来说不是必需的。命令名、选项和参数之间必须用空格分隔。另外，选项和参数没有严格的先后顺序关系，可以交替出现，但命令名必须始终写在最前面。

图 2-24　Linux 命令的结构

注意：在介绍具体命令的语法时，本书采用统一的表示方法，"[ ]"括起来的部分表示非必需的内容，参数用斜体表示。

微课

Linux
命令的结构

（1）命令名

命令名严格区分英文字母大小写，所以 cd 和 Cd 在 Linux 中是两个完全不同的命令。

（2）选项

通过选项可以执行更高级、更复杂的功能。选项有长短格式之分，可以组合使用短格式选项。Linux 命令中选项的基本用法如例 2-1 所示。注意，为节省篇幅，该例省略了 ls 命令的部分输出，本书其余部分也采用这一做法。

例 2-1：Linux 命令中选项的基本用法

```
[zys@centos7 ~]$ ls            // 只输入命令名
公共  模板  视频  图片  文档  下载  音乐  桌面
[zys@centos7 ~]$ ls -a         // 短格式选项。省略部分输出，下同
.  .bash_logout    .cache     .esd_auth     .mozilla    视频    下载
[zys@centos7 ~]$ ls --all      // 长格式选项
.  .bash_logout    .cache     .esd_auth     .mozilla    视频    下载
[zys@centos7 ~]$ ls -al        // 组合使用两个短格式选项
-rw-r--r--.    1  zys  zys    193  4 月  1 2020       .bash_profile
drwxr-xr-x.    2  zys  zys    6    12 月 1 02:41      公共
drwxr-xr-x.    2  zys  zys    6    12 月 1 02:41      模板
```

（3）参数

参数表示命令作用的对象或目标。有些命令不需要使用参数，但有些命令必须使用参数才能正确执行。例如，若想使用 touch 命令创建一个新文件，则必须为它提供一个合法的文件名作为参数。如果只输入 touch 命令而没有文件名参数，则会收到一个错误提示，如例 2-2 所示。

例 2-2：Linux 命令中参数的基本用法

```
[zys@centos7 ~]$ touch                              // 不提供参数
touch: 缺少了文件操作数                              <== 错误提示
 [zys@centos7 ~]$ touch  file1                       // file1 是文件名
```

3. 命令行开关机

在图形用户界面中关机和重启系统操作起来很方便，也可以在终端窗口中使用 shutdown 命令以一种安全的方式关闭系统。所谓的"安全的方式"是指所有的登录用户都会收到关机提示信息，以便这些用户有时间保存正在执行的操作。使用 shutdown 命令可以立即关机，也可以在指定的时间或者延迟特定的时间关机。shutdown 命令的基本语法如下。

```
shutdown  [-arkhncfF]  time  [关机提示信息]
```

其中，*time* 参数可以是"hh:mm"格式的绝对时间，表示在特定的时间点关机；也可以采用"+m"的格式，表示 *m* 分钟之后关机。shutdown 命令的基本用法如例 2-3 所示。shutdown 命令可以实现关机或重启系统的功能，reboot 命令则主要用于重启系统，具体的用法这里不再详细介绍。

例 2-3：shutdown 命令的基本用法

```
[zys@centos7 ~]$ shutdown  -h  now                  // 现在关机
[zys@centos7 ~]$ shutdown  -h  21:30                // 21:30 关机
[zys@centos7 ~]$ shutdown  -r  +10                  // 10 分钟后重启系统
```

4. 命令行切换用户

本书的实验经常需要以 root 用户的身份执行，这里先简单演示在命令行界面中使用 su 命令切换用户的方法，如例 2-4 所示。su 命令后跟一个减号和用户名，注意减号左右两边都要有空格。项目 3 会详细介绍 Linux 用户及相关知识。

例 2-4：使用 su 命令切换用户

```
[zys@centos7 ~]$ su  -  root                        // 切换到 root 用户
密码：            <== 这里输入 root 用户的密码
上一次登录：五 12 月  2 20:48:58 CST 2022pts/0 上
[root@centos7 ~]# exit                              // 使用 exit 命令退出 root 用户
登出
[zys@centos7 ~]$                                    // 用户名变为 zys
```

任务实施

考虑到 Linux 命令行的重要性，张经理觉得有必要让小顾多学习一些 Linux 命令行的使用技巧。掌握这些使用技巧能够避免错误的发生，提高日常工作的效率。

实验：练习 Linux 命令行操作

第 1 步，张经理向小顾演示 Linux 命令行的自动补全功能。

在输入命令名时，可以利用 Shell 的自动补全功能提高输入速度并减少错误。自动补全是指在输入命令的开头几个字符后直接按 Tab 键，如果系统中只有一个命令以当前已输入的字符开头，那么 Shell 会自动补全该命令的完整命令名。如果连续按两次 Tab 键，则系统会把所有以当前已输入字符开头的命令名显示在窗口中，如例 2-5.1 所示。

张经理告诉小顾，如果一个命令的参数是文件名或文件路径，也可以用同样的方法补全这些参数。

例 2-5.1：练习 Linux 命令行操作——自动补全功能

```
[zys@centos7 ~]$ log                        // 输入 log 后按两次 Tab 键
logger     loginctl      logout        logsave
login      logname       logrotate     logview
[zys@centos7 ~]$ logname                    // 输入 logn 后按 Tab 键
zys      <== logname 命令的输出，即登录用户名
```

第 2 步，张经理向小顾演示如何执行换行输入命令。

如果一条命令太长需要换行输入，则可以先在行末输入转义符"\"，按 Enter 键后换行继续输入。在例 2-5.2 中，使用 touch 命令创建两个文件。由于文件名太长，可在第 1 个文件名后输入转义符"\"，并按 Enter 键换行继续输入。注意，转义符"\"后不能有多余的空格。

例 2-5.2：练习 Linux 命令行操作——换行输入命令

```
[zys@centos7 ~]$ touch  a_file_with_a_very_long_name  \  // 行末输入"\"，按 Enter 键
> another_file_with_a_longer_name                        // 换行继续输入
```

第 3 步，张经理向小顾演示如何执行强制结束命令。

如果命令执行等待时间太长、命令输出结果过多或者不小心执行了错误的操作，则可以按【Ctrl+C】组合键执行强制结束命令，如例 2-5.3 所示。

例 2-5.3：练习 Linux 命令行操作——强制结束命令

```
[zys@centos7 ~]$ ping  127.0.0.1
PING 127.0.0.1 (127.0.0.1) 56(84) bytes of data.
64 bytes from 127.0.0.1: icmp_seq=1 ttl=64 time=0.062 ms
64 bytes from 127.0.0.1: icmp_seq=2 ttl=64 time=0.036 ms
^C                  <== 按【Ctrl+C】组合键执行强制结束命令
--- 127.0.0.1 ping statistics ---
2 packets transmitted, 2 received, 0% packet loss, time 1000ms
rtt min/avg/max/mdev = 0.036/0.049/0.062/0.013 ms
```

第 4 步，张经理向小顾演示如何在终端窗口中查找并执行历史命令。

在 Shell 终端窗口中，按上下方向键可调出之前执行的历史命令，按 Enter 键即可直接执行选择的历史命令。还可以使用 history 命令列出最近执行的历史命令。history 的输出中有历史命令的编号，在命令行界面中使用 !n 可以快速执行编号为 n 的历史命令，如例 2-5.4 所示。

例 2-5.4：练习 Linux 命令行操作——执行历史命令

```
[zys@centos7 ~]$ history
    1  shutdown -h now
    2  ls  /tmp
    3  ls
[zys@centos7 ~]$ !3                  // 执行编号为 3 的历史命令，即 ls 命令
```

```
ls
a_file_with_a_very_long_name        file1      模板    图片    下载    桌面
another_file_with_a_longer_name     公共    视频    文档    音乐
```

第 5 步，张经理向小顾演示如何进行输出重定向。

张经理解释，很多命令通过参数指明命令运行所需的输入，同时会把命令的执行结果输出到屏幕中。这其实隐含了 Linux 中的两个重要概念，即标准输入和标准输出。默认情况下，标准输入是键盘，标准输出是屏幕（即显示器）。也就是说，如果没有特别的设置，Linux 命令从键盘获得输入，在屏幕上显示执行结果。在 Linux 命令行界面中，经常需要重新指定命令的输入源或输出地，即所谓的输入重定向和输出重定向。

如果想对一个命令进行输出重定向，则可以在这个命令之后输入大于号"＞"并在其后跟一个文件名，表示将这个命令的执行结果写到该文件中，如例 2-5.5 所示。注意，使用 cat 命令可以查看一个或多个文件的内容，具体用法将在项目 3 中介绍。

例 2-5.5：练习 Linux 命令行操作——覆盖方式的输出重定向

```
[zys@centos7 ~]$ logname
zys                    <== logname 命令的输出默认在屏幕上显示
[zys@centos7 ~]$ logname  > /tmp/logname.result        // 将结果写到指定文件中
[zys@centos7 ~]$ cat  /tmp/logname.result              // 查看文件内容
zys
```

张经理特别强调，如果输出重定向操作中"＞"后指定的文件不存在，则系统会自动创建这个文件。如果这个文件已经存在，则会先清空该文件中的内容，再将结果写入其中。所以，使用"＞"进行输出重定向时，实际上是对原文件的内容进行了"覆盖"。如果想保留原文件的内容，即在原文件的基础上"追加"新内容，则必须使用追加方式的输出重定向。追加方式的输出重定向非常简单，只要使用两个大于号"＞＞"即可，如例 2-5.6 所示。在该例中，ping 命令的执行结果会被追加到 /tmp/logname.result 文件中。可以看到，该文件中原有的内容仍然存在。

例 2-5.6：练习 Linux 命令行操作——追加方式的输出重定向

```
[zys@centos7 ~]$ ping  127.0.0.1  >> /tmp/logname.result  // 将 ping 命令的结果追加到文件中
^C[zys@centos7 ~]$ cat  /tmp/logname.result
zys                <== 这一行是文件原有的内容，下面几行是 ping 命令的执行结果
PING 127.0.0.1 (127.0.0.1) 56(84) bytes of data.
64 bytes from 127.0.0.1: icmp_seq=1 ttl=64 time=0.039 ms

--- 127.0.0.1 ping statistics ---
3 packets transmitted, 3 received, 0% packet loss, time 1999ms
rtt min/avg/max/mdev = 0.039/0.039/0.040/0.007 ms
```

输入重定向没有输出重定向使用得多，张经理让小顾查阅资料自行学习输入重定向的使用方法。

第 6 步，张经理向小顾演示平时使用得比较多的管道命令。

简单地说，通过管道命令可以让一个命令的输出成为另一个命令的输入。管道命令的基本用法如例 2-5.7 所示，使用管道符号"|"连接两个命令时，前一个命令（左侧）的输出成

为后一个命令（右侧）的输入。还可以在一条命令中多次使用管道符号以实现更复杂的操作，例如，在例2-5.7的最后一条命令中，第1个wc命令的输出成为第2个wc命令的输入。注意，wc命令可用于统计文件的行数和字符数等，具体用法将在项目3中介绍。

例2-5.7：练习Linux命令行操作——管道命令的基本用法

```
[zys@centos7 ~]$ cat  /etc/aliases  |  wc          // cat 命令的输出成为wc命令的输入
    98     240    1553
[zys@centos7 ~]$ cat  /etc/aliases  |  wc  |  wc    // 连续使用两次管道命令
     1       3      24
```

第7步，张经理向小顾介绍获取命令帮助信息的方法。

Linux操作系统自带了数量庞大的命令，许多命令的使用又涉及复杂的选项和参数。任何人都不可能把所有命令的所有用法都记住。man命令为用户提供了关于Linux命令的准确、全面、详细的说明。man命令的使用方法非常简单，只要在man命令后面加上所要查找的命令名即可，man命令查找Bash的结果如图2-25所示。man命令提供的帮助信息非常全面，包括命令的名称、概述、选项和描述等，这些信息对于深入学习某个命令很有帮助。

图2-25　man命令查找Bash的结果

张经理叮嘱小顾，man命令就像是打开Linux命令行世界的"钥匙"。在今后的学习中，如果对某些命令有疑惑，或是想深入学习某个命令，man命令是非常好的帮手。

 知识拓展

现如今，Linux发行版已经做得非常友好，图形用户界面的功能越来越强大。可能有人会有这样的疑问：既然能通过图形用户界面完成这么多工作，为什么还要花那么多时间去学习看似复杂高深的Shell呢？详细的讨论参见本书配套的电子资源。另外，Bash是Linux操作系统默认的Shell。除了Bash外，还有几种非常优秀的Shell，在电子资源中也有相关介绍。

 任务实训

本实训的目的是在CentOS 7.6中进行常规的系统设置，熟悉CentOS 7.6的图形用户界面。

【实训目的】

（1）掌握启动 CentOS 7.6 设置面板的方法。

（2）掌握 CentOS 7.6 桌面环境的设置方法。

【实训内容】

（1）启动 CentOS 7.6 设置面板。选择【应用程序】→【系统工具】→【设置】选项，打开 CentOS 7.6 的设置面板。选择设置面板左侧的选项进行各项设置。

（2）设置桌面背景图片和屏幕锁定图片，将屏幕锁定的桌面色彩设为"棕色"。

（3）打开"锁屏通知"开关，允许 Firefox、软件更新和时钟 3 个应用发送锁屏通知，并在锁屏时显示通知内容。

（4）添加"汉语（Intelligent Pinyin）"输入法。

（5）启用"高对比度"和"大号文本"两项视觉特性。

（6）启用节电功能。启用"自动锁屏"功能，如果屏幕连续 5 分钟无操作，则显示空白屏幕。

（7）启用"自动锁屏"功能，将"黑屏至锁屏的等待时间"设为 15 分钟。

（8）根据计算机的实际硬件参数设置合适的屏幕分辨率。

（9）注销当前登录用户后重新登录系统。

（10）使用 shutdown 命令使系统在 15 分钟后关机。

任务 2.2　vim 文本编辑器

任务陈述

不管是专业的 Linux 系统管理员，还是普通的 Linux 用户，在使用 Linux 时都不可避免地要编辑各种文件。虽然 Linux 也提供了类似 Windows 操作系统中 Word 那样的图形化办公套件，但 Linux 用户使用得更多的还是字符型的文本编辑工具 vi 或 vim。本任务将详细介绍 vim 文本编辑器的操作方法和使用技巧。

知识准备

2.2.1　vi 与 vim

vim 文本编辑器的前身是 vi 文本编辑器。基本上所有的 Linux 发行版都内置了 vi 文本编辑器。vi 文本编辑器专注于文本编辑，vim 文本编辑器可以进行

微课

vi 与 vim

程序编辑，能够高亮显示关键字和语法错误。所以，把 vim 文本编辑器称为程序编辑器可能更加准确。不管是专业的 Linux 系统管理员，还是普通的 Linux 用户，都应该熟练使用 vim 文本编辑器。

2.2.2　vim 基本操作

下面从 vim 文本编辑器的启动开始，逐步学习 vim 文本编辑器的基本操作。

1. 启动 vim 文本编辑器

在终端窗口中输入"vim"，后跟想要编辑的文件名，即可进入 vim 工作环境，如图 2-26（a）所示。只输入"vim"，或者在其后跟一个不存在的文件名，也可以启动 vim 文本编辑器，如图 2-26（b）所示。

（a）　　　　　　　　　　　　（b）

图 2-26　启动 vim 文本编辑器

vim 文本编辑器有 3 种工作模式，如图 2-27 所示。启动 vim 文本编辑器后首先进入命令模式。在命令模式下，可以使用键盘的上、下、左、右方向键移动光标，或者通过一些特殊的命令快速移动光标，还可以复制、粘贴和删除文件内容。用户在命令模式下的输入被 vim 文本编辑器当作命令而不是普通文本。

图 2-27　vim 文本编辑器的 3 种工作模式

在命令模式下按 I、O、A 或 R 中的任何一个键，vim 文本编辑器会进入插入模式，也称为输入模式。进入插入模式后，用户的输入被当作普通文本而不是命令，就像是在一个

Word 文档中输入文本内容一样。如果要回到命令模式，则可以按 Esc 键。

如果在命令模式下输入"："""/"或"？"中的任何一个字符，则 vim 文本编辑器会把光标移动到窗口最后一行并进入末行模式。用户在末行模式下可以通过一些命令对文件进行查找、替换、保存和退出等操作。如果要回到命令模式，则同样可以按 Esc 键。

注意：插入模式和末行模式之间不能直接转换。

微课

vim命令模式

2．命令模式

在命令模式下可以完成的操作包括移动光标以及复制、粘贴或删除文本等。光标表示文本中当前的输入位置，在命令模式下移动光标的具体方法如表 2-1 所示。

表 2-1 在命令模式下移动光标的具体方法

操作	作用
H 或 ←	光标向左移动一个字符（见注[1]及注[2]）
L 或 →	光标向右移动一个字符（见注[2]）
K 或 ↑	光标向上移动一行，即移动到上一行的当前位置（见注[2]）
J 或 ↓	光标向下移动一行，即移动到下一行的当前位置（见注[2]）
W	移动光标到其所在单词的后一个单词的词首（见注[3]）
B	移动光标到其所在单词的前一个单词的词首（如果光标当前已在本单词的词首），或移动到本单词的词首（如果光标当前不在本单词的词首）（见注[3]）
E	移动光标到其所在单词的后一个单词的词尾（如果光标当前已在本单词的词尾），或移动到本单词的词尾（如果光标当前不在本单词的词尾）（见注[3]）
【Ctrl+F】	向下翻动一页，相当于 PageDown 键
【Ctrl+B】	向上翻动一页，相当于 PageUp 键
【Ctrl+D】	向下翻动半页
【Ctrl+U】	向上翻动半页
n【Space】	n 为数字，即输入数字后按 Space 键，表示光标向右移动 n 个字符，相当于先输入数字再按 L 键
n【Enter】	n 为数字，即输入数字后按 Enter 键，表示光标向下移动 n 行并停在行首
0 或 Home 键	光标移动到当前行行首
$ 或 End 键	光标移动到当前行行尾
【Shift+H】	光标移动到当前屏幕第 1 行的行首
【Shift+M】	光标移动到当前屏幕中间位置的那一行的行首
【Shift+L】	光标移动到当前屏幕最后 1 行的行首

续表

操作	作用
【Shift+G】	光标移动到文件最后 1 行的行首
n【Shift+G】	n 为数字，表示光标移动到文件的第 n 行的行首
GG（见注 4）	光标移动到文件第 1 行的行首，相当于 1G

注 1：这里的 "H" 代表键盘上的 H 键，而不是大写字母 "H"。当需要输入大写字母 "H" 时，本书统一使用按【Shift+H】组合键的形式，其他字母同样如此。

注 2：如果在 H、J、K、L 前先输入数字，则表示一次性移动多个字符或多行。例如，15H 表示光标向左移动 15 个字符，20K 表示光标向上移动 20 行。

注 3：如果在 W、B、E 前先输入数字，则表示一次性移动到当前单词之前（或之后）的多个单词的词首（或词尾）。

注 4：这里的 "GG" 代表连续按两次键盘上的 G 键，后文中的 "DD" "YY" 等同理。

可以看出，在命令模式下移动光标时，既可以使用键盘的上、下、左、右方向键，又可以使用一些具有特定意义的字母和数字的组合键，但是使用鼠标是不能移动光标的。

在命令模式下复制、粘贴和删除文本的具体操作如表 2-2 所示。

表 2-2　在命令模式下复制、粘贴和删除文本的具体操作

操作	作用
X	删除光标所在位置的字符，相当于 Delete 键
【Shift+X】	删除光标所在位置的前一个字符，相当于插入模式下的 Backspace 键
n X	n 为数字，删除从光标所在位置开始的 n 个字符（包括光标所在位置的字符）
n【Shift+X】	n 为数字，删除光标所在位置的前 n 个字符（不包括光标所在位置的字符）
S	删除光标所在位置的字符并随即进入插入模式，光标停留在被删字符处
DD	删除光标所在的一整行
n DD	n 为数字，向下删除 n 行（包括光标所在行）
D 1【Shift+G】	删除从文件第 1 行到光标所在行的全部内容
D【Shift+G】	删除从光标所在行到文件最后 1 行的全部内容
D0	删除光标所在位置的前一个字符直到所在行行首（光标所在位置的字符不会被删除）
D$	删除光标所在位置的字符直到所在行行尾（光标所在位置的字符也会被删除）
YY	复制光标所在行
n YY	n 为数字，从光标所在行开始向下复制 n 行（包括光标所在行）
Y 1【Shift+G】	复制从光标所在行到文件第 1 行的全部内容（包括光标所在行）

续表

操作	作用
Y【Shift+G】	复制从光标所在行到文件最后 1 行的全部内容（包括光标所在行）
Y0	复制从光标所在位置的前一个字符到所在行行首的所有字符（不包括光标所在位置字符）
Y$	复制从光标所在位置字符到所在行行尾的所有字符（包括光标所在位置字符）
P	将已复制数据粘贴到光标所在行的下一行
【Shift+P】	将已复制数据粘贴到光标所在行的上一行
【Shift+J】	将光标所在行的下一行移动到光标所在行行尾，用空格分开（将两行数据合并）
U	撤销前一个动作
【Ctrl+R】	重做一个动作（和 U 的作用相反）
.	小数点，表示重复前一个动作

3. 插入模式

从命令模式进入插入模式才可以对文件进行输入。从命令模式进入插入模式的方法如表 2-3 所示。

表 2-3　从命令模式进入插入模式的方法

操作	作用
I	进入插入模式，从光标所在位置开始插入
【Shift+I】	进入插入模式，从光标所在行的第 1 个非空白字符处开始插入（即跳过行首的空格、Tab 等字符）
A	进入插入模式，从光标所在位置的下一个字符开始插入
【Shift+A】	进入插入模式，从光标所在行的行尾开始插入
O	进入插入模式，在光标所在行的下一行插入新行
【Shift+O】	进入插入模式，在光标所在行的上一行插入新行
R	进入插入模式，替换光标所在位置的字符一次
【Shift+R】	进入插入模式，一直替换光标所在位置的字符，直到按 Esc 键为止

4. 末行模式

在末行模式下查找与替换文本的具体操作如表 2-4 所示。

表 2-4　在末行模式下查找与替换文本的具体操作

操作	作用
/ keyword	从光标当前位置开始向下查找下一个字符串 keyword，按 N 键继续向下查找字符串，按【Shift+N】组合键向上查找字符串
? keyword	从光标当前位置开始向上查找上一个字符串 keyword，按 N 键继续向上查找字符串，按【Shift+N】组合键向下查找字符串
: n1 , n2 s / kw1 / kw2 / g	n1 和 n2 为数字，在第 n1 行到第 n2 行之间搜索字符串 kw1，并以字符串 kw2 将其替换（见注）
: n1 , n2 s / kw1 / kw2 / gc	和上一行功能相同，但替换前向用户确认是否继续替换操作
: 1 , $ s / kw1 / kw2 / g : % s / kw1 / kw2 / g	全文搜索 kw1，并用以字符串 kw2 将其替换
: 1 , $ s / kw1 / kw2 / gc : % s / kw1 / kw2 / gc	和上一行功能相同，但替换前向用户确认是否继续替换操作

注：在末行模式下，"："后面的内容区分英文字母大小写。此处的"s""g"表示需要输入小写英文字母 s 和 g，下同。

在末行模式下保存、退出和读取文件等操作的具体方法如表 2-5 所示。

表 2-5　在末行模式下保存、退出和读取文件等操作的具体方法

操作	作用
: w	保存编辑后的文件
: w!	若文件属性为只读，则强制保存该文件。但最终能否保存成功，取决于文件的权限设置
: w filename	将编辑后的文件以文件名 filename 进行保存
: n1 , n2 w filename	将第 n1 行到第 n2 行的内容写入文件 filename
: q	退出 vim 文本编辑器
: q!	不保存文件内容的修改，强制退出 vim 文本编辑器
: wq	保存文件内容后退出 vim 文本编辑器
: wq!	强制保存文件内容后退出 vim 文本编辑器
【Shift+Z+Z】	若文件没有修改，则直接退出 vim 文本编辑器；若文件已修改，则保存后退出 vim 文本编辑器
: r filename	读取 filename 文件的内容并将其插入光标所在行的下面
: ! command	在末行模式下执行 command 命令并显示其结果。command 命令执行完成后，按 Enter 键重新进入末行模式
: set nu	显示文件行号
: set nonu	与 set nu 的作用相反，隐藏文件行号

任务实施

实验：练习 vim 基本操作

张经理最近刚在 Windows 操作系统中使用 C 语言编写了一个计算时间差的程序。现在张经理想把这个程序移植到 Linux 操作系统中，同时为小顾演示如何在 vim 文本编辑器中编写程序。下面是张经理的操作过程。

第 1 步，进入 CentOS 7.6，打开一个终端窗口。在命令行界面中使用 vim 命令启动 vim 文本编辑器，vim 命令后面不加文件名，启动 vim 文本编辑器后默认进入命令模式。

第 2 步，在命令模式下按 I 键进入插入模式，输入例 2-6 所示的程序。为了方便下文表述，这里把代码的行号也一并显示出来（张经理故意在这段代码中引入了一些语法和逻辑错误）。

例 2-6：修改前的程序

```
1    #include <stdio.h>
2
3    int main()
4    {
5        int hour1, minute1;
6        int hour2, minute2
7
8        scanf("%d %d", &hour1, &minute1);
9        scanf("%d %d", hour2, &minute2);
10
11       int t1 = hour1 * 6 + minute1;
12       int t = t1 - t2;
13
14       printf("time difference: %d hour, %d minutes \n", t/6, t%6);
15
16       return 0;
17   }
```

第 3 步，按 Esc 键返回命令模式。输入 "："进入末行模式。在末行模式下输入 "w timediff.c" 将程序保存为文件 *timediff.c*，在末行模式下输入 "q" 退出 vim 文本编辑器。

第 4 步，重新启动 vim 文本编辑器，打开文件 *timediff.c*，在末行模式下输入 "set nu" 显示文件的行号。

第 5 步，在命令模式下按【Shift+M】组合键将光标移动到当前屏幕中间位置的那一行的行首，按【1+Shift+G】组合键或 GG 键将光标移动到第 1 行的行首。

第 6 步，在命令模式下按【6+Shift+G】组合键将光标移动到第 6 行行首，按【Shift+A】组合键进入插入模式，此时光标停留在第 6 行行尾。在行尾输入 "；"，按 Esc 键返回命令模式。

第 7 步，在命令模式下按【9+Shift+G】组合键将光标移动到第 9 行行首。按 W 键将光标移动到下一个单词的词首，连续按 L 键向右移动光标，直到光标停留在 "hour2" 单词的词首。按 I 键进入插入模式，输入"&"，按 Esc 键返回命令模式。

第 8 步，在命令模式下按【11+Shift+G】组合键将光标移动到第 11 行行首。按 YY 键复制第 11 行的内容，按 P 键将其粘贴到第 11 行的下面一行。此时，原文件的第 12 ～ 17 行依次变为第 13 ～ 18 行，且光标停留在新添加的第 12 行的行首。

第 9 步，在命令模式下连续按 E 键使光标移动到下一个单词的词尾，直至光标停留在"t1"的词尾字符"1"处。按 S 键删除字符"1"并随即进入插入模式。在插入模式下输入 2，按 Esc 键返回命令模式。重复此操作并把"hour1""minute1"中的字符"1"修改为"2"。

第 10 步，在命令模式下按 K 键将光标上移 1 行，即移动到第 11 行。在末行模式下输入"11,15s/6/60/gc"，将第 11 ～ 15 行中的"6"全部替换为"60"。注意，在每次替换时都要按 Y 键予以确认。替换完成后，光标停留在第 15 行。

第 11 步，在命令模式下按 2J 键将光标下移 2 行，即移动到第 17 行。按 DD 键删除第 17 行，按 U 键撤销删除操作。

第 12 步，在末行模式下输入"wq"，保存文件内容后退出 vim 文本编辑器。

修改后的程序如例 2-7 所示。

例 2-7：修改后的程序

```
1    #include <stdio.h>
2
3    int main()
4    {
5        int hour1, minute1;
6        int hour2, minute2;
7
8        scanf("%d %d", &hour1, &minute1);
9        scanf("%d %d", &hour2, &minute2);
10
11       int t1 = hour1 * 60 + minute1;
12       int t2 = hour2 * 60 + minute2;
13       int t = t1 - t2;
14
15       printf("time difference: %d hour, %d minutes \n", t/60, t%60);
16
17       return 0;
18   }
```

知识拓展

使用 vim 文本编辑器编辑文件时，可能会因为一些异常情况而不得不中断操作，如系统断电或多人同时编辑一个文件等。如果出现异常前没有及时保存文件内容，那么所做的修改就会丢失，会给用户带来不便。为此，vim 文本编辑器提供了一种可以恢复未保存的数据的机制，具体内容详见本书配套电子资源。

任务实训

Linux 系统管理员的日常工作离不开文本编辑器，vim 文本编辑器就是一种功能强大、简单易用的文本编辑工具。vim 文本编辑器有 3 种操作模式，分别是命令模式、插入模式和末行模式。每种模式的功能不同，所能执行的操作也不同。想提高工作效率，就必须熟练掌握这 3 种模式的常用操作。

【实训目的】

（1）熟悉 vim 文本编辑器的 3 种操作模式的概念与功能。

（2）掌握 vim 文本编辑器的 3 种操作模式的切换方法。

（3）掌握在 vim 文本编辑器中移动光标的方法。

（4）掌握在 vim 文本编辑器中查找与替换文本的方法。

（5）掌握在 vim 文本编辑器中复制和粘贴文本的方法。

【实训内容】

本实训的主要内容是在 Linux 终端窗口中练习使用 vim 文本编辑器，熟练掌握 vim 文本编辑器的各种操作方法，请按照以下步骤完成本次实训。

（1）以用户 zys 的身份登录操作系统，打开终端窗口。

（2）启动 vim 文本编辑器，vim 命令后面不加文件名。

（3）进入 vim 文本编辑器的插入模式，输入例 2-8 所示的实训测试文本。

（4）将文本内容保存为 *freedoms.txt*，并退出 vim 文本编辑器。

（5）重新启动 vim 文本编辑器，打开文件 *freedoms.txt*。

（6）显示文件行号。

（7）将光标先移动到屏幕中间位置的那一行行首，再移动到行尾。

（8）在当前行下方插入新行，并输入内容"The four essential freedoms:"。

（9）将第 4～6 行的"freedom"以"FREEDOM"替换。

（10）将光标移动到第 3 行，并复制第 3～5 行的内容。

（11）将光标移动到文件最后 1 行，并将上一步复制的内容粘贴在最后 1 行上方。

（12）撤销前一步的粘贴操作。

（13）保存文件后退出 vim 文本编辑器。

例 2-8：实训测试文本

```
The four essential freedoms:
A program is free software if the program's users have the four essential freedoms:
The freedom to run the program as you wish, for any purpose (freedom 0).
The freedom to study how the program works, and change it so it does your computing
as you wish (freedom 1). Access to the source code is a precondition for this.
The freedom to redistribute copies so you can help others (freedom 2).
The freedom to distribute copies of your modified versions to others (freedom 3). By
doing this you can give the whole community a chance to benefit from your changes. Access
```

to the source code is a precondition for this.

项目小结

本项目包含两个任务。任务 2.1 重点介绍了 CentOS 7.6 操作系统安装后的初始化操作、GNOME 桌面环境的特点、注销用户和关机，以及 Linux 命令行模式。Linux 发行版的图形用户界面越来越人性化，使用起来也越来越方便。CentOS 7.6 使用 GNOME 作为默认的图形用户界面管理器，初次登录时需要完成几步简单的初始化配置。在后续的学习过程中，绝大多数实验是在命令行界面中完成的，因此任务 2.1 还详细介绍了 Linux 命令行的结构和使用方法。任务 2.2 重点介绍了 Linux 操作系统中最常用的 vim 文本编辑器，它在后面的学习中会经常被用到。熟练使用 vim 文本编辑器可以极大地提高工作效率，必须非常熟悉 vim 文本编辑器的 3 种工作模式及每种工作模式下所能进行的操作。

项目练习题

1. 选择题

（1）在 vim 文本编辑器中编辑文件时，使用（　　）命令可以显示文件每一行的行号。

  A. number B. display nu C. set nu D. show nu

（2）在 vim 文本编辑器中，要将某文本文件的第 1 ~ 5 行的内容复制到文件的指定位置，以下能实现该功能的操作是（　　）。

  A. 将光标移到第 1 行，在末行模式下输入"YY5"，并将光标移到指定位置，按 P 键

  B. 将光标移到第 1 行，在末行模式下输入"5YY"，并将光标移到指定位置，按 P 键

  C. 在末行模式下输入"1,5YY"，并将光标移到指定位置，按 P 键

  D. 在末行模式下输入"1,5Y"，并将光标移到指定位置，按 P 键

（3）在 vim 文本编辑器中编辑文件时，要将第 7 ~ 10 行的内容一次性删除，可以在命令模式下先将光标移到第 7 行，然后执行（　　）命令。

  A. DD B. 4DD C. DE D. 4DE

（4）在 vim 文本编辑器中，要自下而上查找字符串"centos"，应该在末行模式下使用（　　）。

  A. / centos B. ? centos C. # centos D. % centos

（5）使用 vim 文本编辑器编辑文件时，在末行模式下输入"q!"的作用是（　　）。

  A. 保存文件内容并退出 vim 文本编辑器

  B. 正常退出 vim 文本编辑器

C. 不保存文件内容并强制退出 vim 文本编辑器

D. 文本替换

（6）使用 vim 文本编辑器将文件的某行删除后，发现该行内容需要保留，重新恢复该行内容的最佳操作方法是（　　　）。

A. 在命令模式下重新输入该行

B. 不保存文件内容并退出 vim 文本编辑器，并重新编辑该文件

C. 在命令模式下按 U 键

D. 在命令模式下按 R 键

（7）在 Linux 终端窗口中输入命令时，以（　　　）表示命令未结束，在下一行继续输入。

A. /　　　　　　　B. \　　　　　　　C. &　　　　　　　D. ;

（8）在使用 vim 文本编辑器编辑文件时，能直接在光标所在字符后插入文本的是（　　　）。

A. I　　　　　　　B. Shift+I　　　　　C. A　　　　　　　D. Shift+O

（9）在 Linux 命令行提示符中，标识超级用户身份的符号是（　　　）。

A. $　　　　　　　B. #　　　　　　　C. >　　　　　　　D. <

（10）在 Linux 命令中，必需的是（　　　）。

A. 命令名　　　　　B. 选项　　　　　　C. 参数　　　　　　D. 转义符

（11）要想使用 Shell 的自动补全功能，可以输入命令的前几个字符后按（　　　）键。

A. Enter　　　　　B. Esc　　　　　　C. Tab　　　　　　D. Backspace

（12）下列（　　　）选项是 Linux 提供的帮助命令。

A. ls　　　　　　　B. useradd　　　　　C. cd　　　　　　　D. man

（13）当命令输出内容过多，想要强行终止命令时，可以按（　　　）组合键。

A.【Ctrl+C】　　　B.【Ctrl+D】　　　C.【Alt+A】　　　D.【Ctrl+S】

（14）下列（　　　）选项不是 Linux 命令选项的正确格式。

A. −l　　　　　　　B. +x　　　　　　　C. −−all　　　　　　D. −al

2. 填空题

（1）Linux 操作系统中可以输入命令的操作环境称为_____，负责解释命令的程序是_____。

（2）一个 Linux 命令除了命令名称之外，还包括_____和_____。

（3）Linux 操作系统中的命令_____大小写。在命令行中，可以使用_____键来自动补齐命令。

（4）断开一个长命令行时，可以使用_____，以将一个较长的命令分成多行输入。

（5）vim 文本编辑器有 3 种工作模式，即_____、_____和_____。

（6）打开 vim 文本编辑器后，首先进入的工作模式是_____。

（7）在命令模式下，按_____键和_____键可以将光标移动到首行。

（8）在命令模式下，按_____键可以删除光标所在行。

（9）在命令模式下，按_____键可以撤销前一个动作。

（10）在末行模式下，输入_____可以保存文件并退出。

（11）在末行模式下，输入_____可以显示文件行号。

3．简答题

（1）Linux 命令分为哪几个部分？Linux 命令为什么要有参数和选项？

（2）简述 Linux 命令的自动补全功能。

（3）vim 文本编辑器有几种工作模式？简述每种工作模式的主要功能。

项目3
管理用户、文件和磁盘

学习目标

【知识目标】
- 熟悉Linux用户的类型、用户与用户组的关系。
- 熟悉Linux用户与用户组的配置文件。
- 了解文件的基本概念、文件与用户和用户组的关系。
- 熟悉文件权限的类型与含义。
- 了解硬盘的组成与分区的基本概念。
- 了解文件系统的基本概念。
- 了解磁盘配额的用途和逻辑卷管理器的工作原理。

【能力目标】
- 熟练使用用户与用户组相关命令，理解常用选项和参数的含义。
- 能够添加磁盘分区并创建文件系统和挂载点。
- 掌握使用符号和数字方式修改文件及目录权限的方法。
- 了解磁盘配额管理的相关命令和步骤。
- 了解配置逻辑卷管理器的相关命令和步骤。

【素质目标】
- 培养一丝不苟的工作态度和精益求精的工匠精神。
- 增强风险意识并提高控制能力。

引例描述

　　经过这段时间的学习，小顾感觉自己好像发现了"新大陆"。他看到了和 Windows 操作系统不一样的 CentOS 7.6 图形用户界面，还认识了令他耳目一新的 Shell 终端窗口，以及功能强大的 vim 文本编辑器。看着身边的同事每天对着计算机专注地工作，尤其是看到他们几乎只需要打开一个 Shell 终端窗口就能完成工作，他忍不住问张经理，在 Shell 终端窗口中究竟可以做哪些事情？作为资深的 Linux 用户，张经理告诉小顾，只要打开 Shell 终端窗口，整个 Linux 操作系统就在自己的掌控之中了，因为 Linux 命令就是其最强大、最高效的"武器"。确实，Linux 命令以其统一的结构、强大的功能成为每个 Linux 系统管理员不可或缺的工具。但是到目前为止，小顾了解到的 Linux 命令还是非常简单和有限的。张经理说，要想全面理解和掌握 Linux 操作系统的强大之处，必须按照不同的 Linux 主题深入学习。从本项目开始，张经理会按照这个思路指导小顾慢慢揭开 CentOS 7.6 的"神秘面纱"，逐步走进 Shell 终端窗口的精彩世界。下面就先从 Linux 用户和用户组的基本概念及操作开始学习吧！

任务 3.1　用户与用户组

 任务陈述

Linux 是一个多用户操作系统。用户每次登录时都要输入密码，是为了满足 Linux 安全控制的需要。每个用户在系统中有不同的权限，所能管理的文件、执行的操作也不同。为方便管理，Linux 将每个用户分配至一个或多个用户组，只要对用户组设置相应的权限，组中的用户就会自动继承所属用户组的设置。管理用户和用户组是 Linux 系统管理员的一项重要工作。本任务主要介绍用户和用户组的基本概念、用户和用户组的配置文件及管理用户和用户组的常用命令等内容。另外，普通用户有时需要切换到 root 用户执行某些特权操作，因此本任务最后介绍了切换用户的方法。

 知识准备

3.1.1　用户与用户组简介

使用 Linux 操作系统时，每个用户使用不同的用户名登录操作系统，并需要提供密码。每个用户的权限不同，所能完成的任务也不同。为每一个用户设置权限是一项烦琐的工作。引入"用户组"的概念可以很好地解决这个问题。用户组是用户的逻辑组合，为用户组设置相应的权限后，组中的用户就会自动继承这些权限，如图 3-1 所示。这种方式可以简化用户管理操作，提高系统管理员的工作效率。

微课

Linux用户
和用户组

图 3-1 用户和用户组

用户和用户组都有一个字符串形式的名称，但其实操作系统使用数字形式的 ID 来识别用户和用户组，也就是用户 ID（User ID，UID）和组 ID（Group ID，GID）。这很像人们的姓名与身份证号码的关系，但在 Linux 操作系统中，用户名是不能重复的。UID 和 GID 是数字，每个用户和用户组都有唯一的 UID 和 GID。

3.1.2 用户与用户组的配置文件

既然登录时使用的是用户名，而系统内部使用 UID 来识别用户，那么 Linux 如何根据登录名确定其对应的 UID 和 GID 的呢？这就涉及用户和用户组的配置文件的相关知识了。

1. 用户配置文件

（1）/etc/passwd 文件

在 Linux 操作系统中，与用户相关的配置文件有两个 /etc/passwd 和 /etc/shadow。前者用于记录用户的基本信息，后者和用户的密码相关。下面先来查看 /etc/passwd 文件的内容，如例 3-1 所示。

微课

用户与用户组的配置文件

例 3-1：/etc/passwd 文件的内容

```
[zys@centos7 ~]$ ls  -l  /etc/passwd
-rw-r--r--.  1  root  root      2265      12 月 1 00:40        /etc/passwd
[zys@centos7 ~]$ cat  /etc/passwd
root:x:0:0:root:/root:/bin/bash              <== 每一行代表一个用户
zys:x:1000:1000:zhangyunsong:/home/zys:/bin/bash
```

/etc/passwd 文件中的每一行代表一个用户。每一行的用户信息都包含 7 个字段，用 ":" 分隔，其格式如下。

用户名 : 密码 :UID:GID: 用户描述 : 主目录 : 默认 Shell

（2）/etc/shadow 文件

/etc/shadow 文件的内容如例 3-2 所示。

例 3-2：/etc/shadow 文件的内容

```
[zys@centos7 ~]$ cat  /etc/shadow
```

```
cat: /etc/shadow: 权限不够                <== zys 用户无法打开 /etc/shadow 文件
[zys@centos7 ~]$ su - root                 // 切换到 root 用户
密码：              <== 在这里输入 root 用户的密码
[root@centos7 ~]# cat /etc/shadow
root:$6$HDuTz2ix$8fWhVG……
```

普通用户无法打开 /etc/shadow 文件，只有 root 用户才能打开该文件，这主要是为了防止泄露用户的密码信息。/etc/shadow 文件的每一行代表一个用户，包含用"："分隔的 9 个字段。感兴趣的读者可使用 man 5 shadow 命令查看 /etc/shadow 文件中各字段的具体含义。

2. 用户组配置文件

用户组的配置文件是 /etc/group，其内容如例 3-3 所示。和 /etc/shadow 文件类似，/etc/group 文件中的每一行代表一个用户组，包含用"："分隔的 4 个字段，分别是组名、组密码、GID、组中用户。

例 3-3：/etc/group 文件的内容

```
[zys@centos7 ~]$ cat /etc/group
root:x:0:
zys:x:1000:zys
```

3.1.3　管理用户与用户组

下面首先介绍用户和用户组的关系，然后分别介绍管理用户和用户组的具体方法，最后介绍几个和用户管理相关的命令。注意，本节介绍的命令都要以 root 用户的身份执行。

1. 用户与用户组的关系

一个用户可以只属于一个用户组，也可以属于多个用户组；一个用户组可以只包含一个用户，也可以包含多个用户。因此，用户和用户组存在一对一、一对多、多对一和多对多 4 种对应关系，如图 3-2 所示。当一个用户属于多个用户组时，就有了主组（又称初始组）和附加组的概念。

图 3-2　用户和用户组的对应关系

用户的主组指的是只要用户登录到系统，就自动拥有这个组的权限。一般来说，当添加新用户时，如果没有明确指定用户所属的组，那么系统会默认创建一个和该用户同名的用户组，这个用户组就是用户的主组。用户的主组是可以修改的，但每个用户只能有一个主组。

除了主组外，用户加入的其他组称为附加组。一个用户可以同时加入多个附加组，并拥有每个附加组的权限。注意，/etc/passwd 文件中第 4 个字段的 GID 指的是用户主组的 GID。

2. 管理用户

（1）新增用户

使用 useradd 命令可以非常方便地新增一个用户。useradd 命令的基本语法如下。

```
useradd [-d | -u | -g | -G | -m | -M | -s | -c | -r | -e | -f] [参数] 用户名
```

虽然 useradd 命令提供了非常多的选项，但其实它不使用任何选项就可以创建一个用户，因为 useradd 命令定义了很多默认值。不使用任何选项时，useradd 命令默认执行以下操作。

① 在 /etc/passwd 文件中新增一行与新用户相关的数据，包括 UID、GID、主目录等。

② 在 /etc/shadow 文件中新增一行与新用户相关的密码数据，但此时密码为空。

③ 在 /etc/group 文件中新增一行与新用户同名的用户组。

④ 在目录 /home 中创建与新用户同名的目录，并将其作为新用户的主目录。

useradd 命令的基本用法如例 3-4 所示。

例 3-4：useradd 命令的基本用法——不加任何选项

```
[root@centos7 ~]# useradd  shaw                    // 创建新用户
[root@centos7 ~]# grep  shaw  /etc/passwd          // 新增用户信息
shaw:x:1001:1001::/home/shaw:/bin/bash
[root@centos7 ~]# grep  shaw  /etc/shadow          // 新增用户密码信息
shaw:!!:19329:0:99999:7:::
[root@centos7 ~]# grep  shaw  /etc/group           // 创建同名用户组
shaw:x:1001:
[root@centos7 ~]# ls  -ld  /home/shaw              // 创建同名主目录
drwx------.  3  shaw  shaw 78  12月 2 21:53  /home/shaw
```

显然，useradd 命令帮助用户指定了新用户的 UID、GID 及主组等。如果不想使用这些默认值，则要利用相应的选项明确指定。例如，创建一个名为 tong 的新用户，并手动指定其 UID 和主组，如例 3-5 所示。

例 3-5：useradd 命令的基本用法——手动指定用户的 UID 和主组

```
[root@centos7 ~]# useradd  -u  1234  -g  zys  tong    // 手动指定用户的 UID 和主组
[root@centos7 ~]# grep  tong  /etc/passwd
tong:x:1234:1000::/home/tong:/bin/bash                <== 1000 是 zys 用户组的 GID
[root@centos7 ~]# grep  tong  /etc/group              // 未创建同名用户组
```

（2）设置用户密码

使用 useradd 命令创建用户时并没有为用户设置密码，因此用户无法登录系统。可以使用 passwd 命令为用户设置密码。passwd 命令的基本语法如下。

```
passwd [-l | -u | -S | -n | -x | -w | -i] [参数] [用户名]
```

root 用户可以为所有普通用户修改密码，如例 3-6 所示。如果输入的密码太简单，则系统会给出提示，但是可以忽略这个提示继续操作。在实际的生产

微课

useradd 命令
的常用选项

环境中，强烈建议大家设置相对复杂的密码以增加系统的安全性。

例3-6：root用户为普通用户修改密码

```
[root@centos7 ~]# passwd zys              // 以root用户身份修改zys用户的密码
更改用户 zys 的密码 。
新的密码：                                  <== 在这里输入zys用户的密码
无效的密码：密码少于8个字符                   <== 提示密码太简单，可以忽略这个提示
重新输入新的密码：                           <== 再次输入新密码
passwd：所有的身份验证令牌已经成功更新。
```

每个用户都可以修改自己的密码。此时，只要以用户自己的身份执行passwd命令即可，不需要以用户名作为参数，如例3-7所示。

例3-7：普通用户修改自己的密码

```
[zys@centos7 ~]$ passwd                    // 修改用户自己的密码，无须输入用户名
更改用户 zys 的密码。
为 zys 更改 STRESS 密码。
（当前）UNIX 密码：                          <== 在这里输入原密码
新的密码：                                   <== 在这里输入新密码
无效的密码：密码少于8个字符                    <== 新密码太简单，不满足复杂性要求
新的密码：                                   <== 重新输入新密码
重新输入新的 密码：                           <== 再次输入新密码
passwd：所有的身份验证令牌已经成功更新。
```

普通用户修改密码与root用户修改密码有几点不同。第一，普通用户只能修改自己的密码，因此在passwd命令后不用输入用户名；第二，普通用户修改密码前必须输入自己的原密码，这是为了验证用户的身份，防止密码被其他用户恶意修改；第三，普通用户修改密码时必须满足密码复杂性要求，这是强制的要求而非普通的提示。下面给出一个使用特定选项修改用户密码信息的例子，如例3-8所示。该例中，zys用户的密码10天内不允许修改，但30天内必须修改，且密码到期前5天会有提示。

例3-8：passwd命令的基本用法——使用特定选项修改用户密码信息

```
[root@centos7 ~]# passwd -n 10 -x 30 -w 5 zys
调整用户密码老化数据 zys。
passwd: 操作成功
```

（3）修改用户信息

如果使用useradd命令新建用户时指定了错误的参数，或者因为其他某些情况想修改一个用户的信息，则可以使用usermod命令。usermod命令主要用于修改一个已经存在的用户的信息，它的参数和useradd命令非常相似，可以使用man命令查看，这里不再讲解。下面给出一个修改用户信息的例子，如例3-9所示。请仔细观察使用usermod命令修改用户shaw的信息后，/etc/passwd文件中相关内容的变化。注意，usermod命令中指定的用户主目录/home/shaw2并不存在，那么usermod命令会自动创建该目录吗？请自己动手验证。

例3-9：usermod命令的基本用法——修改用户的UID和主组

```
[root@centos7 ~]# grep shaw /etc/passwd
shaw:x:1001:1001::/home/shaw:/bin/bash
[root@centos7 ~]# usermod -d /home/shaw2 -u 1111 -g 1000 shaw
[root@centos7 ~]# grep shaw /etc/passwd
```

```
shaw:x:1111:1000::/home/shaw2:/bin/bash        <== GID 为 1000，表示 zys 组
```

（4）删除用户

使用 userdel 命令可以删除一个用户。前面说过，使用 useradd 命令新建用户的主要操作是在几个文件中添加用户信息，并创建用户主目录。相应的，userdel 命令就是要删除这几个文件中对应的用户信息，但要使用 -r 选项才能同时删除用户主目录。删除 shaw 用户前后相关文件的内容变化情况如例 3-10 所示。可以注意到删除用户 shaw 时并没有同时删除同名的 shaw 用户组，因为在例 3-9 中已经把 shaw 用户的主组修改为 zys 用户组。但 zys 用户组也没有被删除，这又是为什么呢？请大家思考这个问题。

例 3-10：userdel 命令的基本用法

```
// 下面 3 条命令显示了删除用户 shaw 前的文件内容
[root@centos7 ~]# grep  shaw  /etc/passwd
shaw:x:1111:1000::/home/shaw2:/bin/bash
[root@centos7 ~]# grep  shaw  /etc/shadow
shaw:!!:19329:0:99999:7:::
[root@centos7 ~]# grep  shaw  /etc/group
shaw:x:1001:
[root@centos7 ~]# userdel  -r  shaw              // 删除用户 shaw，并删除用户主目录
userdel: 组 "shaw" 没有移除，因为它不是用户 shaw 的主组
userdel: 未找到 shaw 的主目录 "/home/shaw2"
// 下面 4 条命令显示了删除用户 shaw 后的文件内容
[root@centos7 ~]# grep  shaw  /etc/passwd
[root@centos7 ~]# grep  shaw  /etc/shadow
[root@centos7 ~]# grep  shaw  /etc/group
shaw:x:1001:                                     <== 没有删除 shaw 组
[root@centos7 ~]# grep  zys  /etc/group
zys:x:1000:zys                                   <== 也没有删除 zys 组
```

3. 管理用户组

前面介绍了管理用户的方法，下面介绍几个和用户组相关的命令。

（1）groupadd 命令

groupadd 命令用于新增用户组，其用法比较简单，在命令后加上组名即可。其常用的选项有两个：-r 选项，用于创建系统群组；-g 选项，用于手动指定用户组 ID，即 GID。groupadd 命令的基本用法如例 3-11 所示。

例 3-11：groupadd 命令的基本用法

```
[root@centos7 ~]# groupadd  sie                  // 新增用户组
[root@centos7 ~]# grep  sie  /etc/group
sie:x:1002:                                      <== 在 /etc/group 文件中添加用户组信息
[root@centos7 ~]# groupadd  -g  1008  ict        // 添加用户组时指定 GID
[root@centos7 ~]# grep  ict  /etc/group
ict:x:1008:
```

（2）groupmod 命令

groupmod 命令用于修改用户组信息，可以使用 -g 选项修改 GID，或者使用 -n 选项修改组名。groupmod 命令的基本用法如例 3-12 所示。

例 3-12：groupmod 命令的基本用法

```
[root@centos7 ~]# grep ict /etc/group
ict:x:1008:            <== 原 GID 为 1008
[root@centos7 ~]# groupmod -g 1100 ict        // 修改 GID 为 1100
[root@centos7 ~]# grep ict /etc/group
ict:x:1100:            <== GID 已修改
[root@centos7 ~]# groupmod -n newict ict        // 修改组名
[root@centos7 ~]# grep newict /etc/group
newict:x:1100:         <== 组名已修改
```

如果随意修改用户名、用户组名、UID 或 GID，则很容易使用户信息混乱。建议在做好规划的前提下修改这些信息，或者先删除旧的用户和用户组，再建立新的用户和用户组。

（3）groupdel 命令

groupdel 命令的作用与 groupadd 命令正好相反，用于删除已有的用户组。groupdel 命令的基本用法如例 3-13 所示。

例 3-13：groupdel 命令的基本用法

```
[root@centos7 ~]# grep zys /etc/passwd
zys:x:1000:1000::/home/zys:/bin/bash
[root@centos7 ~]# grep -E ' zys | newict ' /etc/group   // 查找 zys 和 newict 两个用户组
zys:x:1000:zys
newict:x:1100:
[root@centos7 ~]# groupdel newict                         // 删除用户组 newict
[root@centos7 ~]# grep newict /etc/group                  // newict 删除成功
[root@centos7 ~]# groupdel zys
groupdel: 不能移除用户 "zys" 的主组          <== 删除用户组 zys 失败
```

可以看到，删除用户组 newict 是没有问题的，但删除用户组 zys 却没有成功。其实提示信息解释得非常清楚，因为用户组 zys 是用户 zys 的主组，所以不能删除。也就是说，待删除的用户组不能是任何用户的主组。如果想删除用户组 zys，则必须先将用户 zys 的主组修改为其他组，请自己动手练习，这里不再演示。

3.1.4 切换用户

不同的用户有不同的权限，有时需要在不同的用户之间进行切换，本节将介绍使用 su 命令切换用户的方法。

切换用户的常用命令是 su。可以从 root 用户切换到普通用户，也可以从普通用户切换到 root 用户。su 命令的基本用法如例 3-14 所示。exit 命令的作用是退出当前登录用户。

例 3-14：su 命令的基本用法

```
[zys@centos7 ~]$ su - root          // 从用户 zys 切换到 root 用户
密码:          <== 在这里输入 root 用户的密码
上一次登录：三 1月 20 09:30:43 CST 2021:0 上
[root@centos7 ~]# su - zys          // 从 root 用户切换到普通用户时，不需要输入密码
[zys@centos7 ~]$ exit               // 退出用户 zys，返回 root 用户
登出
[root@centos7 ~]# exit              // 退出 root 用户，返回用户 zys
登出
[zys@centos7 ~]$
```

如果只想使用 root 用户的身份执行一条特权命令，且执行完该命令之后立刻恢复为普通

用户，那么可以使用 su 命令的 -c 选项，如例 3-15 所示。此例中，*/etc/shadow* 文件只有 root 用户有权查看，-c 选项后的命令表示使用 grep 命令查看这个文件，命令执行完毕后，终端窗口的当前用户仍然是 zys。

例 3-15：su 命令的基本用法——-c 选项的用法

```
[zys@centos7 ~]$ su - -c "grep zys /etc/shadow"    // 注意两个 "-" 之间有空格
密码:              <== 在这里输入 root 用户的密码
zys:$6$R6Ek6cLg$83b48kR……
[zys@centos7 ~]$                                    // 当前用户仍然是 zys
```

从普通用户切换到 root 用户时，需要提供 root 用户的密码。从 root 用户切换到普通用户时，不需要输入普通用户的密码。原因很简单，既然 root 用户有删除普通用户的权限，自然没有理由要求它提供普通用户的密码。另外，su 命令之后的 "–" 对用户切换前后的环境变量有很大的影响。环境变量将在项目 4 中具体介绍，项目 4 中还将继续演示 su 命令的使用方法。

微课

su 和 sudo 命令

任务实施

实验：管理用户和用户组

张经理所在的科技信息部最近进行了组织结构调整。调整后，整个部门分为软件开发和运行维护两大中心。作为公司各类服务器的总负责人，张经理最近一直忙于重新规划和调整公司服务器的使用。以软件开发中心为例，开发人员分为开发一组和开发二组。张经理要在开发服务器上为每个开发人员创建新用户、设置密码、分配权限等。开发服务器安装了 CentOS 7.6，张经理打算利用这次机会向小顾讲解如何在 CentOS 7.6 中管理用户和用户组。

第 1 步，登录到开发服务器，在终端窗口中使用 su - root 命令切换到 root 用户。张经理提醒小顾，用户和用户组管理属于特权操作，必须使用 root 用户执行。

第 2 步，使用 cat /etc/passwd 命令查看系统当前有哪些用户。在这一步，张经理让小顾判断哪些用户是系统用户，哪些用户是之前为开发人员创建的普通用户，并说明判断的依据。

第 3 步，使用 groupadd 命令分别为开发一组和开发二组创建用户组，用户组名分别是 devteam1 和 devteam2。同时，为整个软件开发中心创建一个用户组，用户组名为 devcenter。

第 4 步，张经理为开发一组创建了新用户 xf，并设置初始密码为 "xf@171123"，将其添加到用户组 devteam1 中。以上内容涉及的命令如例 3-16.1 所示。

例 3-16.1：管理用户和用户组——创建用户和用户组

```
[root@centos7 ~]# groupadd devteam1
[root@centos7 ~]# groupadd devteam2
[root@centos7 ~]# groupadd devcenter
```

```
[root@centos7 ~]# useradd xf
[root@centos7 ~]# passwd xf
[root@centos7 ~]# groupmems  -a  xf  -g  devteam1
[root@centos7 ~]# groupmems  -a  xf  -g  devcenter
```

小顾马上想到，useradd 命令会使用默认的参数创建新用户，现在 /etc/passwd 文件中肯定多了一条关于用户 xf 的信息，/etc/shadow 和 /etc/group 文件中也是如此，且用户 xf 的默认主目录 /home/xf 也已被默认创建。其实，这也是张经理想对小顾强调的内容。张经理请小顾验证刚才的想法，小顾使用的命令及输出内容如例 3-16.2 所示。

例 3-16.2：管理用户和用户组——验证用户相关文件

```
[root@centos7 ~]# grep xf  /etc/passwd
xf:x:1235:1235::/home/xf:/bin/bash
[root@centos7 ~]# grep xf  /etc/shadow
xf:$6$Tg1TpWAK$DaW6M2qti……
[root@centos7 ~]# grep xf  /etc/group
devteam1:x:1003:xf
devcenter:x:1005:xf
xf:x:1235:
[root@centos7 ~]# ls  -ld  /home/xf
drwx------.    3   xf  xf      78    12月 3 22:12       /home/xf
[root@centos7 ~]# id xf
uid=1235(xf) gid=1235(xf) 组=1235(xf),1003(devteam1),1005(devcenter)
```

第 5 步，采用同样的方法，为开发二组创建新用户 wbk 并设置初始密码为 "wbk@171201"，将其添加到用户组 devteam2 中，如例 3-16.3 所示。

例 3-16.3：管理用户和用户组——为开发二组创建用户

```
[root@centos7 ~]# useradd wkb
[root@centos7 ~]# passwd wkb
[root@centos7 ~]# groupmems  -a  wkb  -g  devteam2
[root@centos7 ~]# groupmems  -a  wkb  -g  devcenter
```

这一次张经理不小心把用户名设为 wkb，眼尖的小顾发现了这个错误，提醒张经理需要撤销刚才的操作后再新建用户。

第 6 步，张经理夸奖小顾工作很认真，并请小顾完成后面的操作，如例 3-16.4 所示。

例 3-16.4：管理用户和用户组——重新创建开发二组用户

```
[root@centos7 ~]# groupmems -d  wkb  -g  devteam2
[root@centos7 ~]# groupmems -d  wkb  -g  devcenter
[root@centos7 ~]# userdel  -r  wkb
[root@centos7 ~]# useradd  wbk
[root@centos7 ~]# passwd  wbk
[root@centos7 ~]# groupmems  -a  wbk  -g  devteam2
[root@centos7 ~]# groupmems  -a  wbk  -g  devcenter
[root@centos7 ~]# id wbk
uid=1236(wbk) gid=1236(wbk) 组=1236(wbk),1004(devteam2),1005(devcenter)
```

第 7 步，创建一个软件开发中心负责人的用户 ss，并将其加入用户组 devteam1、devteam2 及 devcenter，如例 3-16.5 所示。

例 3-16.5：管理用户和用户组——创建软件开发中心负责人用户

```
[root@centos7 ~]# useradd ss
[root@centos7 ~]# passwd ss
[root@centos7 ~]# groupmems -a ss -g devteam1
[root@centos7 ~]# groupmems -a ss -g devteam2
[root@centos7 ~]# groupmems -a ss -g devcenter
[root@centos7 ~]# id ss
uid=1237(ss) gid=1237(ss) 组=1237(ss),1003(devteam1),1004(devteam2),1005(devcenter)
```

还有十几个用户需要执行类似的操作，张经理没有一一演示。他让小顾在自己的虚拟机中先操作一遍，并记录整个实验过程。如果没有问题，剩下的工作就由小顾来完成。小顾很感激张经理的信任，马上打开自己的计算机开始练习。最终，小顾圆满完成了张经理交代的任务，得到了张经理的肯定和赞许。

知识拓展

除了上文介绍的用户管理操作外，还有一些命令也可以用于管理用户和用户组，具体内容详见本书配套电子资源。

任务实训

本实训的主要任务是综合练习与用户和用户组相关的一些命令，通过练习加深对用户和用户组的理解。

【实训目的】

（1）理解用户和用户组的作用及关系。

（2）理解用户的主组、附加组和有效组的概念。

（3）掌握管理用户和用户组的常用命令。

【实训内容】

本任务主要介绍了用户和用户组的基本概念，以及如何管理用户和用户组。请完成以下操作，综合练习在本任务中学习到的相关命令。

（1）在终端窗口中切换到 root 用户。

（2）采用默认设置添加用户 user1，为其设置密码。

（3）添加用户 user2，手动设置其主目录、UID，设置密码。

（4）添加用户组 grp1 和 grp2。

（5）将用户 user1 的主组修改为 grp1，并将用户 user1 和 user2 添加到用户组 grp2 中。

（6）在 /etc/passwd 文件中查看用户 user1 和 user2 的相关信息，在 /etc/group 文件中查看用户组 grp1 和 grp2 的相关信息，并将其与 id 和 groups 命令的输出进行比较。

（7）从用户组 grp2 中删除用户 user1。

任务 3.2　文件与目录管理

任务陈述

Linux 是一种支持多用户的操作系统，当多个用户使用同一个系统时，文件权限管理变得尤为重要，因为这关系到整个 Linux 操作系统的安全性。在 Linux 操作系统中，每个文件都有很多和安全相关的属性，这些属性决定了哪些用户可以对这个文件执行哪些操作。文件权限管理是难倒一大批 Linux 初学者的"猛兽"，但它又是大家必须掌握的一个重要知识点。能否合理有效地管理文件权限，是评价一个 Linux 系统管理员是否合格的重要标准。

知识准备

3.2.1　文件的基本概念

在 Linux 操作系统中，文件的概念被大大延伸了。除了常规意义上的文件，目录也是一种特殊类型的文件，甚至鼠标、硬盘、打印机等硬件设备也是以文件的形式管理的，如图 3-3 所示。本书提到的"文件"，有时专指常规意义上的普通文件，有时是普通文件和目录的统称，有时可能泛指 Linux 操作系统中的所有内容。

图 3-3　Linux 中的文件

1. 文件类型与文件名

（1）文件类型

Linux 操作系统扩展了文件的概念，被操作系统管理的所有软件资源和硬件资源都是文件。这些文件具有不同的类型。在前面多次使用的 ls -l 命令的输出中，第 1 列的第 1 个字符表示文件的类型，包括普通文件（-）、目录文件（d）、链接文件（l）、设备文件（b 或 c）、管道文件（p）和套接字文件（s）。

（2）文件名

在 Linux 中为文件命名时有几点需要注意，如图 3-4 所示。第一，Linux 文件名没有"扩

微课

Linux中的文件

展名"的概念，扩展名即通常所说的文件名后缀；第二，Linux 文件名区分英文字母大小写，在 Linux 中，"*AB.txt*""*ab.txt*"和"*Ab.txt*"是不同的文件；第三，文件名中最好不要使用某些特殊的字符，如"*"、"？"等；第四，Linux 文件名的长度最好不要超过 255 字节。

图 3-4　Linux 中的文件名

2. 目录树与文件路径

在 Linux 文件系统中，文件按层次结构组织，根目录用"/"表示。在根目录中可以创建子目录和文件，在子目录中还可以继续创建子目录和文件。所有目录和文件形成一棵以根目录为根节点的倒置的目录树，如图 3-5 所示。

图 3-5　Linux 文件系统的层次结构

文件路径有两种表示形式，即绝对路径和相对路径。绝对路径是指从根目录"/"开始，将到达该文件所经过的所有中间目录用"/"连接，后跟文件名。例如，*index.html* 文件的绝对路径是 */home/zys/www/index.html*，如图 3-6 所示。显然，每个文件有且仅有一个绝对路径。

图 3-6　绝对路径

相对路径的搜索起点是当前工作目录。例如，如果当前工作目录是 */home*，那么 *index.html* 文件的相对路径是 *zys/www/index.html*；如果当前工作目录是 */home/zys*，那么其相对路径变为 *www/index.html*，如图 3-7 所示。因此，工作目录改变时，相对路径也随之改变。

图3-7　相对路径

微课

绝对路径
和相对路径

3.2.2　文件与目录的常用命令

在本书后续的内容中，会频繁使用与文件和目录相关的命令。如果不了解这些命令的使用方法，则会严重影响后续内容的学习。下面详细介绍与文件和目录相关的常用命令。

1. 查看类命令

（1）pwd命令

Linux操作系统中有许多命令需要一个具体的目录或路径作为参数，如果没有为这类命令明确指定目录参数，那么Linux操作系统默认把当前的工作目录设为参数，或者以当前工作目录为起点搜索命令所需的其他参数。如果要查看当前的工作目录，则可以使用pwd命令。pwd命令用于显示用户当前的工作目录，使用该命令时不需要指定任何选项或参数，如例3-17所示。

例3-17：pwd命令的基本用法

```
[zys@centos7 ~]$ pwd
/home/zys
```

用户在终端窗口中登录系统后，默认的工作目录是登录用户的主目录。例3-17中，用户zys登录系统后的默认工作目录是 /home/zys。

（2）cd命令

使用cd命令可以从一个目录切换到另一个目录，其基本语法如下。

```
cd　[目标路径]
```

cd命令后面的参数表示将要切换到的目标路径，目标路径可以采用绝对路径或相对路径的形式表示。如果cd命令后面没有任何参数，则表示切换到当前登录用户的主目录。cd命令的基本用法如例3-18所示，先从 /home/zys 目录切换到下一级子目录，再返回用户zys的主目录。

例3-18：cd命令的基本用法

```
[zys@centos7 ~]$ pwd
/home/zys        <== 当前工作目录
[zys@centos7 ~]$ cd  /tmp
```

```
[zys@centos7 tmp]$ pwd
/tmp            <== 当前工作目录切换为 /tmp
[zys@centos7 tmp]$ cd              // 不加参数，返回用户 zys 的主目录
[zys@centos7 ~]$ pwd
/home/zys       <== 当前工作目录切换为用户 zys 的主目录
```

除了绝对路径或相对路径外，还可以使用一些特殊符号表示目标路径，如表 3-1 所示。

表 3-1　表示目标路径的特殊符号

特殊符号	说明	在 cd 命令中的含义
.	句点	切换至当前目录
..	两个句点	切换至当前目录的上一级目录
-	减号	切换至上次所在的目录，即最近一次 cd 命令执行前的工作目录
~	波浪号	切换至当前登录用户的主目录
~用户名	波浪号后跟用户名	切换至指定用户的主目录

cd 命令中特殊符号的用法如例 3-19 所示。

例 3-19：cd 命令中特殊符号的用法

```
[zys@centos7 tmp]$ pwd
/tmp            <== 当前工作目录
[zys@centos7 tmp]$ cd  .            // 进入当前目录
[zys@centos7 tmp]$ pwd
/tmp            <== 当前工作目录并未改变
[zys@centos7 tmp]$ cd  ..           // 进入上一级目录
[zys@centos7 /]$ pwd
/               <== 当前工作目录变为根目录
[zys@centos7 /]$ cd  -              // 进入上次所在的目录，即 /tmp
/tmp
[zys@centos7 tmp]$ pwd
/tmp            <== 当前工作目录发生改变
[zys@centos7 tmp]$ cd  ~            // 进入当前登录用户的主目录
[zys@centos7 ~]$ pwd
/home/zys
[zys@centos7 ~]$ cd  ~root          // 进入 root 用户的主目录
bash: cd: /root: 权限不够    <== 想要切换到 /root，但是没有权限
```

（3）ls 命令

ls 命令的主要作用是显示某个目录中的内容，经常和 cd 命令配合使用。一般是先使用 cd 命令切换到新的目录，再使用 ls 命令查看这个目录中的内容。ls 命令的基本语法如下。其中，参数 *dir* 表示要查看具体内容的目标目录，如果省略该参数，则表示查看当前工作目录的内容。ls 命令有许多选项，这使得 ls 命令的显示结果形式多样。

```
ls  [-CFRacdilqrtu]  [dir]
```

默认情况下，ls 命令按文件名的顺序显示所有的非隐藏文件。ls 命令用颜色区分不同类型的文件，其中，蓝色表示目录，黑色表示普通文件。可以使用一些选项改变 ls 命令的默认显示方式。

　　使用 -a 选项可以显示隐藏文件。前文说过，Linux 中文件名以 "." 开头的文件是隐藏文件，使用 -a 选项可以方便地显示这些文件。ls 命令中使用最多的选项应该是 -l，通过它可以在每一行中显示每个文件的详细信息。

　　ls 命令的基本用法如例 3-20 所示。当使用 -l 选项时，第 1 列的第 1 个字符表示文件类型，如 "d" 表示目录文件、"-" 表示普通文件、"l" 表示链接文件等。

例 3-20： ls 命令的基本用法

```
[zys@centos7 tmp]$ pwd
/tmp
[zys@centos7 tmp]$ ls            // 默认按文件名排序，只显示非隐藏文件
anaconda.log   file1
[zys@centos7 tmp]$ ls  -a        // 显示隐藏文件
.  ..         <== 对照表 3-1 理解这两个文件的含义
anaconda.log  .esd-1000
[zys@centos7 tmp]$ ls  -l        // 使用长格式显示文件信息
-rw-r--r--.  1  root  root  1925   12 月 1 02:36   anaconda.log
-rw-rw-r--.  1  zys   zys   7      12 月 1 23:11   file1
```

（4）cat 命令

　　cat 命令的作用是把文件内容显示在标准输出设备（通常是显示器）上，其基本语法如下。

```
cat   [-AbeEnstTuv]   [file_list]
```

　　其中，参数 *file_list* 表示一个或多个文件名，文件名以空格分隔。cat 命令的基本用法如例 3-21 所示。

例 3-21： cat 命令的基本用法

```
[zys@centos7 ~]$ cat  /etc/centos-release        // 显示文件内容
CentOS Linux release 7.9.2009 (Core)
[zys@centos7 ~]$ cat  -n /etc/centos-release     // 显示行号
    1   CentOS Linux release 7.9.2009 (Core)
```

（5）head 命令

　　cat 命令会一次性地把文件的所有内容全部显示出来，但有时候只想查看文件的开头部分而不是文件的全部内容。此时，使用 head 命令可以方便地实现这个功能，其基本语法如下。

```
head   [-cnqv]   file_list
```

　　默认情况下，head 命令只显示文件的前 10 行。head 命令的基本用法如例 3-22 所示。

例 3-22： head 命令的基本用法

```
[zys@centos7 ~]$ head  /etc/aliases
#
#  Aliases in this file will NOT be expanded in the header from
……        <== 默认显示文件的前 10 行，此处省略
[zys@centos7 ~]$ head  -c  8  /etc/aliases                // 显示文件的前 8 字节
#         <== 注意，下一行命令提示符前的字符 "#  Ali" 也是本条命令的输出
#  Ali[zys@centos7 ~]$ head  -n  2  /etc/aliases          // 显示文件的前 2 行
#
```

```
#  Aliases in this file will NOT be expanded in the header from
```

在这个例子中，在显示文件的前8字节时，第1行连同第2行的"# Ali"看起来只有7个字符（包括两个空格）。这是因为在Linux中，每行行末的换行符占用一字节。这一点和Windows操作系统有所不同。在Windows操作系统中，行末的回车符和换行符各占一字节。

（6）tail命令

和head命令相反，tail命令只显示文件的末尾部分。-c和-n选项对tail命令也同样适用。tail命令的基本用法如例3-23所示。

例3-23：tail命令的基本用法

```
[zys@centos7 ~]$ tail  -c  9  /etc/aliases        // 显示文件的后9字节
t:        marc
[zys@centos7 ~]$ tail  -n  3  /etc/aliases        // 显示文件的后3行

# Person who should get root's mail
#root:           marc
```

tail命令的强大之处在于当它使用-f选项时，可以动态刷新文件内容。这个功能在调试程序或跟踪日志文件时尤其有用，具体用法这里不再演示。

（7）more命令

使用cat命令显示文件内容时，如果文件内容太长，则终端窗口中只能显示文件的最后一页，即最后一屏。若想查看前面的内容，则必须使用垂直滚动条。more命令可以分页显示文件，即一次显示一页内容，其基本语法如下。

```
more    [选项]    文件名
```

使用more命令时一般不加任何选项。当使用more命令打开文件后，可以按F键或Space键向下翻一页，按D键或【Ctrl+D】组合键向下翻半页，按B键或【Ctrl+B】组合键向上翻一页，按Enter键向下移动一行，按Q键退出。其基本用法如例3-24所示。

例3-24：more命令的基本用法

```
[zys@centos7 ~]$ more  /etc/aliases
……
games:        root
gopher:       root
--More--(37%)                 <== 第1页只能显示文件的37%的内容
```

（8）less命令

less命令是more命令的增强版，它除了具有more命令的功能外，还可以按U键或【Ctrl+U】组合键向上翻半页，或按上、下、左、右方向键改变显示窗口，具体操作这里不再演示。

（9）wc命令

wc命令用于统计并输出一个文件的行数、单词数和字节数，其基本语法如下。

```
wc    [-clLw]    [file-list]
```

wc 命令的基本用法如例 3-25 所示。

例 3-25：wc 命令的基本用法

```
[zys@centos7 ~]$ wc  /etc/aliases          // 显示文件的行数、单词数和字节数
  97  239 1529 /etc/aliases
[zys@centos7 ~]$ wc  -c  /etc/aliases       // 显示文件的字节数
1529 /etc/aliases
[zys@centos7 ~]$ wc  -l  /etc/aliases       // 显示文件的行数
97 /etc/aliases
[zys@centos7 ~]$ wc  -L  /etc/aliases       // 显示文件最长的行的长度
66 /etc/aliases
[zys@centos7 ~]$ wc  -w  /etc/aliases       // 显示文件的单词数
239 /etc/aliases
```

2. 操作类命令

（1）touch 命令

touch 命令的基本语法如下。

```
touch  [-acmt]  文件名
```

微课

文件与目录
的常用命令

touch 命令的主要作用是创建一个新文件。当指定文件名的文件不存在时，
touch 命令会在当前目录中使用指定的文件名创建一个新文件。touch 命令的基
本用法如例 3-26 所示。touch 命令还可以修改已有文件的时间戳，具体用法这
里不再演示。

例 3-26：touch 命令的基本用法

```
[zys@centos7 ~]$ touch  /tmp/file1
[zys@centos7 ~]$ ls  -l  /tmp/file1
-rw-rw-r--.  1  zys  zys    7 12月 3 03:24  /tmp/file1
```

（2）dd 命令

dd 命令用于从标准输入（键盘）或源文件中复制指定大小的数据，并将其输出到标准
输出（显示器）或目标文件中，复制时可以同时对数据进行格式转换。dd 命令的基本语法
如下。

```
dd  [if=file]  [of=file]  [ ibs | obs | bs | cbs] =bytes  [skip | seek | count] =blocks
[ conv=method ]
```

例 3-27 是从源文件 /dev/zero 中读取 5MB 的数据，并将其输出到目标文件 /tmp/file1 中。
/dev/zero 是一个特殊的文件，可以认为这个文件中包含无穷多个 0。因此这个例子的作用其
实是创建指定大小的文件并以 0 进行初始化。

例 3-27：dd 命令的基本用法——创建指定大小的文件

```
[zys@centos7 ~]$ dd  if=/dev/zero  of=/tmp/file1  bs=1M  count=5
记录了 5+0 的读入
记录了 5+0 的写出
5242880 字节 (5.2 MB) 已复制, 0.00738137 s, 710 MB/s
[zys@centos7 ~]$ ls  -lh  /tmp/file1          // 注意 ls 命令的 -h 选项的用法
```

```
-rw-rw-r--.    1    zys    zys        5.0M  12月3 03:27      /tmp/file1
```

（3）mkdir 命令

mkdir 命令用于创建一个新目录，其基本语法如下。

```
mkdir  [-pm]  目录名
```

默认情况下，mkdir 命令只能直接创建下一级目录。如果在目录名参数中指定了多级目录，则必须使用 -p 选项。例如，想要在当前目录中创建目录 *dir* 并为其创建子目录 *subdir*，正常情况下可以使用两次 mkdir 命令分别创建目录 *dir* 和目录 *subdir*。如果将目录名指定为 *dir/subdir* 并使用 -p 选项，那么 mkdir 命令会先创建目录 *dir*，再在目录 *dir* 中创建子目录 *subdir*。mkdir 命令的基本用法如例 3-28 所示。

例 3-28：mkdir 命令的基本用法

```
[zys@centos7 ~]$ mkdir  dir1                             // 创建一个新目录
[zys@centos7 ~]$ ls  -ld  dir1
drwxrwxr-x.    2  zys  zys  6       12月 4 04:33    dir1
[zys@centos7 ~]$ mkdir  dir2/subdir                      // 不使用 -p 选项连续创建两级目录
mkdir: 无法创建目录 "dir2/subdir"：没有那个文件或目录
[zys@centos7 ~]$ mkdir  -p  dir2/subdir                  // 使用 -p 选项连续创建两级目录
[zys@centos7 ~]$ ls  -ld  dir2  dir2/subdir
drwxrwxr-x.    3  zys  zys  20      12月 4 04:34    dir2
drwxrwxr-x.    2  zys  zys  6       12月 4 04:34    dir2/subdir/ <== 自动创建子目录 subdir
```

（4）rmdir 命令

rmdir 命令的作用是删除一个空目录。如果是非空目录，那么使用 rmdir 命令会报错。如果使用 -p 选项，则 rmdir 命令会递归地删除多级目录，但它要求各级目录都是空目录。rmdir 命令的基本用法如例 3-29 所示。

例 3-29：rmdir 命令的基本用法

```
[zys@centos7 ~]$ rmdir  dir1                             // 目录 dir1 是空的
[zys@centos7 ~]$ rmdir  dir2                             // 目录 dir2 中有子目录 subdir
rmdir: 删除 "dir2" 失败：目录非空
[zys@centos7 ~]$ rmdir  -p  dir2/subdir                  // 递归删除各级目录
```

（5）cp 命令

cp 命令的主要作用是复制文件或目录，其基本语法如下。cp 命令的功能非常强大，使用不同的选项可以实现不同的复制功能。

```
cp  [-abdfilprsuvxPR]  源文件或源目录  目标文件或目标目录
```

使用 cp 命令可以把一个或多个源文件或目录复制到指定的目标文件或目录中。如果第 1 个参数是一个普通文件，第 2 个参数是一个已经存在的目录，则 cp 命令会将源文件复制到已存在的目标目录中，且保持文件名不变。如果两个参数都是普通文件，则第 1 个参数代表源文件，第 2 个参数代表目标文件，cp 命令会把源文件复制为目标文件。如果目标文件参数没有路径信息，则默认把目标文件保存在当前目录中，否则按照目标文件指明的路径存放。cp 命令的基本用法如例 3-30 所示。

例 3-30：cp 命令的基本用法——复制目录

```
[zys@centos7 ~]$ touch  file1  file2
[zys@centos7 ~]$ mkdir  dir1
[zys@centos7 ~]$ cp  file1  file2  dir1      // 复制文件 file1 和 file2 到目录 dir1 中
[zys@centos7 ~]$ ls  dir1
file1  file2
[zys@centos7 ~]$ cp  file1  file3            // 复制文件 file1 为 file3，并保存在当前目录中
[zys@centos7 ~]$ cp  file2  /tmp/file4        // 复制文件 file2 为 file4，并保存在 /tmp 主目录中
```

使用 -r 选项时，cp 命令还可以用于复制目录。如果第 2 个参数是一个不存在的目录，则 cp 命令会把源目录复制为目标目录，并将源目录内的所有内容复制到目标目录中，如例 3-31 所示。

例 3-31：cp 命令的基本用法——复制目录（目标目录不存在）

```
[zys@centos7 ~]$ ls  dir1  dir2
ls: 无法访问 dir2: 没有那个文件或目录      <== 目录 dir2 当前不存在
dir1:
file1  file2      <== 目录 dir1 中有两个文件，即 file1 和 file2
[zys@centos7 ~]$ cp  -r  dir1  dir2          // 自动创建目录 dir2 并复制目录 dir1 的内容
[zys@centos7 ~]$ ls  dir2
file1  file2
```

如果第 2 个参数是一个已经存在的目录，则 cp 命令会把源目录及其所有内容作为一个整体复制到目标目录中，如例 3-32 所示。

例 3-32：cp 命令的基本用法——复制目录（目标目录已存在）

```
[zys@centos7 ~]$ mkdir  dir3                  // 先创建目录 dir3
[zys@centos7 ~]$ ls  dir1
file1  file2
[zys@centos7 ~]$ cp  -r  dir1  dir3          // 注意：此时目录 dir3 已存在
[zys@centos7 ~]$ ls  dir3                     // 也可以使用 ls  -R  dir3 命令进行查看
dir1
[zys@centos7 ~]$ ls  dir3/dir1
file1  file2
```

（6）mv 命令

mv 命令类似于 Windows 操作系统中常用的剪切操作，用于移动或重命名文件或目录。mv 命令的基本语法如下。

```
mv  [-fiuv]   源文件或源目录   目标文件或目标目录
```

在移动文件时，如果第 2 个参数是一个和源文件同名的文件，则源文件会覆盖目标文件。如果使用 -i 选项，则覆盖前会有提示。如果源文件和目标文件在相同的目录中，则 mv 命令的作用相当于对源文件进行重命名。mv 命令的基本用法如例 3-33 所示，此时，要保证当前目录中已经存在 *file1*、*file2* 和目录 *dir1*。

例 3-33：mv 命令的基本用法——移动文件

```
[zys@centos7 ~]$ mv  file1  dir1              // 将文件 file1 移动到目录 dir1 中
[zys@centos7 ~]$ touch  file1                 // 在当前目录中重新创建文件 file1
[zys@centos7 ~]$ mv  -i  file1  dir1          // 此时目录 dir1 中已经有文件 file1
mv: 是否覆盖 "dir1/file1"？ y                  <== 使用 -i 选项会有提示
[zys@centos7 ~]$ mv  file2  file3             // 将文件 file2 重命名为 file3
```

如果 mv 命令的两个参数都是已经存在的目录，则 mv 命令会把第 1 个目录（源目录）及其所有内容作为一个整体移动到第 2 个目录（目标目录）中，如例 3-34 所示。

例 3-34：mv 命令的基本用法——移动目录

```
[zys@centos7 ~]$ ls  dir1              // 目录 dir1 中有两个文件
file1  file2
[zys@centos7 ~]$ ls  dir2              // 目录 dir2 中也有两个文件
file1  file2
[zys@centos7 ~]$ mv  dir1  dir2
[zys@centos7 ~]$ ls  dir2
dir1  file1  file2        <== 目录 dir1 被整体移动到目录 dir2 中
[zys@centos7 ~]$ ls  dir2/dir1
file1  file2
```

（7）rm 命令

rm 命令用于永久删除文件或目录，其基本语法如下。

```
rm  [-dfirvR]  文件或目录
```

使用 rm 命令删除文件或目录时，如果使用 -i 选项，则删除前会给出提示；如果使用 -f 选项，则删除前不会给出任何提示，因此使用 -f 选项时一定要谨慎。rm 命令的方法如例 3-35 所示。

例 3-35：rm 命令的基本用法——删除文件

```
[zys@centos7 ~]$ touch  file1  file2
[zys@centos7 ~]$ rm  -i  file1
rm：是否删除普通空文件 "file1"？y         <== 使用 -i 选项时有提示
[zys@centos7 ~]$ rm  -f  file2          <== 使用 -f 选项时没有提示
```

另外，不能使用 rm 命令直接删除目录，而必须加上 -r 选项。如果 -r 和 -i 选项组合使用，则在删除目录的每一个子目录和文件前都会有提示。使用 rm 命令删除目录的方法如例 3-36 所示。

例 3-36：rm 命令的基本用法——删除目录

```
[zys@centos7 ~]$ touch  file1  file2
[zys@centos7 ~]$ mkdir  dir1
[zys@centos7 ~]$ mv  file1  file2  dir1
[zys@centos7 ~]$ ls  dir1
file1  file2           <== 目录 dir1 中包含文件 file1 和 file2
[zys@centos7 ~]$ rm  dir1
rm：无法删除 "dir1"：是一个目录               <== rm 命令不能直接删除目录
[zys@centos7 ~]$ rm  -ir  dir1
rm：是否进入目录 "dir1"？y
rm：是否删除普通空文件 "dir1/file1"？y        <== 每删除一个文件前都会有提示
rm：是否删除普通空文件 "dir1/file2"？y
rm：是否删除目录 "dir1"？y                    <== 删除目录自身也会有提示
```

（8）匹配行内容

grep 命令是一个功能十分强大的行匹配命令，可以从文本文件中提取符合指定匹配表达式的行。grep 命令的基本语法如下。

```
grep  [选项]  [匹配表达式]  文件
```

grep 命令的基本用法如例 3-37 所示。要想发挥 grep 命令的强大功能，必须将它和正则表达式配合使用。关于正则表达式的详细用法，这里不再具体展开，感兴趣的读者可以查阅相关资料深入学习。

例 3-37：grep 命令的基本用法

```
[zys@centos7 ~]$ grep -n web /etc/aliases          // 提取包含 web 的行
40:webalizer:  root
82:www:        webmaster
83:webmaster:  root
[zys@centos7 ~]$ grep -n -v root /etc/aliases      // 反向查找，提取不包含 root 的行
1:#
2:#  Aliases in this file will NOT be expanded in the header from
```

3. 文件打包和压缩

随着系统使用时间变长，文件会越来越多，占用的空间也会越来越大，如果没有有效管理，就会给系统的正常运行带来一定的隐患。文件打包和压缩是 Linux 系统管理员管理文件时经常使用的两种方法，下面介绍与文件打包和压缩相关的概念及命令。

微课

文件打包
和压缩

（1）文件打包和压缩的基本概念

文件打包就是人们常说的"归档"。顾名思义，打包就是把一组目录和文件合并成一个文件，这个文件的大小是原来目录和文件大小的总和，可以将打包操作形象地比喻为把几块海绵放到一个篮子中形成一块大海绵。压缩虽然也是把一组目录和文件合并成一个文件，但是它会使用某种算法对这个新文件进行处理，以减少其占用的存储空间。可以把压缩想象成对这块大海绵进行"脱水"处理，使它的体积变小，以达到节省空间的目的。

（2）打包和压缩命令

tar 是 Linux 操作系统中常用的打包命令。tar 命令除了支持传统的打包功能外，还可以从打包文件中恢复原文件，这是和打包相反的操作。打包文件通常以".tar"作为文件扩展名，又被称为 tar 包。tar 命令的选项和参数非常多，但常用的只有几个。

对目录和文件进行打包的方法如例 3-38 所示。

例 3-38：tar 命令的基本用法——打包

```
[zys@centos7 ~]$ touch file1 file2 file3
[zys@centos7 ~]$ tar -cf test.tar file1 file2    // 使用 -c 选项创建打包文件
[zys@centos7 ~]$ ls test.tar
test.tar
[zys@centos7 ~]$ tar -tf test.tar                // 使用 -t 选项查看打包文件的内容
file1
file2
```

从打包文件中恢复原文件时以 -x 选项代替 -c 选项即可，如例 3-39 所示。

例 3-39：tar 命令的基本用法——恢复原文件

```
[zys@centos7 ~]$ tar -xf test.tar -C /tmp        // 将文件包内容展开到 /tmp 目录中
[zys@centos7 ~]$ ls /tmp/file*
/tmp/file1  /tmp/file2
```

如果想将一个文件追加到 tar 包的结尾，则需要使用 -r 选项，如例 3-40 所示。

例 3-40：tar 命令的基本用法——将一个文件追加到 tar 包的结尾

```
[zys@centos7 ~]$ tar  -rf  test.tar file3
[zys@centos7 ~]$ tar  -tf  test.tar
file1
file2
file3          <== 文件 file3 被追加到 test.tar 的结尾
```

可以对打包文件进行压缩操作。gzip 是 Linux 操作系统中常用的压缩工具，gunzip 是和 gzip 对应的解压缩工具。使用 gzip 工具压缩后的文件的扩展名为 ".gz"。这里不详细讲解 gzip 和 gunzip 的具体选项及参数，只演示它们的基本用法，如例 3-41 和例 3-42 所示。

例 3-41：gzip 命令的基本用法

```
[zys@centos7 ~]$ ls  test.tar
test.tar
[zys@centos7 ~]$ gzip  test.tar          // 压缩 test.tar 文件
[zys@centos7 ~]$ ls  test*
test.tar.gz   <== 原文件 test.tar 被删除
```

使用 gzip 对文件 *test.tar* 进行压缩时，压缩文件自动被命名为 *test.tar.gz*，且原打包文件 *test.tar* 会被删除。如果想对 *test.tar.gz* 进行解压缩，则有两种办法：一种方法是使用 gunzip 命令，后跟压缩文件名，如例 3-42 所示；另一种方法是使用 gzip 命令的 -d 选项。

例 3-42：gunzip 命令的基本用法

```
[zys@centos7 ~]$ gunzip  test.tar.gz          // 也可以使用 gzip  -d  test.tar.gz 命令
[zys@centos7 ~]$ ls  test*
test.tar
```

bzip2 也是 Linux 操作系统中常用的压缩工具，使用 bzip 工具压缩后的文件的扩展名为 ".bz2"，它对应的解压缩工具是 bunzip。bzip2 和 bunzip 的关系与 gzip 和 gunzip 的关系相同，这里不赘述，大家可以使用 man 命令自行学习。

（3）使用 tar 命令同时打包和压缩文件

前面介绍了如何先打包文件，再对打包文件进行压缩。其实 tar 命令可以同时进行打包和压缩操作，也可以同时解压缩并展开打包文件，只要使用额外的选项指明压缩文件的格式。其常用的选项有两个：-z 选项指明压缩和解压缩 ".tar.gz" 格式的文件；-j 选项指明压缩和解压缩 ".tar.bz2" 格式的文件。tar 命令的这两种高级用法分别如例 3-43 和例 3-44 所示。

例 3-43：tar 命令的高级用法——压缩和解压缩 ".tar.gz" 格式的文件

```
[zys@centos7 ~]$ touch  file3  file4
[zys@centos7 ~]$ tar  -zcf  gzout.tar.gz  file3  file4     // -z 和 -c 选项结合使用
[zys@centos7 ~]$ ls  gzout.tar.gz
gzout.tar.gz
[zys@centos7 ~]$ tar  -zxf  gzout.tar.gz  -C  /tmp     // -z 和 -x 选项结合使用
[zys@centos7 ~]$ ls  /tmp/file*
/tmp/file3  /tmp/file4
```

例 3-44：tar 命令的高级用法——压缩和解压缩 ".tar.bz2" 格式的文件

```
[zys@centos7 ~]$ touch file5 file6
[zys@centos7 ~]$ tar -jcf bz2out.tar.bz2 file5 file6        // -j 和 -c 选项结合使用
[zys@centos7 ~]$ ls bz2out.tar.bz2
bz2out.tar.bz2
[zys@centos7 ~]$ tar -jxf bz2out.tar.bz2 -C /tmp            // -j 和 -x 选项结合使用
[zys@centos7 ~]$ ls /tmp/file*
/tmp/file5 /tmp/file6
```

3.2.3　文件所有者与属组

Linux 是一种支持多用户的操作系统。为了方便对用户的管理，Linux 将多个用户组织在一起形成一个用户组。本节主要介绍文件与用户和用户组的关系。

1. 文件和用户的关系

文件是由用户创建的，用户必须以某种身份访问文件，这对应于文件的两个属性，即所有者和属组。文件的所有者（user，又称属主）默认情况下就是创建该文件的用户。文件的属组（group）是系统中的一个用户组，该用户组中的所有用户都对该文件具有相同的权限。除此之外的用户都归类于第 3 类，即其他用户（others）。文件和用户的关系如图 3-8 所示。文件的所有者和属组都是可以修改的。

图 3-8　文件和用户的关系

了解了文件与用户和用户组的关系后，下面介绍如何修改文件的所有者和属组。

2. 修改文件所有者和属组

（1）chgrp 命令

chgrp 命令可以修改文件属组，其常用的选项是 -R，表示同时修改所有子目录及其中所有文件的属组，即所谓的"递归修改"。修改后的属组必须是已经存在于 /etc/group 文件中的用户组。chgrp 命令的基本用法如例 3-45 所示。

微课

文件和用户
的关系

例 3-45：chgrp 命令的基本用法

```
[zys@centos7 ~]$ touch /tmp/own.file
[zys@centos7 ~]$ ls -l /tmp/own.file
-rw-rw-r--. 1 zys zys 0 12月 4 04:45 /tmp/own.file    <== 文件原属组为 zys
```

```
[zys@centos7 ~]$ su - root               // chgrp 命令要以 root 用户身份执行
[root@centos7 ~]# chgrp sie /tmp/own.file  // 将文件属组改为 sie
[root@centos7 ~]# ls -l /tmp/own.file
-rw-rw-r--.   1   zys  sie   0  12月 4 04:45  /tmp/own.file   <== 文件属组变为 sie
```

（2）chown 命令

修改文件所有者的命令是 chown，chown 命令的基本语法如下。

```
chown  [-R]  用户名  文件或目录
```

同样，这里的 -R 选项也表示递归修改。chown 可以同时修改文件的用户名和属组，只要把用户名和属组用 ":" 分隔即可，其基本语法如下。

```
chown  [-R]  用户名 : 属组  文件或目录
```

chown 甚至可以取代 chgrp，即只修改文件的属组，此时要在属组的前面加一个 "."。chown 命令的基本用法如例 3-46 所示。

微课

chgrp 与
chown 命令

例 3-46：chown 命令的基本用法

```
[root@centos7 ~]# ls -l /tmp/own.file
-rw-rw-r--.   1      zys  sie   0  12月 4 04:45    /tmp/own.file
[root@centos7 ~]# chown root /tmp/own.file         // 只修改文件所有者
[root@centos7 ~]# ls -l /tmp/own.file
-rw-rw-r--.   1      root  sie  0  2月 4 04:45     /tmp/own.file
[root@centos7 ~]# chown zys:zys /tmp/own.file      // 同时修改文件所有者和属组
[root@centos7 ~]# ls -l /tmp/own.file
-rw-rw-r--.   1      zys  zys   0  12月 4 04:45    /tmp/own.file
[root@centos7 ~]# chown .sie /tmp/own.file         // 只修改文件属组，注意属组前有 "."
[root@centos7 ~]# ls -l /tmp/own.file
-rw-rw-r--.   1      zys  sie   0  12月 4 04:45    /tmp/own.file
```

3.2.4 文件权限管理

一般来说，Linux 操作系统中除了 root 用户外，还有其他不同角色的普通用户。每个用户都可以在规定的权限内创建、修改或删除文件。因此，文件的权限管理非常重要，这关系到整个 Linux 操作系统的安全性。在 Linux 操作系统中，每个文件都有很多和安全相关的属性，这些属性决定了哪些用户可以对这个文件执行何种操作。

1. 文件权限的基本概念

在之前的学习中已多次使用 ls 命令的 -l 选项显示文件的详细信息，现在从文件权限的角度重点分析第 1 列输出的含义，如例 3-47 所示。

例 3-47：ls -l 命令的输出

```
[zys@centos7 ~]$ mkdir dir1
[zys@centos7 ~]$ touch file1 file2
[zys@centos7 ~]$ ls -ld dir1 file1 file2
drwxrwxr-x.   2   zys  zys  6   12月 3 05:21   dir1
-rw-rw-r--.   1   zys  zys  0   12月 3 05:21   file1
-rw-rw-r--.   1   zys  zys  0   12月 3 05:21   file2
```

输出的第 1 列中一共有 10 个字符（暂时不考虑最后的 "."）。第 1 个字符表示文件的类型，这一点之前已经有所提及。接下来的 9 个字符表示文件的权限，从左至右每 3 个字符为一组，分别表示文件所有者的权限、属组的权限及其他用户的权限。每一组的 3 个字符是 "r" "w" "x" 3 个字母的组合，分别表示读权限（read，r）、写权限（write，w）和执行权限（execute，x），"r" "w" "x" 的顺序不能改变，如图 3-9 所示。如果没有相应的权限，则用 "-" 代替。

图 3-9　文件权限的组成

第 1 组权限为 "rwx" 时，表示文件所有者对该文件可读、可写、可执行。

第 2 组权限为 "rw-" 时，表示文件属组用户对该文件可读、可写，但不可执行。

第 3 组权限为 "r--" 时，表示其他用户对该文件可读，但不可写，也不可执行。

2. 文件权限和目录权限的区别

现在已经知道了文件有 3 种权限（读、写、执行）。虽然目录本质上也是一种文件，但是这 3 种权限对于普通文件和目录有不同的含义。

普通文件用于存储文件的实际内容，对于普通文件来说，这 3 种权限的含义如下。

（1）读权限：可以读取文件的实际内容，如使用 vim、cat、head、tail 等命令查看文件内容。

（2）写权限：可以新增、修改或删除文件内容（注意是删除文件内容而非删除文件本身）。

（3）执行权限：文件可以作为一个可执行程序被系统执行。

普通文件权限的含义如图 3-10 所示。

需要特别说明的是文件的写权限。对一个文件拥有写权限意味着可以编辑文件内容，但是不能删除文件本身。

目录作为一种特殊的文件，存储的是其子目录和文件的名称列表。对于目录而言，这 3 种权限的含义如下。

（1）读权限：可以读取目录的内容列表。也就是说，对一个目录具有读权限就可以使用 ls 命令查看其中有哪些子目录和文件。

（2）写权限：可以修改目录的内容列表，这对目录来说是非常重要的。对一个目录具有写权限，表示可以执行以下操作。

① 在此目录中新建文件和子目录。

② 删除该目录中已有的文件和子目录。

③ 重命名该目录中已有的文件和子目录。

④ 移动该目录中已有的文件和子目录。

（3）执行权限：目录本身并不能被系统执行。对目录具有执行权限表示可以使用 cd 命令进入这个目录，即将其作为当前工作目录。

目录权限的含义如图 3-11 所示。

图 3-10 普通文件权限的含义

图 3-11 目录权限的含义

结合文件权限和目录权限的意义，请思考这样一个问题：要删除一个文件，需要具有什么权限？（其实，此时需要的是对这个文件所在目录的写权限。）

3. 修改文件权限的两种方法

修改文件权限所用的命令是 chmod。下面来学习两种修改文件权限的方法：一种是使用符号法修改文件权限，另一种是使用数字法修改文件权限。

（1）使用符号法修改文件权限

符号法指分别用 r（read，读）、w（write，写）、x（execute，执行）这 3 个字母表示 3 种文件权限，分别用 u（user，所有者）、g（group，属组）、o（others，其他用户）这 3 个字母表示 3 种用户身份，用 a（all，所有人）表示所有用户。修改权限操作的类型分为 3 类，即添加权限、移除权限和设置权限，并分别用 "+" "−" "=" 表示。使用符号法修改文件权限的格式如下。

```
                    u        +
chmod  [-R]         g        -        [rwx]        文件或目录
                    o        =
                    a
```

"[rwx]" 表示 3 种权限的组合，如果没有相应的权限，则省略对应字母。可以同时为用户设置多种权限，每种用户权限之间用逗号分隔，逗号左右不能有空格。

现在来看一个实际的例子。对例 3-47 中的目录 *dir1*、文件 *file1* 和 *file2* 执行下列操作。

dir1：移除属组用户的执行权限，移除其他用户的读和执行权限。

file1：移除所有者的执行权限，将属组和其他用户的权限设置为可读。

file2：为属组添加写权限，为所有用户添加执行权限。

使用符号法修改文件权限的具体方法如例 3-48 所示。

例 3-48：chmod 命令的基本用法——使用符号法修改文件权限

```
[zys@centos7 ~]$ chmod  g-x,o-rx  dir1          // 注意，逗号左右不能有空格
[zys@centos7 ~]$ chmod  u-x,go=r  file1
```

```
[zys@centos7 ~]$ chmod  g+w,a+x  file2
[zys@centos7 ~]$ ls  -ld  dir1  file1  file2
drwxrw----.  2  zys   zys   6   12月  3 05:21   dir1
-rw-r--r--.  1  zys   zys   0   12月  3 05:21   file1
-rwxrwxr-x.  1  zys   zys   0   12月  3 05:21   file2
```

其中，"+""－"只影响指定位置的权限，其他位置的权限保持不变；而"="相当于先移除文件的所有权限，再为其设置指定的权限。

（2）使用数字法修改文件权限

数字法指用数字表示文件的 3 种权限，权限与数字的对应关系如下。

```
r        4（读）
w        2（写）
x        1（执行）
-        0（表示没有这种权限）
```

设置权限时，把每种用户的 3 种权限对应的数字相加。例如，现在要把文件 *file1* 的权限设置为"rwxr-xr--"，其计算过程如图 3-12 所示。

3 种用户的权限分别相加后的数字组合是 754，使用数字法修改文件权限的具体方法如例 3-49 所示。

图 3-12　使用数字法修改文件权限的计算过程

例 3-49：chmod 命令的基本用法——使用数字法修改文件权限

```
[zys@centos7 ~]$ ls  -l  file1
-rw-r--r--.  1  zys   zys   0   12月  3 05:21    file1
[zys@centos7 ~]$ chmod  754  file1              // 相当于 chmod u=rwx,g=rx,o=r file1
[zys@centos7 ~]$ ls  -l  file1
-rwxr-xr--.  1  zys   zys   0   12月  3 05:21    file1
```

4. 修改文件默认权限

知道了如何修改文件权限，现在思考这样一个问题：创建普通文件和目录时，其默认的权限是什么？默认的权限又是在哪里设置的？

之前已经提到，执行权限对于普通文件和目录而言，含义是不同的。普通文件一般用于保存特定的数据，不需要具有执行权限，所以普通文件的执行权限默认是关闭的。因此，普通文件的默认权限是"rw-rw-rw-"，用数字表示即 666。而对于目录来说，具有执行权限才能进入这个目录，这个权限在大多数情况下是需要的，所以目录的执行权限默认是开放的。因此，目录的默认权限是"rwxrwxrwx"，用数字表示即 777。但是新建的普通文件或目录的默认权限并不是 666 或 777，如例 3-50 所示。

微课

修改文件权限的两种方法

例 3-50：普通文件和目录的默认权限

```
[zys@centos7 ~]$ mkdir  dir1.default
[zys@centos7 ~]$ touch  file1.default
[zys@centos7 ~]$ ls  -ld  *default
drwxrwxr-x.  2  zys   zys   6   12月  3 05:28   dir1.default   <== 默认权限是 775
-rw-rw-r--.  1  zys   zys   0   12月  3 05:28   file1.default  <== 默认权限是 664
```

这是为什么呢？其实，这是因为 umask 命令在其中"动了手脚"。在 Linux 操作系统中，umask 命令的值会影响新建普通文件或目录的默认权限。umask 命令的输出如例 3-51 所示。

例 3-51：umask 命令的输出

```
[zys@centos7 ~]$ umask
0002        <== 注意右侧的 3 位数字
```

在终端窗口中直接输入 umask 命令就会显示以数字方式表示的权限值，暂时忽略第 1 位数字，只看后面 3 位数字。umask 命令输出的数字表示要从默认权限中移除的权限。"002"即表示要从文件所有者、文件属组和其他用户的权限中分别移除"0""0""2"对应的部分。可以这样理解 umask 命令输出的数字：r、w、x 对应的数字分别是 4、2、1，如果要移除读权限，则写上 4；如果要移除写或执行权限，则分别写上 2 或 1；如果要同时移除写和执行权限，则写上 3；0 表示不移除任何权限。最终，普通文件和目录的实际权限就是默认权限移除 umask 的结果，如下所示。

```
文件：默认权限（666）┐ 移除   umask（002）        （664）
     (rw-rw-rw-)   -   (-------w-)      =   (rw-rw-r--)

目录：默认权限（777）┐ 移除   umask（002）        （775）
     (rwxrwxrwx)   -   (-------w-)      =   (rwxrwxr-x)
```

这正是在例 3-50 中看到的结果。如果把 umask 的值设置为 245（即 -w-r--r-x），那么新建普通文件和目录的权限应该如下所示。

```
普通文件：默认权限（666）┐ 移除   umask（245）        （422）
       (rw-rw-rw-)   -   (-w-r--r-x)      =   (r---w--w-)

目录：默认权限（777）┐ 移除   umask（245）        （532）
     (rwxrwxrwx)   -   (-w-r--r-x)      =   (r-x-wx-w-)
```

修改 umask 值的方法是在 umask 命令后跟修改值，如例 3-52 所示，这和上面的分析结果是一致的。

例 3-52：设置 umask 值

```
[zys@centos7 ~]$ umask  245              // 设置 umask 的值
[zys@centos7 ~]$ umask
0245
[zys@centos7 ~]$ mkdir  dir2.default
[zys@centos7 ~]$ touch  file2.default
[zys@centos7 ~]$ ls  -ld  dir2.default  file2.default
dr-x-wx-w-.  2 zys zys 6 12月  3 05:29  dir2.default   // 用数字表示即 532
-r---w--w-.  1 zys zys 0 12月  3 05:29  file2.default  // 用数字表示即 422
```

请思考：在计算普通文件和目录的实际权限时，能不能把默认权限和 umask 对应位置的数字直接相减呢？例如，777-002=775，或者 666-002=664。（其实，这种方法对目录适用，但对普通文件不适用，请分析其中的原因。）

微课

了解 umask

任务实施

实验：文件和目录管理综合实验

上一次，张经理带着小顾在开发服务器上为软件开发中心的所有同事创建了用户和用户组，现在张经理要继续为这些同事配置文件和目录的访问权限，在这个过程中，张经理要向小顾演示文件和目录相关命令的基本用法。

第 1 步，查看 3 个用户组当前有哪些用户，如例 3-53.1 所示。

例 3-53.1：文件和目录管理综合实验——查看用户组

```
[root@centos7 ~]# groupmems  -l  -g devcenter
xf   wbk  ss
[root@centos7 ~]# groupmems  -l  -g devteam1
xf   ss
[root@centos7 ~]# groupmems  -l  -g devteam2
wbk  ss
```

第 2 步，创建目录 */home/dev_pub*，用于存放软件开发中心的共享资源。该目录对软件开发中心的所有员工开放读权限，但只有软件开发中心的负责人（即用户 ss）有读写权限，如例 3-53.2 所示。

例 3-53.2：文件和目录管理综合实验——设置目录权限

```
[root@centos7 ~]# cd  /home
[root@centos7 home]# mkdir  dev_pub
[root@centos7 home]# ls  -ld  dev_pub
drwxr-xr-x.  2  root  root   6  12月  3 23:10   dev_pub
[root@centos7 home]# chown  ss:devcenter  dev_pub
[root@centos7 home]# chmod  750  dev_pub
[root@centos7 home]# ls  -ld  dev_pub
drwxr-x---.  2  ss  devcenter  6  12月  3 23:10   dev_pub
```

第 3 步，在目录 */home/dev_pub* 中新建文件 *readme.devpub*，用于记录有关软件开发中心共享资源的使用说明。该文件的权限同目录 *dev_pub*，如例 3-53.3 所示。

例 3-53.3：文件和目录管理综合实验——设置文件权限

```
[root@centos7 home]# cd  dev_pub
[root@centos7 dev_pub]# touch  readme.devpub
[root@centos7 dev_pub]# ls  -l  readme.devpub
-rw-r--r--.  1   root  root   0   12月  3 23:12     readme.devpub
[root@centos7 dev_pub]# chown  ss:devcenter readme.devpub
[root@centos7 dev_pub]# chmod  640  readme.devpub
[root@centos7 dev_pub]# ls  -l  readme.devpub
-rw-r-----.  1  ss  devcenter   0   12月  3 23:12    readme.devpub
```

做完这一步，张经理让小顾观察目录 *dev_pub* 和文件 *readme.devpub* 的权限有何不同，并思考读、写和执行权限对文件及目录的不同含义。

第 4 步，创建目录 */home/devteam1* 和 */home/devteam2* 分别作为开发一组和开发二组的工作目录，对组内人员开放读写权限，如例 3-53.4 所示。

例 3-53.4：文件和目录管理综合实验——为两个开发小组创建工作目录并设置权限

```
[root@centos7 dev_pub]# cd ..
[root@centos7 home]# pwd
/home
[root@centos7 home]# mkdir  devteam1
[root@centos7 home]# mkdir  devteam2
[root@centos7 home]# ls  -ld  devteam*
drwxr-xr-x.  2  root  root  6  12月  3 23:14  devteam1
drwxr-xr-x.  2  root  root  6  12月  3 23:14  devteam2
[root@centos7 home]# chown  -R  ss:devteam1  devteam1
[root@centos7 home]# chown  -R  ss:devteam2  devteam2
[root@centos7 home]# chmod  g+w,o-rx  devteam1
[root@centos7 home]# chmod  g+w,o-rx  devteam2
[root@centos7 home]# ls  -ld  devteam*
drwxrwx---.  2  ss  devteam1  6  12月  3 23:14  devteam1
drwxrwx---.  2  ss  devteam2  6  12月  3 23:14  devteam2
```

第 5 步，分别切换到用户 ss、xf 和 wbk，执行下面两项测试，检查设置是否成功。具体操作这里不再演示。

① 使用 cd 命令分别进入目录 *dev_pub*、*devteam1* 和 *devteam2*，检查用户能否进入这 3 个目录。如果不能进入，则分析失败的原因。

② 如果能进入上面这 3 个目录，则使用 touch 命令新建测试文件，并使用 mkdir 命令创建测试目录，检查操作能否成功。如果成功，则使用 rm 命令删除测试文件和测试目录；如果不成功，则分析失败的原因。

知识拓展

除了上文提到的文件的 3 种基本权限和默认权限外，在 Linux 操作系统中，文件的隐藏属性也会影响用户对文件的访问。这些隐藏属性对提高系统的安全性而言非常重要。lsattr 和 chattr 两个命令分别用于查看和设置文件的隐藏属性，具体内容详见本书配套电子资源。

任务实训

本实训的主要任务是练习修改文件权限的两种方法，并通过修改 umask 的值观察新建文件和目录的默认权限。结合文件权限与用户和用户组的设置，理解文件的 3 种用户身份及权限对于文件和目录的不同含义。

【实训目的】

（1）掌握文件与用户和用户组的基本概念及关系。

（2）掌握修改文件的所有者和属组的方法。

（3）理解文件和目录的 3 种权限的含义。

（4）掌握使用符号法和数字法设置文件权限的方法。

（5）理解 umask 影响文件和目录默认权限的工作原理。

【实训内容】

文件和目录的访问权限直接关系到整个 Linux 操作系统的安全性，作为一名合格的 Linux 系统管理员，必须深刻理解 Linux 文件权限的基本概念并能够熟练地进行权限设置。请按照以下步骤完成 Linux 用户管理和文件权限配置的综合练习。

（1）以 zys 用户的身份登录操作系统，在终端窗口中切换到 root 用户。

（2）创建用户组 it，将 zys 用户添加到该用户组中。

（3）添加两个新用户 jyf 和 zcc，分别为其设置密码，将 jyf 用户添加到 it 用户组中。

（4）在 /tmp 目录中创建文件 *file1* 和目录 *dir1*，并将其所有者和属组分别设置为 zys 和 it。

（5）将文件 *file1* 的权限依次修改为以下 3 种。对于每种权限，分别切换到 zys、jyf 和 zcc 这 3 个用户，验证这 3 个用户能否对文件 *file1* 进行读、写、重命名和删除操作。

① rw-rw-rw-

② rw-r--r--

③ r---w-rw-

（6）将目录 *dir1* 的权限依次修改为以下 4 种。对于每种权限，分别切换到 zys、jyf 和 zcc 这 3 个用户，验证这 3 个用户能否进入 *dir1*、在 *dir1* 中新建文件、在 *dir1* 中删除和重命名文件、修改 *dir1* 中文件的内容，并分析原因。

① rwxrwxrwx

② rwxr-xr-x

③ rwxr-xrw-

④ r-x-wx--x

任务 3.3　磁盘管理与文件系统

任务陈述

计算机的主要功能是存储数据和处理数据。本任务的关注点是计算机如何存储数据。现在能够买到的数据存储设备有很多，常见的有硬盘、U 盘、CD 和 DVD 等，不同存储设备的容量、外观、转速、价格和用途各不相同。硬盘是计算机硬件系统的主要外部存储设备，本任务从硬盘的物理组成开始讲起，重点介绍文件系统的相关概念和磁盘分区等知识，通过具体实例演示如何进行磁盘配额管理和逻辑卷管理。

知识准备

3.3.1　磁盘的基本概念

1. 硬盘的物理组成

硬盘是计算机系统的外部存储设备。相比于内存，磁盘的存取速度较慢，但存储空间要大很多。磁盘主要由主轴马达、磁头、磁头臂和盘片组成，数据存储在盘片上。如果固定磁头的位置，当盘片绕着主轴转动时，磁头在盘片上划过的区域是一个圆，这个圆就是硬盘的一个磁道。把磁道进一步划分成若干个大小相同的小区域，每一块小区域称为扇区，如图 3-13 所示。

（a）　　　　　　　　　　（b）

图 3-13　磁盘的组成

微课

MBR 与 GPT
分区表

磁盘是不能直接使用的，必须先进行分区。磁盘分区是把磁盘分成若干逻辑独立的部分，磁盘分区能够优化磁盘管理，并提高系统运行效率和安全性。磁盘的分区信息保存在被称为"磁盘分区表"的特殊磁盘空间中。现在有两种常用的磁盘分区格式，即主引导记录（Master Boot Record，MBR）格式和 GUID 磁盘分区表（GUID Partition Table，GPT）格式，分别对应两种不同格式的磁盘分区表。关于这两种分区表的具体介绍详见本书配套电子资源。

2. 磁盘和分区的名称

在 Linux 操作系统中，磁盘和分区的命名有特定的规则，如图 3-14 所示。例如，*/dev/sda* 和 */dev/sdb* 分别表示第 1 块和第 2 块 SCSI 硬盘，*/dev/sda1* 和 */dev/sda2* 分别表示第 1 块 SCSI 硬盘中的第 1 个分区和第 2 个分区。

图3-14 磁盘和分区的命名规则

3.3.2 磁盘管理的相关命令

前面提到了为什么要对磁盘进行分区，也说明了 MBR 和 GPT 这两种常用的磁盘分区格式。MBR 出现得较早，且目前仍有很多磁盘采用 MBR 分区。但 MBR 的某些限制使得它不能适应现今大容量硬盘的发展。GPT 相比 MBR 有诸多优势，采用 GPT 分区是大势所趋。磁盘分区后要在分区上创建文件系统，也就是通常所说的格式化。最后要把分区和一个目录关联起来，即分区挂载，这样就可以通过这个目录访问和管理分区。

微课

磁盘分区的
完整操作

1. 磁盘分区相关命令

（1）lsblk 命令

在进行磁盘分区前要先了解系统当前的磁盘与分区状态，如系统有几块磁盘、每块磁盘有几个分区、每个分区的大小和文件系统、采用哪种分区方案等。

lsblk 命令以树状结构显示系统中的所有磁盘及磁盘的分区，如例 3-54 所示。

例 3-54： 使用 lsblk 命令查看磁盘及分区信息

```
[zys@centos7 ~]$ su - root
[root@centos7 ~]# lsblk -p
NAME            MAJ:MIN RM   SIZE   RO   TYPE   MOUNTPOINT
/dev/sda          8:0    0    50G    0   disk
├─/dev/sda1       8:1    0     1G    0   part   /boot
├─/dev/sda2       8:2    0     2G    0   part   [SWAP]
└─/dev/sda3       8:3    0    15G    0   part   /
/dev/sr0         11:0    1  1024M    0   rom
```

（2）blkid 命令

使用 blkid 命令可以快速查询每个分区的通用唯一标识符（Universally Unique Identifier，UUID）和文件系统，如例 3-55 所示。UUID 是操作系统为每个磁盘或分区分配的唯一标识符。

例 3-55： 使用 blkid 命令查看分区的 UUID

```
[root@centos7 ~]# blkid
/dev/sda3: UUID="bd8ac680-e670-4341-a30c-121853dc6345" TYPE="xfs"
/dev/sda1: UUID="4824a074-7b7c-448e-8618-0de815535f0c" TYPE="xfs"
/dev/sda2: UUID="25a62f6a-434b-4d9e-b582-7b1c8d33490e" TYPE="swap"
```

（3）parted 命令

知道了系统有几块磁盘和几个分区，还可以使用 parted 命令查看磁盘的大小、磁盘分区表的类型及分区详细信息，如例 3-56 所示。

例 3-56：使用 parted 命令查看磁盘分区信息

```
[root@centos7 ~]# parted /dev/sda print
Model: VMware, VMware Virtual S (scsi)
Disk /dev/sda: 53.7GB
Sector size (logical/physical): 512B/512B
Partition Table: msdos

Number  Start     End       Size      Type      File system    标志
 1      1049KB    1075MB    1074MB    primary   xfs            启动
 2      1075MB    3223MB    2149MB    primary   linux-swap(v1)
 3      3223MB    19.3GB    16.1GB    primary   xfs
```

（4）fdisk 和 gdisk 命令

MBR 和 GPT 分区表分别使用 fdisk 和 gdisk 命令进行分区，这两个命令不能混用。分区前一定要先确定磁盘的分区格式。

fdisk 命令的使用方法非常简单，只要把磁盘名称作为参数即可。fdisk 命令提供了一个交互式的操作环境，可以在其中通过不同的子命令提示执行相关操作。gdisk 命令的相关操作和 fdisk 命令的相关操作非常类似。

2. 磁盘分区格式化

磁盘分区格式化操作将清除磁盘分区中的所有数据，还会在磁盘分区的特定区域写入特定信息，使其成为操作系统可以识别的文件系统。

使用 mkfs 命令可以为磁盘分区创建文件系统，其基本语法如下。其中，-t 选项可以指定要在分区中创建的文件系统类型。

```
mkfs  -t  文件系统类型    分区名
```

3. 挂载与卸载

挂载分区就是把一个分区与一个目录绑定，使目录作为分区的入口。这个操作称为挂载，这个目录就是挂载点。分区必须被挂载到某个目录后才可以使用。挂载分区的命令是 mount，mount 命令的基本语法如下。

```
mount  [ -t  文件系统类型 ]   分区名   目录名
```

其中，-t 选项用于指定目标分区的文件系统类型，但 mount 命令能自动检测出分区格式化时使用的文件系统，因此其实不需要使用 -t 选项。

磁盘分区挂载点如图 3-15 所示。

关于文件系统挂载，需要特别注意以下 3 点。

（1）不要把一个分区挂载到不同的目录中。

（2）不要把多个分区挂载到同一个目录中。

（3）作为挂载点的目录最好是一个空目录。

图3-15　磁盘分区挂载点

卸载和挂载相反，作用是解除分区与挂载点的绑定关系，所用的命令是 umount。umount 命令的基本语法如下，可以把分区名或挂载点作为参数进行卸载。

```
umount  分区名 | 挂载点
```

4. 启动挂载分区

使用 mount 命令挂载分区的方法有一个很麻烦的问题，即当系统重启后，分区的挂载点无法保留，需要再次手动挂载才能使用。如果系统有多个分区都要这样处理，则意味着每次系统重启后都要执行一些重复工作。能不能让操作系统在启动时自动挂载这些分区？方法当然是有的，这涉及启动挂载的配置文件 /etc/fstab。先来查看 /etc/fstab 文件的内容，如例 3-57 所示。

例 3-57：启动挂载的配置文件 /etc/fstab 的内容

```
[root@centos7 ~]# cat /etc/fstab
UUID=bd8ac680-e670-4341-a30c-121853dc6345   /      xfs    defaults   0   0
UUID=4824a074-7b7c-448e-8618-0de815535f0c   /boot  xfs    defaults   0   0
UUID=25a62f6a-434b-4d9e-b582-7b1c8d33490e   swap   swap   defaults   0   0
```

/etc/fstab 文件的每一行代表一个分区的文件系统，包括用空格或 Tab 键分隔的 6 个字段，即设备名、挂载点、文件系统类型、挂载参数、dump 备份标志和 fsck 检查标志。每个字段的具体含义参见本书配套电子资源。

Linux 在启动过程中，会从 /etc/fstab 文件中读取文件系统信息并进行自动挂载。因此只需把文件系统添加到该文件中，就可以实现自动挂载的目的。

3.3.3　认识 Linux 文件系统

文件系统是操作系统的重要组成部分，主要负责管理系统中的各种文件。Linux 中常用的文件系统有 ext4、XFS 等。不同的文件系统采用不同的方式管理文件，这主要取决于文件系统的内部数据结构。

微课

文件系统的内部数据结构

1. 文件系统的内部数据结构

首先需要明确的是，对一个文件而言，除了文件本身的内容之外，还有很多附加信息（即元数据），如文件的所有者和属组、文件权限、文件大小等。一般来说，文件系统会将文件的内容和元数据分开存放。

文件系统的内部数据结构如图 3-16 所示。下面重点介绍其中几个关键结构。

图 3-16　文件系统的内部数据结构

（1）数据块

文件系统管理磁盘空间的基本单位是区块（block，简称块），每个区块都有唯一的编号。用于存储文件实际内容的区块是数据块（Data Block）。

（2）索引节点

索引节点（Index Node）常常简称为 inode。inode 用于记录文件的元数据，如文件占用的数据块的编号。一个文件对应唯一的一个 inode，每个 inode 都有唯一的编号，inode 对于文件来说非常重要，因为操作系统正是利用 inode 编号定位文件所在的数据块的。

使用带 -i 选项的 ls 命令可以显示文件或目录的 inode 编号，如例 3-58 所示。

例 3-58：显示文件或目录的 inode 编号

```
[zys@centos7 ~]$ mkdir  /tmp/dir1
[zys@centos7 ~]$ touch  /tmp/file1
[zys@centos7 ~]$ ls  -ldi  /tmp/dir1  /tmp/file1
26678646   drwxrwxr-x.  2   zys  zys  6  12月  3 23:23      /tmp/dir1
 9513253   -rw-rw-r--.  1   zys  zys  0  12月  3 23:23      /tmp/file1
```

（3）超级块

超级块（Super Block）是文件系统的控制块，记录和文件系统有关的信息，如数据块和 inode 的数量及使用信息。超级块是处于文件系统最顶层的数据结构，文件系统中所有的数据块和 inode 都要连接到超级块并接受超级块的管理。

（4）block 位图

block 位图又称区块对照表，用于记录文件系统中所有区块的使用状态。新建文件时，利用 block 位图可以快速找到未使用的数据块以存储文件数据。删除文件时，其实只是将 block 位图中相应数据块的状态置为可用，数据块中的文件内容并未被删除。

（5）inode 位图

和 block 位图类似，inode 位图用于记录每个 inode 的状态。利用 inode 位图可以查看哪些 inode 已被使用，哪些 inode 未被使用。

2. 创建链接文件：ln 命令

ln 命令可以在两个文件之间建立链接关系，它有一些像 Windows 操作系统中的快捷方式，但又不完全一样。Linux 文件系统中的链接分为硬链接（Hard Link）和符号链接（Symbolic Link）。下面简单说明这两种链接的不同。

硬链接文件和原文件共享同一个 inode，因此这两个文件属性完全相同。删除其中一个文件时，只是删除了这个文件和 inode 的对应关系，inode 本身及数据块都不受影响，仍然可以通过另一个文件名打开。硬链接的原理如图 3-17（a）所示。创建硬链接文件的方法如例 3-59 所示。

例 3-59：创建硬链接文件

```
[zys@centos7 ~]$ touch file1.ori
[zys@centos7 ~]$ echo "CENTOS IS FANTASTIC" > file1.ori
[zys@centos7 ~]$ ls -li file1.ori              // 使用 -i 选项显示文件的 inode 编号
162664   -rw-rw-r--. 1  zys  zys  20  12月  3 23:31  file1.ori
[zys@centos7 ~]$ cat file1.ori
CENTOS IS FANTASTIC
[zys@centos7 ~]$ ln file1.ori file1.hardlink   // ln 命令默认建立硬链接
[zys@centos7 ~]$ ls -li file1.ori file1.hardlink
162664   -rw-rw-r--. 2  zys  zys  20  12月  3 23:31  file1.hardlink
162664   -rw-rw-r--. 2  zys  zys  20  12月  3 23:31  file1.ori
[zys@centos7 ~]$ rm file1.ori                  // 删除原文件
[zys@centos7 ~]$ ls -li file1.hardlink         // 硬链接文件仍在，inode 不变
162664   -rw-rw-r--. 1  zys  zys  20  12月  3 23:31  file1.hardlink
[zys@centos7 ~]$ cat file1.hardlink
CENTOS IS FANTASTIC            <== 内容不变
```

从例 3-59 中可以看出，链接文件 *file1.hardlink* 与原文件 *file1.ori* 的 *inode* 编号相同，都是 162664。删除原文件 *file1.ori* 后，链接文件 *file1.hardlink* 仍然可以正常打开。另一个值得注意的地方是，创建硬链接文件后，ls -li 命令的第 3 列从 1 变为 2，这个数字表示链接到此 inode 的文件的数量，所以当删除原文件后，这一列的数字又变为 1。

微课

硬链接和符号链接

符号链接也称为软链接（Soft Link）。符号链接有自己独立的 inode，且其 inode 和原文件的 inode 不同。符号链接的数据块保存的是原文件的文件名，也就是说，符号链接只是通过这个文件名打开原文件，如图 3-17（b）所示。删除符号链接并不影响原文件，但如果原文件被删除了，那么符号链接将无法打开原文件，从而变为一个死链接。和硬链接相比，符号链接更接近于 Windows 操作系统中的快捷方式。创建软链接文件的方法如例 3-60 所示。

例 3-60：创建符号链接文件

```
[zys@centos7 ~]$ touch  file2.ori
[zys@centos7 ~]$ ls  -li  file2.ori
162666    -rw-rw-r--.   1  zys  zys   0  12月  3 23:33    file2.ori
[zys@centos7 ~]$ ln  -s  file2.ori  file2.softlink    // 使用 -s 选项建立符号链接
[zys@centos7 ~]$ ls  -li  file2.ori  file2.softlink   // 两个文件的 inode 属性不同
162666    -rw-rw-r--.   1  zys  zys   0  12月  3 23:33    file2.ori
162667    lrwxrwxrwx.   1  zys  zys   9  12月  3 23:34    file2.softlink -> file2.ori
[zys@centos7 ~]$ rm  file2.ori
[zys@centos7 ~]$ cat  file2.softlink
cat: file2.softlink: 没有那个文件或目录
```

图 3-17　硬链接和符号链接

3. 文件系统相关命令

（1）查看文件系统磁盘空间使用情况：df 命令

超级块用于记录和文件系统有关的信息，如 inode 和数据块的数量、使用情况、文件系统的格式等。df 命令用于从超级块中读取信息，以显示整个文件系统的磁盘空间使用情况。df 命令的基本语法如下。

```
df    [-ahHiklmPtTv]    [ 目录或文件名 ]
```

不加任何选项和参数时，df 命令默认显示系统中所有的文件系统，如例 3-61 所示。其输出信息包括文件系统所在的分区名称、文件系统的空间大小、已使用的磁盘空间、剩余的磁盘空间、磁盘空间使用率和挂载点。

例 3-61：df 命令的基本用法——不加任何选项和参数

```
[root@centos7 ~]# df
文件系统          1K- 块        已用          可用          已用%        挂载点
/dev/sda3       15718400     4001512      11716888      26%          /
/dev/sda1       1038336      184296       854040        18%          /boot
```

使用 -h 选项会以用户易读的方式显示磁盘容量信息，如例 3-62 所示。

例 3-62：df 命令的基本用法——使用 -h 选项

```
[root@centos7 ~]# df  -h              // 以用户易读的方式显示磁盘容量信息
文件系统          容量          已用          可用          已用%        挂载点
/dev/sda3       15G          3.9G         12G          26%          /
/dev/sda1       1014M        180M         835M         18%          /boot
```

　　如果把目录名或文件名作为参数，那么 df 命令会自动分析该目录或文件所在的分区，并把该分区的信息显示出来，如例 3-63 所示。此例中，df 命令分析出目录 /bin 所在的分区是 /dev/sda3，因此会显示这个分区的磁盘容量信息。

　　例 3-63：df 命令的基本用法——使用目录名作为参数

```
[root@centos7 ~]# df  -h  /bin      // 自动分析目录 /bin 所在的分区
文件系统            容量        已用      可用      已用 %      挂载点
/dev/sda3           15G        3.9G      12G       26%         /
```

　　（2）查看文件磁盘空间使用情况：du 命令

　　du 命令用于计算目录或文件所占的磁盘空间大小，其基本语法如下。

```
du   [-abcDhHklLmsSxX]    [目录或文件名]
```

　　不加任何选项和参数时，du 命令会显示当前目录及其所有子目录的容量，如例 3-64 所示。

　　例 3-64：du 命令的基本用法——不加任何选项和参数

```
[root@centos7 ~]# du
4    ./.cache/dconf
4    ./.cache/abrt
8    ./.cache
```

　　可以通过一些选项改变 du 命令的输出。例如，如果想查看当前目录的总磁盘占用量，则可以使用 -s 选项，而 -S 选项仅会显示每个目录本身的磁盘占用量，但不包括其中的子目录的容量，如例 3-65 所示。

　　例 3-65：du 命令的基本用法——使用 -s 和 -S 选项

```
[root@centos7 ~]# du  -s
48 .                  <== 当前目录的总磁盘占用量
[root@centos7 ~]$ du  -S
4    ./.cache/dconf
4    ./.cache/abrt
0    ./.cache         <== 不包括子目录的容量
```

　　df 和 du 命令的区别在于，df 命令直接从超级块中读取数据，统计整个文件系统的容量信息；而 du 命令会在文件系统中查找所有目录和文件的数据。因此，如果查找的范围太大，则 du 命令可能需要较长的执行时间。

3.3.4　磁盘配额管理

　　在 Linux 操作系统中，所有用户共享磁盘空间，只要磁盘还有剩余空间可用，用户就可以在其中创建文件。有时候我们希望能够控制某些用户或用户组的磁盘使用量，这就涉及磁盘的配额管理问题。

1. 磁盘配额原理

　　磁盘配额主要是通过限制用户或用户组可以创建的文件数量或使用的磁盘空间来实现

的。具体来说，限制用户或用户组可以使用的 inode 数量，也就相当于限制其可以创建的文件数量，如图 3-18 所示。同样，限制用户或用户组可以使用的数据块，也就限制了其磁盘空间使用量。

图 3-18　磁盘配额管理

不管是 inode 还是数据块，在设置具体的参数值时，Linux 都支持同时设置"软限制"和"硬限制"两个值，还支持设置"宽限时间"。当用户的磁盘使用量在软限制之内时，用户可以正常使用磁盘。如果使用量超过软限制，但小于硬限制，那么用户会收到 Linux 操作系统的警告信息。如果在宽限时间内用户将磁盘使用量降至软限制以内，则其依然可以正常使用磁盘。

2. XFS 磁盘配额管理

除了支持用户和用户组磁盘配额外，XFS 还支持目录磁盘配额，即限制在特定目录中所能使用的磁盘空间或创建文件的数量。目录磁盘配额和用户组磁盘配额不能同时启用，所以启用目录磁盘配额时必须关闭用户组磁盘配额。XFS 使用 xfs_quota 命令完成全部的磁盘配额操作。xfs_quota 命令非常复杂，其基本语法如下。

```
xfs_quota  -x  -c  子命令  分区或挂载点
```

使用 -x 选项可开启专家模式，这个选项和 -c 选项指定的子命令有关，有些子命令只能在专家模式下使用。xfs_quota 命令通过子命令完成不同的任务，其常用的子命令及其功能说明如表 3-2 所示。

表 3-2　xfs_quota 命令常用的子命令及其功能说明

子命令	功能说明
print	显示文件系统的基本信息
df	和 Linux 操作系统中的 df 命令一样
state	显示文件系统支持哪些磁盘配额功能，在专家模式下才能使用
limit	设置磁盘配额的具体值，在专家模式下才能使用

子命令	功能说明
report	显示文件系统的磁盘配额使用信息，在专家模式下才能使用
timer	设置宽限时间，在专家模式下才能使用
project	设置目录磁盘配额的具体值，在专家模式下才能使用

这里重点介绍 limit、report 和 timer 这 3 个子命令的具体用法。

limit 子命令用于设置磁盘配额，在专家模式下才能使用。limit 子命令的基本语法如下。

```
xfs_quota -x -c "limit [-u | -g] [bsoft | bhard]=N [isoft | ihard]=N name" partition
```

limit 子命令常用的选项与参数及其功能说明如表 3-3 所示。

表 3-3　limit 子命令常用的选项与参数及其功能说明

选项与参数	功能说明	选项与参数	功能说明
-u	设置用户磁盘配额	bsoft	设置磁盘空间的软限制
-g	设置用户组磁盘配额	bhard	设置磁盘空间的硬限制
isoft	设置文件数量的软限制	ihard	设置文件数量的硬限制
name	用户或用户组名称	*partition*	分区或挂载点

report 子命令用于显示文件系统的磁盘配额使用信息，在专家模式下才能使用。report 子命令的基本语法如下。

```
xfs_quota -x -c "report [-u | -g | -p | -b | -i | -h ] " partition
```

report 子命令常用的选项与参数及其功能说明如表 3-4 所示。

表 3-4　report 子命令常用的选项与参数及其功能说明

选项与参数	功能说明	选项与参数	功能说明
-u	查看用户磁盘配额使用信息	-b	查看磁盘空间配额信息
-g	查看用户组磁盘配额使用信息	-i	查看文件数量配额信息
-p	查看目录磁盘配额使用信息	-h	以常用的 KB、MB 或 GB 为单位显示磁盘空间
partition	分区或挂载点		

timer 子命令用于设置宽限时间，在专家模式下才能使用。timer 子命令的基本语法如下。

```
xfs_quota -x -c "timer [-u | -g | -p | -b | -i] grace_value " partition
```

timer 子命令常用的选项与参数及其功能说明如表 3-5 所示。

表 3-5　timer 子命令常用的选项与参数及其功能说明

选项与参数	功能说明	选项与参数	功能说明
-u	设置用户宽限时间	-b	设置磁盘空间宽限时间
-g	设置用户组宽限时间	-i	设置文件数量宽限时间
-p	设置目录宽限时间	*partition*	分区或挂载点
grace_value	实际宽限时间，默认以秒为单位，也可以使用 minutes、hours、days、weeks 分别表示分钟、小时、天、周，可分别简写为 m、h、d、w		

3.3.5　逻辑卷管理器

1. 逻辑卷管理器基本概念

逻辑卷管理器（Logical Volume Manager，LVM）允许系统管理员灵活调整磁盘分区空间。LVM 将一块或多块磁盘组合成一个存储池，称为卷组（Volume Group，VG），并在卷组上划分出不同大小的逻辑卷（Logical Volume，LV）。物理卷（Physical Volume，PV）创建于物理磁盘或分区之上。LVM 维护物理卷和逻辑卷的对应关系，通过逻辑卷向上层应用程序提供和物理磁盘相同的功能。逻辑卷的大小可根据需要调整，且可以跨越多个物理卷，如图 3-19 所示。LVM 更加灵活，可扩展性更好。下面介绍几个和 LVM 相关的基本概念及术语。

图 3-19　LVM 基本概念

（1）物理存储设备：物理存储设备（Physical Storage Device）就是系统中实际的物理磁盘，实际的数据最终都要存储在物理磁盘中。

（2）物理卷：物理卷是指磁盘分区或逻辑上与磁盘分区具有同样功能的设备。和基本的物理存储介质（如磁盘、分区等）相比，PV 有与 LVM 相关的管理参数，是 LVM 的基本存储逻辑块。

（3）卷组：卷组是 LVM 在物理存储设备上虚拟出来的逻辑磁盘，由一个或多个 PV 组成。

（4）逻辑卷：逻辑卷是逻辑磁盘，而 LV 是在 VG 上划分出来的分区，所以 LV 也要经过格式化和挂载才能使用。

（5）物理块：物理块（Physical Extent，PE）类似于物理磁盘上的数据块，是 LV 的划分单元，也是 LVM 的最小存储单元。

2. LVM 常用命令

LVM 的操作可以划分为 3 个主要阶段，LVM 命令在这 3 个阶段中执行。

（1）PV 阶段

PV 阶段的主要任务是通过物理设备建立 PV，这一阶段的常用命令包括 pvcreate、pvscan、pvdisplay 和 pvremove 等。

（2）VG 阶段

VG 阶段的主要任务是创建 VG，并把 VG 和 PV 关联起来。这一阶段的常用命令包括 vgcreate、vgremove、vgscan 等。

（3）LV 阶段

VG 阶段之后，系统便多了一块虚拟逻辑磁盘。下面要做的就是在这块逻辑磁盘上进行分区操作，也就是把 VG 划分为多个 LV。这一阶段的常用命令包括 lvcreate、lvremove、lvscan 等。

lvcreate 命令的基本语法如下。

```
lvcreate [ -L Size [ UNIT ] ] -l Number -n lvname vgname
```

其中，-L 和 -l 选项分别用于指定 LV 容量和 LV 包含的 PE 数量，*lvname* 和 *vgname* 分别表示 LV 名称和 VG 名称。

使用 lvcreate 命令创建 LV 时，有两种指定 LV 大小的方式：第 1 种方式是在 -L 选项后跟 LV 容量，单位可以是常见的 m/M（MB）、g/G（GB）等；第 2 种方式是在 -l 选项后指定 LV 包含的 PE 的数量。创建好的 LV 的完整名称的格式是 */dev/vgname/lvname*，其中 *vgname* 和 *lvname* 分别是 VG 和 LV 的实际名称。

3.3.6　RAID

1. RAID 基本概念

简单来说，独立冗余磁盘阵列（Redundant Array of Independent Disks，RAID）是将相同数据存储在多个磁盘的不同地方的技术。RAID 将多个独立的磁盘组合成一个容量巨大的磁盘组，结合数据条带化技术，把连续的数据分割成相同大小的数据块，并把每块数据写入阵列中的不同磁盘上。

RAID 技术主要具有以下 3 个基本功能。

（1）通过对数据进行条带化，实现对数据的成块存取，减少磁盘的机械寻道时间，提高了数据存取速度。

（2）通过并行读取阵列中的多块磁盘，提高数据存取速度。

（3）通过镜像或者存储奇偶校验信息的方式，对数据提供冗余保护，提高数据存储的可靠性。

根据不同的应用场景需求，有多种不同的 RAID 等级，常见的有 RAID 0、RAID 1、RAID 5 和 RAID10 等，如图 3-20 所示。每个 RAID 等级提供了不同的数据存取性能、安全性和可靠性，具体内容详见本书配套电子资源。

图 3-20 不同的 RAID 等级

2. RAID 常用命令

Linux 操作系统中用于 RAID 管理的命令是 mdadm。mdadm 命令的基本语法如下。mdadm 命令的常用选项及具体用法详见下文的【任务实施】部分。

```
mdadm    [-ClnxadDfarsS]
```

实验 1：磁盘分区综合实验

张经理之前为开发一组和开发二组分别创建了工作目录。考虑到日后的管理需要，张经理决定为两个开发小组分别创建新的分区，并挂载到相应的工作目录。下面是张经理的操作步骤。

第 1 步，登录到开发服务器，在终端窗口中使用 su - root 命令切换到 root 用户。

第 2 步，使用 lsblk 命令查看系统磁盘及分区信息，如例 3-66.1 所示。

例 3-66.1：磁盘分区综合实验——使用 lsblk 命令查看系统磁盘及分区信息

```
[root@centos7 ~]# lsblk -p
NAME              MAJ:MIN RM   SIZE  RO   TYPE   MOUNTPOINT
/dev/sda          8:0     0    50G   0    disk
├─/dev/sda1       8:1     0    1G    0    part   /boot
```

```
 ├─/dev/sda2        8:2      0      2G      0      part    [SWAP]
 └─/dev/sda3        8:3      0     15G      0      part    /
 /dev/sr0          11:0      1   1024M      0      rom
```

张经理告诉小顾，系统当前有 /*dev*/*sda* 和 /*dev*/*sr0* 两个设备，/*dev*/*sr0* 是光盘镜像，而 /*dev*/*sda* 是通过 VMware 虚拟出来的一块硬盘。/*dev*/*sda* 上有 3 个分区，包括启动分区 /*dev*/*sda1*（/*boot*）、根分区 /*dev*/*sda3*（/）和交换分区 /*dev*/*sda2*（SWAP）。接下来要在 /*dev*/*sda* 上新建两个分区。

第 3 步，在新建分区前，要先使用 parted 命令查看磁盘分区表的类型，如例 3-66.2 所示。系统当前的磁盘分区表类型是 msdos，也就是 MBR，因此下面使用 fdisk 工具进行磁盘分区。

例 3-66.2：磁盘分区综合实验——使用 parted 命令查看磁盘分区表的类型

```
[root@centos7 ~]# parted /dev/sda print
Model: VMware, VMware Virtual S (scsi)
Disk /dev/sda: 53.7GB
Sector size (logical/physical): 512B/512B
Partition Table: msdos
Disk Flags:

Number  Start    End      Size     Type     File system    标志
 1      1049kB   1075MB   1074MB   primary  xfs            启动
 2      1075MB   3223MB   2149MB   primary  linux-swap(v1)
 3      3223MB   19.3GB   16.1GB   primary  xfs
```

第 4 步，使用 fdisk 命令新建磁盘分区，fdisk 工具的使用方法非常简单，只要把磁盘名称作为参数即可，如例 3-66.3 所示。

例 3-66.3：磁盘分区综合实验——使用 fdisk 命令新建磁盘分区

```
[root@centos7 ~]# fdisk /dev/sda    // 注意，fdisk 的参数是磁盘名称而不是分区名称
命令（输入 m 获取帮助）：
```

第 5 步，启用 fdisk 工具后，会进入交互式的操作环境，输入"m"获取 fdisk 子命令提示，输入"p"查看当前的磁盘分区表信息，如例 3-66.4 所示。

例 3-66.4：磁盘分区综合实验——查看当前的磁盘分区表信息

```
命令（输入 m 获取帮助）：p    <== 查看当前的磁盘分区表信息
磁盘 /dev/sda：53.7 GB, 53687091200 字节，104857600 个扇区
Units = 扇区 of 1 * 512 = 512 bytes
扇区大小（逻辑 / 物理）：512 字节 / 512 字节
I/O 大小（最小 / 最佳）：512 字节 / 512 字节
磁盘标签类型：dos
磁盘标识符：0x000c63ae

   设备       Boot       Start       End       Blocks      Id     System
/dev/sda1      *         2048      2099199    1048576      83     Linux
/dev/sda2              2099200     6295551    2098176      82     Linux swap / Solaris
/dev/sda3              6295552    37752831   15728640      83     Linux
```

输入子命令"p"后显示的分区表信息和第 3 步中 parted 命令的输出基本相同，具体包括分区名称、是否为启动分区（Boot，用"*"标识）、起始扇区号（Start）、终止扇区号（End）、区块数（Blocks）、文件系统标识（Id）及文件系统名称（System）。从以上输出中至少可以得到如下 3 点信息。

① 当前几个分区的扇区是连续的，每个分区的起始扇区号就是前一个分区的终止扇区号加 1。

② 扇区的大小是 512 字节，区块的大小是 1KB，即两个扇区（2099199−2048 + 1 = 1048576×2）。

③ 磁盘一共有 104857600 个扇区，目前只用到 37752831 号扇区，说明磁盘还有可用空间可以进行分区。

第 6 步，输入"n"为开发一组添加一个大小为 4GB 的分区，如例 3-66.5 所示。

例 3-66.5：磁盘分区综合实验——为开发一组添加分区

```
命令（输入 m 获取帮助）：n          <== 添加分区
Partition type:
   p   primary (3 primary, 0 extended, 1 free)
   e   extended
Select (default e):
```

系统询问是要添加主分区还是逻辑分区。在 MBR 分区方式下，主分区和扩展分区的编号是 1 ~ 4，从编号 5 开始的分区是逻辑分区。目前磁盘已使用的分区编号是 1、2、3，因此编号 4 可以用于添加一个主分区或扩展分区。需要说明的是，如果编号 1 ~ 4 已经被主分区或扩展分区占用，那么输入"n"后不会有这个提示，因为在这种情况下只能添加逻辑分区。下面先添加扩展分区，再在其基础上添加逻辑分区。

第 7 步，输入"e"添加扩展分区，并指定分区的初始扇区和大小，如例 3-66.6 所示。

例 3-66.6：磁盘分区综合实验——添加扩展分区

```
Select (default e)：e          <== 添加扩展分区
已选择分区 4
起始 扇区 (37752832-104857599，默认为 37752832)：        <== 直接按 Enter 键表示采用默认值
将使用默认值 37752832
Last 扇区, +扇区 or +size{K,M,G} (37752832-104857599，默认为 104857599)：+8G
分区 4 已设置为 Extended 类型，大小设为 4 GiB
```

fdisk 会根据当前的系统分区状态确定新分区的编号，并询问新分区的起始扇区号。可以指定新分区的起始扇区号，但建议采用系统默认值，所以这里直接按 Enter 键即可。下一步要指定新分区的大小，fdisk 工具提供了 3 种指定新分区大小的方式：第 1 种方式是输入新分区的终止扇区号；第 2 种方式是采用"+ 扇区"的格式，即指定新分区的扇区数；第 3 种方式最简单，采用"+size"的格式直接指定新分区的大小即可。这里采用第 3 种方式指定新分区的大小。

第 8 步，按照同样的方式继续添加两个逻辑分区分别作为开发一组和开发二组的分区，大小分别为 4GB 和 2GB。输入"p"再次查看磁盘分区表信息，如例 3-66.7 所示。可以看到，/dev/sda4 为新添加的扩展分区，/dev/sda5 和 /dev/sda6 是新添加的两个逻辑分区。

例 3-66.7：磁盘分区综合实验——再次查看磁盘分区表信息

```
命令（输入 m 获取帮助）：p
   设备     Boot    Start      End      Blocks    Id   System
/dev/sda1    *      2048     2099199   1048576    83   Linux
```

```
/dev/sda2        2099200       6295551       2098176       82    Linux swap / Solaris
/dev/sda3        6295552      37752831      15728640       83    Linux
/dev/sda4       37752832      54530047       8388608        5    Extended
/dev/sda5       37754880      46143487       4194304       83    Linux
/dev/sda6       46145536      50339839       2097152       83    Linux
```

张经理提醒小顾，此时还不能直接退出 fdisk 工具，因为刚才的操作只保存在内存中，并没有被真正写入磁盘分区表。

第 9 步，输入 "w" 使以上操作生效，如例 3-66.8 所示。此时，提示信息显示系统正在使用这块磁盘，因此内核无法更新磁盘分区表，必须重新启动系统或通过 partprobe 命令重新读取磁盘分区表。

例 3-66.8：磁盘分区综合实验——使操作生效

```
命令（输入 m 获取帮助）：w              <== 使操作生效
WARNING: Re-reading the partition table failed with error 16: 设备或资源忙.
The kernel still uses the old table. The new table will be used at
the next reboot or after you run partprobe(8) or kpartx(8)
```

第 10 步，使用 partprobe 命令重新读取磁盘分区表，如例 3-66.9 所示。

例 3-66.9：磁盘分区综合实验——使用 partprobe 命令重新读取磁盘分区表

```
[root@centos7 ~]# partprobe  -s  /dev/sda          // 重新读取磁盘分区表
/dev/sda: msdos partitions 1 2 3 4 <5 6>
```

第 11 步，确认磁盘分区信息，如例 3-66.10 所示。

例 3-66.10：磁盘分区综合实验——确认磁盘分区信息

```
[root@centos7 ~]# lsblk  -p  /dev/sda
NAME                MAJ:MIN RM   SIZE   RO  TYPE  MOUNTPOINT
/dev/sda            8:0      0    50G    0   disk
├─ /dev/sda1        8:1      0     1G    0   part  /boot
├─ /dev/sda2        8:2      0     2G    0   part  [SWAP]
├─ /dev/sda3        8:3      0    15G    0   part  /
├─ /dev/sda4        8:4      0   512B    0   part  <== 新添加的扩展分区
├─ /dev/sda5        8:5      0     4G    0   part  <== 新添加的逻辑分区，开发一组使用
└─ /dev/sda6        8:6      0     2G    0   part  <== 新添加的逻辑分区，开发二组使用
```

第 12 步，为新创建的分区 /dev/sda5 和 /dev/sda6 分别创建 XFS 和 ext4 文件系统，如例 3-66.11 所示。

例 3-66.11：磁盘分区综合实验——为新分区创建文件系统

```
[root@centos7 ~]# mkfs  -t  xfs  /dev/sda5
[root@centos7 ~]# mkfs  -t  ext4  /dev/sda6
```

第 13 步，再次使用 parted 命令查看两个逻辑分区的信息，确认文件系统是否创建成功，如例 3-66.12 所示。

例 3-66.12：磁盘分区综合实验——再次查看两个逻辑分区的信息

```
[root@centos7 ~]# parted  /dev/sda  print
Number   Start     End      Size      Type       File system      标志
5        19.3GB    23.6GB   4295MB    logical    xfs
6        23.6GB    25.8GB   2147MB    logical    ext4
```

第 14 步，将分区 /dev/sda5 和 /dev/sda6 分别挂载至目录 /home/devteam1 和 /home/devteam2，

如例 3-66.13 所示。

例 3-66.13：磁盘分区综合实验——挂载分区

```
[root@centos7 ~]# mount /dev/sda5 /home/devteam1
[root@centos7 ~]# mount /dev/sda6 /home/devteam2
```

第 15 步，使用 lsblk 命令确认挂载分区是否成功，如例 3-66.14 所示。

例 3-66.14：磁盘分区综合实验——确认挂载分区是否成功

```
[root@centos7 ~]# lsblk  -p  /dev/sda5  /dev/sda6
NAME            MAJ:MIN   RM   SIZE   RO   TYPE    MOUNTPOINT
/dev/sda5       8:5       0    4G     0    part    /home/devteam1
/dev/sda6       8:6       0    2G     0    part    /home/devteam2
```

至此，开发一组和开发二组的分区添加成功，且创建了相应的文件系统并挂载到各自的工作目录。张经理叮嘱小顾，今后执行类似任务时一定要提前做好规划，保持思路清晰，在操作过程中要经常使用相关命令来确认操作是否成功。

实验 2：配置启动挂载分区

做完前面的实验，小顾觉得很过瘾，想到软件开发中心将在自己创建的分区中工作，小顾很有成就感。看到小顾得意的表情，张经理让小顾重启机器后再查看两个分区的挂载信息。小顾惊奇地发现，虽然两个分区还在，但是挂载点是空的。张经理向小顾解释，刚才使用的挂载方式在系统重启后就会失效。如果想一直保留挂载信息，就必须让操作系统在启动过程中自动挂载分区，这就需要在挂载配置文件 /etc/fstab 中进行相关分区的操作。下面是张经理的操作步骤。

第 1 步，以 root 用户身份打开文件 /etc/fstab，在文件最后添加两行内容，如例 3-67.1 所示。注意，千万不要修改 /etc/fstab 文件原来的内容，在该文件最后添加新内容即可。

例 3-67.1：配置启动挂载分区——修改配置文件

```
[root@centos7 ~]# vim  /etc/fstab
/dev/sda5  /home/devteam1     xfs      defaults  0  0
/dev/sda6  /home/devteam2     ext4     defaults  0  0
```

第 2 步，张经理提醒小顾，/etc/fstab 文件是非常重要的系统配置文件，其配置错误可能会造成系统无法正常启动。为了保证添加的信息没有语法错误，配置完成后一定要记得使用带 -a 选项的 mount 命令进行测试。-a 选项的作用是使用 mount 命令对 /etc/fstab 文件中的文件系统依次进行挂载。如果有语法错误，则会有相应的提示，如例 3-67.2 所示。

例 3-67.2：配置启动挂载分区——使用 mount –a 命令测试文件配置

```
[root@centos7 ~]# mount  -a
[root@centos7 ~]# lsblk  -p  /dev/sda5  /dev/sda6
NAME            MAJ:MIN   RM  SIZE  RO   TYPE    MOUNTPOINT
/dev/sda5       8:5       0   4G    0    part    /home/devteam1    <== 已挂载
/dev/sda6       8:6       0   2G    0    part    /home/devteam2    <== 已挂载
```

第 3 步，卸载分区 /dev/sda5 和 /dev/sda6，并重启系统，测试系统自动挂载是否成功，如例 3-67.3 所示。

例 3-67.3：配置启动挂载分区——卸载分区后重启系统

```
[root@centos7 ~]# umount  /dev/sda5       // 卸载分区
[root@centos7 ~]# umount  /dev/sda6
[root@centos7 ~]# lsblk  -p  /dev/sda5  /dev/sda6
NAME          MAJ:MIN    RM    SIZE    RO    TYPE    MOUNTPOINT
/dev/sda5     8:5        0     4G      0     part
/dev/sda6     8:6        0     2G      0     part
[root@centos7 ~]# shutdown  -r  now       // 重启系统
```

系统重启后使用 lsblk 命令查看两个分区的挂载信息，可以看到挂载点确实得以保留，说明操作系统启动过程中成功挂载了分区，具体过程这里不再演示。

经过这个实验，小顾似乎明白了学无止境的道理，他告诉自己，在今后的学习过程中不能满足于眼前的成功，要有刨根问底的精神，这样才能学到更多的知识。

实验 3：配置磁盘配额

完成前面两个实验后，现在张经理准备带着小顾为开发一组配置磁盘配额。开发一组的分区是 /dev/sda5，挂载点是目录 /home/devteam1，文件系统是 XFS。下面是张经理的操作步骤。

第 1 步，检查用户及用户组信息。本实验需要使用开发一组的两个用户，如例 3-68.1 所示。

例 3-68.1：设置 XFS 文件系统磁盘配额——检查用户及用户组信息

```
[root@centos7 ~]# groupmems  -l  -g  devteam1
xf  ss
```

第 2 步，检查分区和用户基本信息。张经理直接使用 df 子命令查看分区信息，而不是使用 lsblk 命令，如例 3-68.2 所示。

例 3-68.2：设置 XFS 文件系统磁盘配额——检查分区和用户基本信息

```
[root@centos7 ~]# xfs_quota  -c  "df  -h  /home/devteam1"
Filesystem       Size      Used      Avail     Use%      Pathname
/dev/sda5        4.0G      32.2M     4.0G      1%        /home/devteam1
```

第 3 步，添加磁盘配额挂载参数。在 XFS 文件系统中启用磁盘配额功能时需要为文件系统添加磁盘配额挂载参数。本例中，需要在 /etc/fstab 文件的第 4 列添加 usrquota 和 grpquota 或 prjquota，如例 3-68.3 所示。张经理特别提醒小顾，prjquota 和 grpquota 不能同时使用。

例 3-68.3：设置 XFS 文件系统磁盘配额——添加磁盘配额挂载参数

```
[root@centos7 ~]# vim  /etc/fstab
/dev/sda5  /home/devteam1 xfs  defaults,usrquota,grpquota  0  0  <== 添加磁盘配额挂载参数
```

第 4 步，添加了分区的磁盘配额挂载参数后，需要先卸载原分区再重新挂载分区才能使设置生效，如例 3-68.4 所示。

例 3-68.4：设置 XFS 文件系统磁盘配额——重新挂载分区

```
[root@centos7 ~]# umount  /dev/sda5       // 卸载原分区
[root@centos7 ~]# mount  -a               // 重新挂载分区使设置生效
[root@centos7 ~]# xfs_quota  -c  "df  -h  /home/devteam1"
```

```
Filesystem     Size    Used    Avail    Use%    Pathname
/dev/sda5      4.0G    32.2M   4.0G     1%      /home/devteam1
```

第 5 步，查看磁盘配额状态，如例 3-68.5 所示。从输出中可以看到，分区 /dev/sda5 已经启用了用户和用户组的磁盘配额功能，未启用目录磁盘配额功能。其实也可以使用 state 子命令替换 print 以查看更详细的磁盘配额信息，这里不再演示。

例 3-68.5：设置 XFS 文件系统磁盘配额——查看磁盘配额状态

```
[root@centos7 ~]# xfs_quota -c print /dev/sda5
Filesystem             Pathname
/home/devteam1         /dev/sda5 (uquota, gquota)    <== 已启用用户和用户组的磁盘配额功能
```

第 6 步，设置磁盘配额。

① 使用 limit 子命令设置用户和用户组磁盘配额，如例 3-68.6 所示。张经理将用户 xf 的容量软限制和硬限制分别设为 1MB 和 5MB，文件软限制和硬限制分别设为 3 个和 5 个；将用户组 devteam1 的容量软限制和硬限制分别设为 5MB 和 10MB，文件软限制和硬限制分别设为 5 个和 10 个。

例 3-68.6：设置 XFS 文件系统磁盘配额——设置用户和用户组的磁盘配额

```
[root@centos7 ~]# xfs_quota -x -c "limit -u bsoft=1M bhard=5M xf"  /dev/sda5
[root@centos7 ~]# xfs_quota -x -c "limit -u isoft=3 ihard=5 xf"  /dev/sda5
[root@centos7 ~]# xfs_quota -x -c "limit -g bsoft=5M bhard=10M devteam1"  /dev/sda5
[root@centos7 ~]# xfs_quota -x -c "limit -g isoft=5 ihard=10 devteam1"  /dev/sda5
```

② 设置宽限时间。张经理将磁盘空间宽限时间设为 10 天，文件数量宽限时间设为 2 周，如例 3-68.7 所示。

例 3-68.7：设置 XFS 文件系统磁盘配额——设置宽限时间

```
[root@centos7 ~]# xfs_quota -x -c "timer -b 10d" /dev/sda5
[root@centos7 ~]# xfs_quota -x -c "timer -i 2w" /dev/sda5
```

第 7 步，测试用户磁盘配额。

① 以用户 xf 的身份在目录 */home/devteam1* 中新建一个大小为 1MB 的文件 *file1*。在创建文件前要先把用户 xf 的有效用户组设置为 devteam1，以保证新建文件的属组为 devteam1，如例 3-68.8 所示。

例 3-68.8：设置 XFS 文件系统磁盘配额——新建指定大小的文件 file1

```
[root@centos7 ~]# su - xf                        // 切换到用户 xf
[xf@centos7 ~]$ newgrp devteam1                  // 修改有效用户组，测试用户组磁盘配额时使用
[xf@centos7 ~]$ cd /home/devteam1
[xf@centos7 devteam1]$ dd if=/dev/zero of=file1 bs=1M count=1
[xf@centos7 devteam1]$ ls -lh file1
-rw-r--r--. 1 xf devteam1    1.0M    12月 4 00:47    file1
[xf@centos7 devteam1]$ exit
[xf@centos7 ~]$ exit
```

② 使用 report 子命令查看文件系统的磁盘配额使用情况，如例 3-68.9 所示。其中，Blocks 和 Inodes 两个字段分别表示磁盘空间和文件数量配额的使用量。注意，这一步需要以 root 用户的身份执行操作。

例 3-68.9：设置 XFS 文件系统磁盘配额——查看文件系统的磁盘配额使用情况

```
[root@centos7 ~]# xfs_quota  -x  -c "report -gubih"  /dev/sda5
User quota on /home/devteam1 (/dev/sda5)
                            Blocks                            Inodes
User ID        Used   Soft   Hard Warn/Grace      Used   Soft   Hard Warn/Grace
---------- -------------------------------------- --------------------------------------
xf             1M     1M     5M  00 [------]        1      3      5  00 [------]
Group quota on /home/devteam1 (/dev/sda5)
                            Blocks                            Inodes
Group ID       Used   Soft   Hard Warn/Grace      Used   Soft   Hard Warn/Grace
---------- -------------------------------------- --------------------------------------
devteam1       1M     5M    10M  00 [------]        2      5     10  00 [------]
```

小顾按照张经理的解释仔细检查了当前的磁盘使用情况。他奇怪地发现用户组 devteam1 当前已创建的文件数量是 2，可是用户 xf 明明只创建了一个文件，难道这个目录中有一个隐藏文件的属组也是 devteam1 吗？他把这个想法告诉了张经理。张经理笑着表示赞同小顾的想法，执行了例 3-68.10 所示的操作加以验证。

例 3-68.10：设置 XFS 文件系统磁盘配额——检查用户组文件数量

```
[root@centos7 ~]# su  -  xf
[xf@centos7 ~]$ cd  /home/devteam1
[xf@centos7 devteam1]$ ls  -al
drwxrwx---.   2   ss   devteam1      19   12月 4 00:47   .
drwxr-xr-x.  11  root  root         119   12月 3 23:14   ..
-rw-r--r--.   1   xf   devteam1 1048576   12月 4 00:47   file1
[xf@centos7 devteam1]$ ls  -ld  /home/devteam1
drwxrwx---.   2   ss   devteam1      19   12月 4 00:47   /home/devteam1
```

看到这个结果，小顾恍然大悟，原来是表示当前目录的"."，即目录 /home/devteam1 的属组是 devteam1，而它也占用了用户组 devteam1 的磁盘配额。

③ 以用户 xf 的身份在目录 /home/devteam1 中创建一个大小为 2MB 的文件 file2，并查看磁盘配额使用情况，如例 3-68.11 所示。

例 3-68.11：设置 XFS 文件系统磁盘配额——新建指定大小的文件 file2

```
[xf@centos7 devteam1]$ newgrp  devteam1
[xf@centos7 devteam1]$ dd  if=/dev/zero  of=file2  bs=1M  count=2
[xf@centos7 devteam1]$ ls  -lh  file2
-rw-r--r--.   1   xf   devteam1    2.0M   12月 4 03:04   file2

[xf@centos7 devteam1]$ exit
[xf@centos7 devteam1]$ exit
[root@centos7 ~]# xfs_quota  -x   -c "report -gubih"  /dev/sda5
User quota on /home/devteam1 (/dev/sda5)
                            Blocks                            Inodes
User ID        Used   Soft   Hard Warn/Grace      Used   Soft   Hard Warn/Grace
---------- -------------------------------------- --------------------------------------
xf             3M     1M     5M  00 [9 days]        2      3      5  00 [------]
Group quota on /home/devteam1 (/dev/sda5)
                            Blocks                            Inodes
Group ID       Used   Soft   Hard Warn/Grace      Used   Soft   Hard Warn/Grace
---------- -------------------------------------- --------------------------------------
```

注意到在创建文件 file2 时已经超出软限制，因此第 1 个 Grace 字段的值是"9 days"，表示已经开始宽限时间的倒计时。这里的限制指的是软限制，因此 *file2* 文件仍然能够成功创建。当前创建的文件数量是 2，还没有超过软限制 3，因此输出显示文件数量是正常的。可以对用户组 devteam1 的磁盘使用情况进行类似分析。

④ 以用户 xf 的身份在目录 /home/devteam1 中创建一个大小为 3MB 的文件 file3，并查看磁盘配额使用情况，如例 3-68.12 所示。

例 3-68.12：设置 XFS 文件系统磁盘配额——新建指定大小的文件 file3

```
[root@centos7 ~]# su - xf
[xf@centos7 ~]$ newgrp devteam1
[xf@centos7 ~]$ cd /home/devteam1
[xf@centos7 devteam1]$ dd if=/dev/zero of=file3 bs=1M count=3
dd: 写入"file3"出错：超出磁盘限额
[xf@centos7 devteam1]$ ls -lh file3
-rw-r--r--. 1 xf devteam1 2.0M 12月 4 03:08 file3
[xf@centos7 devteam1]$ exit
[xf@centos7 ~]$ exit
[root@centos7 ~]# xfs_quota -x -c "report -gubih" /dev/sda5
User quota on /home/devteam1 (/dev/sda5)
                        Blocks                           Inodes
User ID   Used   Soft   Hard Warn/Grace     Used    Soft    Hard Warn/Grace
---------------------------------------------------------------------------
xf         5M     1M     5M  00 [9 days]      3       3       5  00 [------]
Group quota on /home/devteam1 (/dev/sda5)
                        Blocks                           Inodes
Group ID  Used   Soft   Hard Warn/Grace     Used    Soft    Hard Warn/Grace
---------------------------------------------------------------------------
devteam1   5M     5M    10M  00 [------]      4       5      10  00 [------]
```

这一次，在创建文件 *file3* 时系统给出了错误提示。因为指定的文件大小超出了用户 xf 的磁盘空间硬限制。虽然文件 *file3* 创建成功了，但实际写入的内容只有 2MB，也就是创建完文件 *file2* 后剩余的磁盘配额空间。对于用户组 devteam1 来说，整个用户组占用的磁盘空间已超过软限制（5MB），距离硬限制（10MB）还有大约 5MB 的余量。

第 8 步，测试用户组磁盘配额。以用户 ss 的身份在目录 /home/devteam1 中创建一个大小为 6MB 的文件 *file4*，并查看用户和用户组的磁盘配额使用情况，如例 3-68.13 所示。

例 3-68.13：设置 XFS 文件系统磁盘配额——新建指定大小的文件 file4

```
[root@centos7 ~]# su - ss
[ss@centos7 ~]$ newgrp devteam1
[ss@centos7 ~]$ cd /home/devteam1
[ss@centos7 devteam1]$ dd if=/dev/zero of=file4 bs=1M count=6
dd: 写入"file4"出错：超出磁盘限额
[ss@centos7 devteam1]$ ls -lh file4
-rw-r--r--. 1 ss devteam1 5.0M 12月 4 03:18 file4
[ss@centos7 devteam1]$ exit
[ss@centos7 ~]$ exit
[root@centos7 ~]# xfs_quota -x -c "report -gbih" /dev/sda5   // 使用 root 用户执行
Group quota on /home/devteam1 (/dev/sda5)
                        Blocks                           Inodes
Group ID  Used   Soft   Hard Warn/Grace     Used    Soft    Hard Warn/Grace
---------------------------------------------------------------------------
devteam1  10M     5M    10M  00 [9 days]      5       5      10  00 [------]
```

例 3-68.6 只为用户 xf 启用了用户磁盘配额功能。但是以用户 ss 的身份创建文件 *file4* 时，系统却提示超出磁盘限额。这是因为用户 ss 当前的有效用户组是 devteam1，而用户组

devteam1 已经启用了用户组磁盘配额功能，所以用户 ss 的操作也会受到相应的限制。结果是虽然文件 file4 创建成功，但实际只写入了 5MB 的内容。

用户和用户组的磁盘配额设置完毕，接下来的重点是设置目录磁盘配额。下面是张经理的操作步骤。

第 9 步，添加磁盘配额挂载参数。注意，用户组磁盘配额和目录磁盘配额不能同时使用，因此张经理首先把分区 /dev/sda5 的 grpquota 参数改为 prjquota，如例 3-68.14 所示。

例 3-68.14：设置 XFS 文件系统磁盘配额——添加磁盘配额挂载参数

```
[root@centos7 ~]# vim  /etc/fstab
/dev/sda5 /home/devteam1  xfs  defaults,usrquota,prjquota  0 0  <== 添加磁盘配额挂载参数
```

第 10 步，和前面类似，张经理先卸载原分区再重新挂载分区以使设置生效，如例 3-68.15 所示。

例 3-68.15：设置 XFS 文件系统磁盘配额——卸载分区后重新挂载

```
[root@centos7 ~]# umount  /dev/sda5
[root@centos7 ~]# mount  -a        // 重新挂载分区以使设置生效
```

第 11 步，再次查看磁盘配额状态，如例 3-68.16 所示。

例 3-68.16：设置 XFS 文件系统磁盘配额——再次查看磁盘配额状态

```
[root@centos7 ~]# xfs_quota  -c  print  /dev/sda5
Filesystem          Pathname
/home/devteam1      /dev/sda5 (uquota, pquota)      <== 已启用用户和目录磁盘配额功能
```

第 12 步，设置目录磁盘配额。张经理先在目录 /home/devteam1 中创建了子目录 log，再将其磁盘空间软限制和硬限制分别设为 50MB 和 100MB，文件软限制和硬限制分别设为 10 个和 20 个。在 XFS 文件系统中设置目录磁盘配额时需要为该目录创建一个项目，可以在 project 子命令中指定目录和项目标识，如例 3-68.17 所示。

例 3-68.17：设置 XFS 文件系统磁盘配额——设置目录磁盘配额

```
[root@centos7 ~]# mkdir  /home/devteam1/log
[root@centos7 ~]# chown  ss:devteam1  /home/devteam1/log
[root@centos7 ~]# chmod  770  /home/devteam1/log
[root@centos7 ~]# xfs_quota  -x  -c "project -s -p /home/devteam1/log 16" /dev/sda5
Setting up project 16 (path /home/devteam1/log)...
Processed 1 (/etc/projects and cmdline) paths for project 16 with recursion depth
infinite (-1).
[root@centos7 ~]# xfs_quota  -x  -c "limit -p bsoft=50M bhard=100M \  // 换行继续输入
> isoft=10 ihard=20 16"  /dev/sda5
```

张经理将项目标识符设为 16，这个数字可以自己设定。张经理提醒小顾，还有一种方法也可以设置目录磁盘配额，但是要使用配置文件。张经理要求小顾查阅相关资料自行完成这个任务。

第 13 步，测试目录磁盘配额。

① 张经理以 root 用户的身份创建了一个大小为 40MB 的文件 file1，并查看了磁盘配额的使用情况，如例 3-68.18 所示。张经理告诉小顾，report 子命令的输出中 Project ID 为 16

的那一行就是前面为目录 /home/devteam1/log 设置的目录磁盘配额。

例 3-68.18：设置 XFS 文件系统磁盘配额——创建文件 *file1* 并查看磁盘配额的使用情况

```
[root@centos7 ~]# cd  /home/devteam1/log
[root@centos7 log]# dd  if=/dev/zero  of=file1  bs=1M  count=40
[root@centos7 log]# ls  -lh  file1
-rw-r--r--.  1  root  root   40M  12月 4 03:49  file1
[root@centos7 log]# xfs_quota  -x  -c  "report -pbih"  /dev/sda5
Project quota on /home/devteam1 (/dev/sda5)
                          Blocks                           Inodes
Project ID   Used   Soft   Hard Warn/Grace    Used   Soft  Hard Warn/Grace
-------------------------------------------  -----------------------------
#16          40M    50M    100M 00 [------]     2     10    20  00 [------]
```

② 张经理又创建了一个大小为 70MB 的文件 *file2*，如例 3-68.19 所示。这一次，系统提示设备上没有分配空间，即分配给目录 /home/devteam1/log 的磁盘空间已用完，所以实际写入文件 *file2* 的内容只有 60MB。张经理还特别提醒小顾，这两个文件是以 root 用户身份创建的，这说明即使是 root 用户也无法突破目录磁盘配额的限制。

例 3-68.19：设置 XFS 文件系统磁盘配额——创建文件 *file2* 并测试目录磁盘配额

```
[root@centos7 log]# dd  if=/dev/zero  of=file2  bs=1M  count=70
dd: 写入 "file2" 出错: 设备上没有空间
[root@centos7 log]# ls  -lh  file2
-rw-r--r--.  1  root  root   60M  12月 4 03:54  file2
[root@centos7 log]# xfs_quota  -x  -c  "report -pbih"  /dev/sda5
Project quota on /home/devteam1 (/dev/sda5)
                          Blocks                           Inodes
Project ID   Used   Soft   Hard Warn/Grace    Used   Soft   Hard Warn/Grace
-------------------------------------------  -----------------------------
#16          100M   50M    100M 00 [10 days]    3     10     20  00 [------]
```

实验 4：配置 RAID 5 与 LVM

考虑到开发服务器存储的数据越来越多，为提高数据存储的安全性和可靠性，也为以后进一步扩展服务器存储空间留有余地，张经理在虚拟机中配置了 RAID 5 和 LVM 以支持软件开发中心的快速发展。

1. 添加虚拟磁盘

张经理首先为虚拟机添加了 4 块容量为 1GB 的虚拟硬盘，如图 3-21 所示。重启虚拟机后，使用 lsblk 命令可以查看新加的 4 块虚拟硬盘的信息，如例 3-69.1 所示。

例 3-69.1：配置 RAID 5 与 LVM——查看新虚拟硬盘的信息

```
[root@centos7 ~]# lsblk  -p
NAME         MAJ:MIN  RM  SIZE  RO  TYPE MOUNTPOINT
/dev/sdb     8:16     0   1G    0   disk
/dev/sdc     8:32     0   1G    0   disk
/dev/sdd     8:48     0   1G    0   disk
/dev/sde     8:64     0   1G    0   disk
```

图 3-21　为虚拟机添加虚拟硬盘

2. 创建 RAID 5 阵列

使用 mdadm 命令在新加的虚拟硬盘上创建 RAID 5 阵列，并将其命名为 /dev/md0，如例 3-69.2 所示。

例 3-69.2：配置 RAID 5 与 LVM——创建 RAID 5 阵列

```
[root@centos7 ~]# mdadm -C /dev/md0 -l 5 -n 3 -x 1 /dev/sd[bcde]
mdadm: Defaulting to version 1.2 metadata
mdadm: array /dev/md0 started.
[root@centos7 ~]# mdadm -D /dev/md0
/dev/md0:
         Raid Level : raid5
       Raid Devices : 3
      Total Devices : 4
      Active Devices : 3
     Working Devices : 4
      Failed Devices : 0
      Spare Devices : 1
    Number   Major   Minor   RaidDevice State
       0       8       16       0        active sync   /dev/sdb
       1       8       32       1        active sync   /dev/sdc
       4       8       48       2        active sync   /dev/sdd
       3       8       64       -        spare         /dev/sde
```

3. PV 阶段

在 RAID 5 阵列上创建 PV，具体方法如例 3-69.3 所示。注意，pvscan 命令的最后一行显示了 3 条信息：当前的 PV 数量（1 个）、已经加入 VG 中的 PV 数量（0 个），以及未使用的 PV 数量（1 个）。如果想查看某个 PV 的详细信息，则可以使用 pvdisplay 命令。

例 3-69.3：配置 RAID 5 与 LVM——创建 PV

```
[root@centos7 ~]# pvcreate /dev/md0
  Physical volume "/dev/md0" successfully created.
[root@centos7 ~]# pvscan              // 检查系统中当前的 PV
  PV /dev/md0                         lvm2 [<2.00 GiB]
  Total: 1 [<2.00 GiB] / in use: 0 [0   ] / in no VG: 1 [<2.00 GiB]
```

4. VG 阶段

这一步需要创建 VG 并把 VG 和 PV 关联起来。在创建 VG 时要为 VG 选择一个合适的名称，指定 PE 的大小及关联的 PV。在此例中，要创建的 VG 名为 itovg，PE 大小为 4MB，

把 /dev/md0 分配给 itovg，如例 3-69.4 所示。注意：vgcreate 命令的 -s 选项可以指定 PE 的大小，单位可以使用 k/K（KB）、m/M（MB）、g/G（GB）等。itovg 创建好之后可以使用 vgscan 或 vgdisplay 命令查看 VG 信息。如果此时再次查看 /dev/md0 的详细信息，则可以看到它已经关联到 itovg。

例 3-69.4：配置 RAID 5 与 LVM——关联 PV 和 VG

```
[root@centos7 ~]# vgcreate  itovg  /dev/md0
  Volume group "itovg" successfully created
[root@centos7 ~]# pvscan
  PV /dev/md0   VG  itovg                      lvm2 [1.99 GiB / 1.99 GiB free]
  Total: 1 [1.99 GiB] / in use: 1 [1.99 GiB] / in no VG: 0 [0    ]
```

5. LV 阶段

现在 itovg 已经创建好，相当于系统中有了一块虚拟的逻辑磁盘。接下来要做的就是在这块逻辑磁盘中进行分区操作，即将 VG 划分为多个 LV。此例为 LV 指定 1GB 的容量。创建好 LV 后可以使用 lvscan 和 lvdisplay 命令进行查看，如例 3-69.5 所示。

例 3-69.5：配置 RAID 5 与 LVM——创建 LV

```
[root@centos7 ~]# lvcreate  -L  1G  -n  sielv  itovg      <== 创建 LV，容量为 1GB
  Logical volume "sielv" created.
[root@centos7 ~]# lvdisplay
  LV Path          /dev/itovg/sielv      <== LV 全称，即完整的路径名
  LV Name          sielv                 <== LV 名称
  VG Name          itovg                 <== VG 名称
  LV Size          1.00 GiB              <== LV 实际容量
  Current LE       256                   <== LV 包含的 PE 数量
```

6. 文件系统阶段

这一阶段的主要任务是为 LV 创建文件系统并挂载，如例 3-69.6 所示。

例 3-69.6：配置 RAID 5 与 LVM——创建文件系统并挂载

```
[root@centos7 ~]# mkfs  -t  xfs  /dev/itovg/sielv        // 创建 XFS 文件系统
[root@centos7 ~]# mkdir  -p  /mnt/lvm/sie                // 创建挂载点
[root@centos7 ~]# mount  /dev/itovg/sielv  /mnt/lvm/sie  // 挂载
[root@centos7 ~]# df  -Th  /mnt/lvm/sie
文件系统                类型   容量   已用   可用   已用%   挂载点
/dev/mapper/itovg-sielv  xfs  1018M  33M   986M   4%     /mnt/lvm/sie
```

至此，成功地完成了 LVM 的配置，可以在挂载目录 /mnt/lvm/sie 中尝试新建文件或进行其他操作，看看它和普通分区有没有不同。实际上，在 LV 中进行的所有操作都会被映射到物理分区，这个映射是由 LVM 自动完成的，作为普通用户感觉不到任何不同。

知识拓展

如果想从 LVM 恢复到传统的磁盘分区管理方式，则要按照特定的顺序删除已创建的 LV 和 VG 等。如果想要停用 RAID，则可以在备份 RAID 上的数据后将其删除。一般来说，停用 LVM 和 RAID 要按照特定的顺序进行，具体内容详见本书配套电子资源。

任务实训

本实训的主要任务是练习使用 fdisk 工具进行磁盘分区，熟练掌握 fdisk 的各种命令及选项的使用。

【实训目的】

（1）掌握在 Linux 中使用 fdisk 工具管理分区的方法。

（2）掌握使用 mkfs 命令创建文件系统的方法。

（3）掌握文件系统的挂载与卸载的方法。

【实训内容】

按照以下步骤完成磁盘分区管理的练习。

（1）进入 CentOS 7.6，在终端窗口中使用 su - root 命令切换到 root 用户。

（2）使用 lsblk -p 命令查看当前系统的所有磁盘及分区，分析 lsblk 的输出中每一列的含义。思考如下问题：当前系统有几块磁盘？每块磁盘各有什么接口，有几个分区？磁盘名称和分区名称有什么规律？使用 man 命令学习 lsblk 的其他选项的使用方法并进行试验。

（3）使用 parted 命令查看磁盘分区表的类型，根据磁盘分区表的类型确定分区管理工具。如果是 MBR 格式的磁盘分区表，则使用 fdisk 命令进行分区；如果是 GPT 格式的磁盘分区表，则使用 gdisk 命令进行分区。

（4）使用 fdisk 工具，为系统当前磁盘添加分区。进入 fdisk 交互工作模式，依次完成以下操作。

① 输入 m，获取 fdisk 的子命令提示。在 fdisk 交互工作模式下有很多子命令，每个子命令用一个字母表示，如 n 表示添加分区，d 表示删除分区。

② 输入 p，查看磁盘分区表信息。这里显示的磁盘分区表信息包括分区名称、启动分区标识、起始扇区号、终止扇区号、扇区数、文件系统标识及文件系统名称等。

③ 输入 n，添加新分区。fdisk 工具根据已有分区自动确定新分区号，并提示输入新分区的起始扇区号。这里直接按 Enter 键，即采用默认值。

④ fdisk 工具提示输入新分区的大小。这里采用 "+*size*" 的方式指定分区大小。

⑤ 输入 "p"，再次查看磁盘分区表信息。虽然现在可以看到新添加的分区，但是这些操作目前只是保存在内存中，重启系统后才会真正写入磁盘分区表。

⑥ 输入 "w"，保存操作并退出 fdisk 交互工作模式。

（5）使用 shutdown -r now 命令重启系统。在终端窗口中切换到 root 用户。再次使用 lsblk -p 命令查看当前系统的所有磁盘及分区，此时应该能够看到新分区已经出现在磁盘分区表中了。

（6）使用 mkfs 命令为新建的分区创建 XFS 文件系统。

（7）使用 mkdir 命令创建新目录，使用 mount 命令将新分区挂载到新目录。

（8）使用 lsblk 命令再次查看新分区的挂载点，检查挂载是否成功。

项目小结

本项目的 3 个任务是全书的重点内容。任务 3.1 介绍了用户和用户组的基本概念以及与配置文件相关的命令。Linux 是一个多用户操作系统，每个用户有不同的权限，熟练掌握用户和用户组管理的相关命令是 Linux 系统管理员必须具备的基本技能。任务 3.2 是全书的核心内容之一，不管是难度还是重要性，都需要大家格外重视。Linux 操作系统扩展了文件的概念，目录也是一种特殊的文件。不管是 Linux 系统管理员还是普通用户，日常工作中都离不开文件和目录，文件和目录的相关命令是非常常用的 Linux 命令。除了文件和目录的相关命令外，还应该理解文件所有者和属组的基本概念，以及配置文件权限的两种常用方法。任务 3.3 主要介绍了磁盘的基本概念、磁盘管理的相关命令、Linux 文件系统的结构，以及在 XFS 文件系统中设置磁盘配额的方法。普通用户平时不会经常进行磁盘分区和磁盘配额管理，因此对这部分内容的学习要求可适当降低。强烈建议大家尽量多了解一些 Linux 文件系统内部结构的知识，这对日后深入学习 Linux 大有裨益。

项目练习题

1. 选择题

（1）要将当前目录下的文件 file1.c 重命名为 file2.c，正确的命令是（　　　）。

　　A. cp file1.c file2.c　　　　　　B. mv file1.c file2.c

　　C. touch file1.c file2.c　　　　　D. mv file2.c file1.c

（2）下列关于文件 /etc/passwd 的描述中，（　　　）是正确的。

　　A. 记录了系统中每个用户的基本信息

　　B. 只有 root 用户有权查看该文件

　　C. 存储了用户的密码信息

　　D. 详细说明了用户的文件访问权限

（3）关于用户和用户组的关系，下列说法正确的是（　　　）。

　　A. 一个用户只能属于一个用户组

　　B. 用户创建文件时，文件的属组就是用户的主组

　　C. 一个用户可能属于多个用户组，但只能有一个主组

　　　　D. 用户的主组确定后无法修改

（4）下列（　　　）命令能将文件 *a.dat* 的权限从"rwx------"改为"rwxr-x---"。

　　　　A. chown rwxr-x--- a.dat　　　　B. chmod rwxr-x--- a.dat

　　　　C. chmod g+rx a.dat　　　　D. chmod 760 a.dat

（5）创建新文件时，（　　　）用于定义文件的默认权限。

　　　　A. chmod　　　　　　B. chown　　　　　　C. chattr　　　　D. umask

（6）关于 Linux 文件名，下列说法正确的是（　　　）。

　　　　A. Linux 文件名不区分英文字母大小写

　　　　B. Linux 文件名可以没有后缀

　　　　C. Linux 文件名最多可以包含 64 个字符

　　　　D. Linux 文件名和文件的隐藏属性无关

（7）下列（　　　）命令可以显示文件和目录占用的磁盘空间大小。

　　　　A. df　　　　　　　B. du　　　　　　　C. ls　　　　D. fdisk

（8）对一个目录具有写权限，下列说法错误的是（　　　）。

　　　　A. 可以在该目录下新建文件和子目录

　　　　B. 可以删除该目录下已有的文件和子目录

　　　　C. 可以移动或重命名该目录下已有的文件和子目录

　　　　D. 可以修改该目录下文件的内容

（9）若一个文件的权限是"rw-r--r--"，则说明该文件的所有者的权限是（　　　）。

　　　　A. 读、写、执行　　　　B. 读、写　　　　C. 读、执行　　　D. 执行

（10）在 Linux 操作系统中，新建立的普通用户的主目录默认位于（　　　）目录下。

　　　　A. /bin　　　　　　B. /etc　　　　　　C. /boot　　　　D. /home

（11）如果删除原链接文件，则使用原链接（　　　）。

　　　　A. 无法再访问原文件

　　　　B. 仍然可以访问原文件

　　　　C. 能否访问取决于文件的所有者

　　　　D. 能否访问取决于文件的权限

（12）和权限"rw-rw-r--"对应的数字是（　　　）。

　　　　A. 551　　　　　　B. 771　　　　　　C. 664　　　　D. 660

（13）使用 ls -l 命令列出下列文件列表，（　　　）表示目录。

　　　　A. drwxrwxr-x.　　2　　　　zys　　　zys　　　6　　　6月 17 03:10　　　dir1

　　　　B. -rw-rw-r--.　　1　　　　zys　　　zys　　　32　　　6月 17 04:29　　　file1

　　　　C. -rw-rw-r--.　　1　　　　zys　　　zys　　　0　　　6月 19 03:43　　　file2

D.　lrw-rw-r--.　　　1　　　zys　　　zys　　　0　　　6月 19 03:43　　　file3

（14）下列说法错误的是（　　　）。

　　　A.　文件一旦创建，所有者是不可改变的

　　　B.　chown 和 chgrp 都可以修改文件属组

　　　C.　默认情况下文件的所有者就是创建文件的用户

　　　D.　文件属组的用户对文件拥有相同的权限

（15）对于目录而言，执行权限意味着（　　　）。

　　　A.　可以对目录执行删除操作

　　　B.　可以在目录下创建或删除文件

　　　C.　可以进入目录

　　　D.　可以查看目录的内容

（16）如果 /home/tmp 目录下有 3 个文件，那么要删除这个目录时，应该使用命令
（　　　）。

　　　A.　cd /home/tmp　　　　　　B.　rm /home/tmp

　　　C.　rmdir /home/tmp　　　　　D.　rm -r /home/tmp

（17）关于使用符号法修改文件权限，下列说法错误的是（　　　）。

　　　A.　分别使用 r、w、x 这 3 个字母表示 3 种文件权限

　　　B.　权限操作分为 3 类，即添加权限、移除权限和设置权限

　　　C.　分别使用 u、g、o 这 3 个字母表示 3 种用户身份

　　　D.　不能同时修改多个用户的权限

（18）关于 Linux 文件系统的内部数据结构，下列说法错误的是（　　　）。

　　　A.　文件系统管理磁盘空间的基本单位是区块，每个区块都有唯一的编号

　　　B.　inode 用于记录文件的元数据，每个文件可以有多个 inode

　　　C.　inode 通过间接索引的方式扩展文件的容量

　　　D.　超级块记录和文件系统有关的信息，所有数据块和 inode 都受到超级块的管理

2．填空题

（1）Linux 操作系统中的文件路径有两种形式，即_____和_____。

（2）为了保证系统的安全，Linux 将用户密码信息保存在_____文件中。

（3）为了能够把新建立的文件系统挂载到系统目录下，需要指定该文件系统在整个目录
结构中的位置，这个位置被称为_____。

（4）为了能够使用 cd 命令进入某个目录，并使用 ls 命令列出目录的内容，用户需要拥
有对该目录的_____和_____权限。

（5）Linux 默认的系统管理员账号是_____。

（6）创建新用户时会默认创建一个和用户名同名的组，称为_____。

（7）Linux 操作系统将用户的身份分为 3 类：_____、_____和_____。

（8）使用数字法修改文件权限时，读、写和执行权限对应的数字分别是_____、_____和_____。

（9）在 Linux 的文件系统层次结构中，最顶层的节点是_____，用_____表示。

（10）影响文件默认权限的设置是_____。

3．简答题

（1）简述用户和用户组的关系。用户和用户组常用的配置文件有哪些，分别记录了哪些内容？

（2）简述 Linux 文件名和 Windows 文件名的不同。

（3）简述 Linux 文件系统的目录树结构以及绝对路径和相对路径的区别。

（4）简述文件和用户与用户组的关系，以及修改文件所有者与属组的相关命令。

（5）简述文件和目录的 3 种权限的含义。

（6）简述磁盘分区的作用和主要步骤。

项目4
管理进程与系统服务

学习目标

【知识目标】
· 了解进程的相关概念。
· 熟悉常用的进程监控和管理工具。
· 熟悉两种任务调度的方法及区别。
· 了解系统启动的主要过程和功能。

【能力目标】
· 熟练使用常用的工具监控和管理进程。
· 能够使用at命令配置一次性计划任务。
· 熟练使用crontab命令配置周期调度任务。
· 能够使用systemctl工具管理系统服务。

【素质目标】
· 增强持之以恒的学习定力。
· 提高思辨能力。

引例描述

随着小顾对 Linux 操作系统的了解越来越多，张经理觉得是时候让小顾进入学习的"深水区"了。考虑到自己平时的管理工作中经常要执行一些计划任务，尤其是软件开发中心有新项目上线时需要定期监控项目运行情况，张经理决定让小顾学习一些进程管理和任务调度的知识，以便今后承担一些简单的运维任务。张经理把小顾叫到办公室，向他简单介绍了后期的工作重点和当前的主要学习任务。张经理让小顾从进程的基本概念开始，尽快掌握进程监控和管理的基本方法，并希望小顾能够独立编写任务调度程序。小顾之前虽然听说过进程的概念，但从未深入学习，更不知道任务调度是怎么回事儿。但是小顾有信心完成张经理下达的任务。经过这么长时间的学习，他相信只要掌握正确的学习方法，肯下功夫，多向同事请教，所有的困难都能克服。

任务 4.1　进程管理和任务调度

任务陈述

进程是操作系统中非常重要的基本概念，进程管理是操作系统的核心功能之一。从某种程度上说，管理好进程也就相当于管理好操作系统。进程在运行过程中需要访问各种系统资源，这要求进程有相应的访问权限。如果想让操作系统在指定的时间或定期执行某个任务，则需要了解操作系统的任务调度管理。本任务首先介绍进程的基本概念，然后分别介绍进程监控和管理的常用工具、进程与文件权限的关系，以及两种常用的任务调度方法。

知识准备

4.1.1　进程的基本概念

进程管理是操作系统的核心功能之一，下面简单介绍进程的基本概念。

1. 进程与程序

谈到进程，一般首先要讲的是进程和程序的关系。简单来说，进程就是运行在内存中的程序。也就是说，每启动一个应用程序，其实就在操作系统中创建了一个进程，如图 4-1 所示。进程和程序有几点不同，具体如下：进程存储在内部存储设备（主要指内存）中，而程序存储在外部存储设备（如硬盘、U盘等）中；进程是动态的，程序是静态的；进程是临时的，程序是持久的。关于二者的具体不同详见本书配套电子资源。

微课

进程的基本概念

图 4-1　进程与程序的关系

2. 父进程与子进程

在 Linux 操作系统中，除了 PID 为 1 的 systemd 进程以外，所有的进程都是由父进程通过 fork 系统调用创建的。一个父进程可以创建多个子进程。一般来说，当父进程终止时，子进程也随之终止。反之则不然，父进程不会随着子进程的终止而终止。父进程可以向子进程发送特定的信号来对子进程进行管理。如果父进程不能成功终止子进程，或者子进程因为某些异常情况无法自行终止，则会在操作系统中产生"僵尸"进程。"僵尸"进程往往需要管理员通过特殊操作来手动终止。

3. 进程的状态

进程在内存中会经历一系列的状态变化。进程通常有 5 种状态，即创建状态、就绪状态、运行状态、阻塞状态和终止状态，这 5 种状态及其转换过程如图 4-2 所示。关于各状态的具体含义详见本书配套电子资源。

图 4-2 进程的 5 种状态及其转换过程

4.1.2 进程监控和管理

某个进程占用资源过多，应该怎么手动终止它呢？有的时候明明终止了一个进程，可是没过多久它又出现了，这是什么原因呢？这都是和进程管理相关的内容。进程监控和管理是 Linux 系统管理员的重要工作之一，也是很多普通 Linux 用户关心的问题。本小节的知识将帮助大家回答这些问题。管理进程的前提是学会监控进程，知道使用哪些命令查看进程的运行状态。Linux 提供了几个查看进程的命令，下面分别介绍这些命令的基本用法。

微课

进程管理
相关命令

1. 查看进程

（1）ps 命令

ps 命令可用于查看系统中的当前进程。ps 命令有非常多的选项，通过这些选项可查看特定进程的详细信息，或者控制 ps 命令的输出结果。以常用的 aux 选项组合为例，ps 命令的基本用法如例 4-1 所示。

例 4-1：ps 命令的基本用法

```
[zys@centos7 ~]$ ps aux      // 注意，选项前可以不使用"-"
USER    PID    %CPU    %MEM    VSZ     RSS     TTY    STAT    START    TIME    COMMAND
root     2     0.0     0.0     0       0       ?      S       06:41    0:00    [kthreadd]
```

```
zys    11218    0.0    0.2   151784   5500   pts/1   S+   09:15   0:00   vim file1
```

（2）pstree 命令

Linux 还提供了一个非常好用的 pstree 命令，该命令用于查看进程间的相关性。利用这个命令可以清晰地看出进程间的依赖关系，如例 4-2 所示。其中，小括号中的数字表示 PID。如果进程的所有者和父进程的所有者不同，则会在小括号中显示进程的所有者。可以看到，所有的进程最终都可以上溯到 systemd 进程。它是 Linux 内核调用的第一个进程，因此 PID 为 1，其他进程都是由 systemd 进程直接或间接创建的。systemd 的相关内容将在任务 4.2 中专门介绍。

例 4-2：pstree 命令的基本用法

```
[zys@centos7 ~]$ pstree -pu | more
systemd(1)-+-ModemManager(6553)-+-{ModemManager}(6623)
           |                     `-{ModemManager}(6625)
           |-at-spi-bus-laun(9313,zys)-+-dbus-daemon(9318)---{dbus-daemon}(9319)
```

（3）top 命令

ps 和 pstree 命令只能显示系统进程的静态信息，如果需要实时查看进程信息，则可以使用 top 命令。top 命令的基本语法如下。

```
top [-bcHiOSs]
```

top 命令默认每 3 秒刷新一次进程信息。除了显示每个进程的详细信息外，top 命令还可显示系统硬件资源的占用情况等，这些信息对于系统管理员跟踪系统运行状态或进行系统故障分析非常有用。top 命令的基本用法如例 4-3 所示。

例 4-3：top 命令的基本用法

```
[zys@centos7 ~]$ top -d 10
top - 09:51:07 up 3:09, 3 users, load average: 0.23, 0.11, 0.07
Tasks: 210 total, 3 running, 207 sleeping, 0 stopped, 0 zombie
%Cpu(s): 0.4 us, 0.3 sy, 0.0 ni, 99.2 id, 0.0 wa, 0.0 hi, 0.1 si, 0.0

  PID   USER   PR   NI   VIRT    RES    SHR  S  %CPU  %MEM  TIME+   COMMAND
 9674   zys    20    0  567620  26968  19440  S  0.2   1.3  0:10.65  vmtoolsd
 7176   root   20    0   57382  19320   6100  S  0.1   1.0  0:02.47  tuned
```

top 命令的输出主要包括两部分。上半部分显示了操作系统当前的进程统计信息与资源使用情况，包括任务总数和每种状态下的任务数，以及 CPU、物理内存和虚拟内存的使用情况等；下半部分是每个进程的资源使用情况。默认情况下，top 命令按照 CPU 使用率（%CPU）从大到小的顺序显示进程信息，如果想以内存使用率（%MEM）显示进程信息，则可以按 M 键。另外，按 P 键可以恢复默认显示方式，按 Q 键可以退出 top 命令。

2. 前后台进程切换

（1）将命令放入后台

如果一条命令需要运行很长时间，则可以把它放入 Bash 后台运行，这样可

微课

前后台
进程切换

以不影响终端窗口（又称为前台）的操作。在命令结尾输入"&"符号即可将命令放入后台运行，如例4-4所示。

例4-4：后台运行命令——&

```
[zys@centos7 ~]$ find . -name *history &      // 将find命令放入后台运行
[1] 9863              <== 这一行显示了任务号和进程号
./.bash_history       <== 这一行是find命令的输出
[1]+ 完成             find . -name *history      <== 这一行表示find命令在后台运行结束
```

在此例中，find命令被放入后台运行，"[1]"表示后台任务号，9863是find命令的进程号。每个后台运行的命令都有任务号，任务号从1开始依次增加。find命令的结果也会在终端窗口中显示出来。另外，当find命令在后台运行结束时，终端窗口中会有一行提示。

通过"&"放入后台的进程仍然处于运行状态。如果进程在前台运行时按【Ctrl+Z】组合键，则进程会被放入后台并处于暂停状态，如例4-5所示。可以注意到系统提示进程当前的状态是"已停止"，说明进程在后台并没有运行。

例4-5：后台运行命令——按【Ctrl+Z】组合键

```
[zys@centos7 ~]$ find / -name file1 &>/dev/null  // 按Enter键后再按【Ctrl+Z】组合键
^Z
[1]+ 已停止           find / -name file1 &>/dev/null
[zys@centos7 ~]$ bc                               // 按Enter键后再按【Ctrl+Z】组合键
^Z
[2]+ 已停止           bc
```

（2）jobs命令

jobs命令主要用于查看从终端窗口放入后台的进程，使用-l选项可同时显示进程的PID，如例4-6所示。任务号之后的"+"表示这是最后一个放入后台的进程，而"-"表示这是倒数第2个放入后台的进程。

例4-6：jobs命令的基本用法

```
[zys@centos7 ~]$ jobs -l
[1]- 10008 停止      find / -name file1 &>/dev/null      <== 倒数第2个放入后台的进程
[2]+ 10025 停止      bc      <== 最后一个放入后台的进程
```

（3）bg命令

如果想让后台暂停的进程重新开始运行，则可以使用bg命令，如例4-7所示。注意，此例使用";"连接两条命令，这两条命令将会依次执行。

例4-7：bg命令的基本用法

```
[zys@centos7 ~]$ bg 1 ; jobs -l      // bg命令后跟任务号
[1]- find / -name file1 &>/dev/null &
[1]- 10008 运行中                     find / -name file1 &>/dev/null &
[2]+ 10025 停止                       bc
```

（4）fg命令

fg命令与"&"的作用正好相反，可以把后台的进程恢复到前台继续运行，如例4-8所示。

例 4-8：fg 命令的基本用法

```
[zys@centos7 ~]$ jobs -l
[2]+ 10025 停止              bc
[zys@centos7 ~]$ fg 2          // fg 命令后跟任务号
bc
11*16           <== 这一行是在 bc 交互环境中输入的
176             <== 这一行是 11*16 的结果
quit            <== 退出 bc 交互环境
```

3. 管理进程

kill 命令通过操作系统内核向进程发送信号以执行某些特殊的操作，如挂起进程、正常退出进程或强制终止进程等。kill 命令的基本语法如下。

```
kill [选项] [pid]
```

信号可以通过信号名或编号的方式指定，使用 -l 选项可以查看信号名及编号。kill 命令的基本用法如例 4-9 所示。

例 4-9：kill 命令的基本用法

```
[zys@centos7 ~]$ ps -f -C vim,bash,ps
UID        PID     PPID    C    STIME    TTY      TIME       CMD
zys        10341   10334   0    08:31    pts/0    00:00:00   bash
zys        13457   10520   0    11:26    pts/1    00:00:00   vim file1
zys        13744   10341   0    11:40    pts/0    00:00:00   ps -f -C vim,bash,ps
[zys@centos7 ~]$ kill -9 13457          // 结束 PID 为 13457 的进程
```

4.1.3 任务调度管理

日常工作中，经常有定期执行某些任务的需求，如磁盘的定期清理、日志的定期备份，或者对计算机进行定期杀毒等。这很像人们在手机日历应用中设定的事件。例如，工作日会有定时的起床提醒，房贷还款日会有还款提醒等。还有一些任务是一次性的，例如，公司临时安排一个会议，人们希望在会议开始前 15 分钟收到邮件提醒。如果想让 Linux 在规定的时间帮助用户执行预定好的动作，则要使用任务调度相关的工具进行相应设置。下面分别介绍和周期任务相关的 crontab 命令，以及用于执行一次性任务的 at 命令和 batch 命令。

1. crontab 命令

crontab 命令用于设置需要周期执行的任务，其基本语法如下。

```
crontab [-u uname] | -e | -l | -r
```

只有 root 用户能够使用 -u 选项为其他用户设置周期任务，没有 -u 选项时表示只能设置自己的周期任务。-e、-l 和 -r 这 3 个选项分别表示编辑、显示和删除周期任务。

使用 crontab -e 命令打开一个 vi 编辑窗口，用户可以在其中添加或删除周期任务，就像编辑一个普通文件一样。除了以 "#" 开头的注释行外，其他每一

微课

crontab
任务调度

行都代表一个周期任务，周期任务由 6 个字段组成，每个字段的含义及其取值如表 4-1 所示。

表 4-1 周期任务中 6 个字段的含义及其取值

字段的含义	分钟	小时	日期	月份	星期	命令
取值	0 ~ 59	0 ~ 23	1 ~ 31	1 ~ 12	0 ~ 7	需要执行的命令，可以带选项和参数

其中，前 5 个字段表示执行周期任务的计划时间，最后一个字段是实际需要执行的命令。设置计划时间时，各个字段以空格分隔，且不能为空。注意，星期字段中的 0 和 7 都表示星期日。crontab 命令提供了几个特殊符号以简化计划时间的设置。crontab 命令中的特殊符号及其含义如表 4-2 所示。

表 4-2 crontab 命令中的特殊符号及其含义

特殊符号	含义
*	表示字段取值范围内的任意值。例如，"*"出现在分钟字段中表示每一分钟都要执行操作
,	表示组合字段取值范围内若干不连续的时间段，如"3,5"出现在日期字段中表示每月的 3 日和 5 日执行操作
-	用于组合字段取值范围内连续的时间段，如"3-5"出现在日期字段中表示每月的 3 日到 5 日执行操作
/num	表示字段取值范围内每隔 num 时间段执行一次，如分钟字段的"*/10"表示每 10 分钟执行一次操作

crontab 命令的基本用法如例 4-10 所示，此例把周期任务设置为每 3 分钟向 /tmp/cron_test 文件中写入一行信息。

例 4-10：crontab 命令的基本用法

```
[zys@centos7 ~]$ crontab -e
*/3 * * * * echo "time is 'date'" >>/tmp/cron_test   <== 输入该行内容后保存设置并退出
[zys@centos7 ~]$ crontab -l    // 查看当前周期任务
*/3 * * * * echo "time is 'date'" >>/tmp/cron_test
[zys@centos7 ~]$ tail -f /tmp/cron_test        // 观察文件 /tmp/cron_test 的实时变化
"time is 2022 年 12 月 04 日 星期日 06:15:01 CST"
"time is 2022 年 12 月 04 日 星期日 06:18:01 CST"
"time is 2022 年 12 月 04 日 星期日 06:21:01 CST"
```

crontab -r 命令会删除当前用户的所有的 crontab 周期性任务。如果只想删除某一个周期任务，则可以使用 crontab -e 命令打开编辑窗口，并删除对应的任务行，具体操作这里不再演示。

微课

at 任务调度

2. at 命令和 batch 命令

使用 at 命令可以设置在指定的时间执行某个一次性任务。at 命令的基本语法如下。

```
at    [ -l ]  [ -f fname ]  [-d jobnumber ]  time
```

其中，-l 选项用于显示当前等待执行的 at 计划任务，相当于 atq 命令；-f 选项用于指定文件来保存执行计划任务所需的命令；-d 选项用于删除指定编号的计划任务，相当于 atm 命令；*time* 参数是计划任务的执行时间。

使用 at 命令会进入一个交互式的 Shell 环境，可输入需要执行的命令。可以输入多条命令，每输入一条命令按 Enter 键继续输入下一条命令。按【Ctrl+D】组合键可以退出 at 命令的交互环境。下面使用 at 命令创建一个计划任务，在当前时刻的 3 分钟后向 */tmp/at_test* 文件中写入一条信息，如例 4-11 所示。此例同时演示了查看 at 计划任务的方法。

例 4-11：at 命令的基本用法

```
[zys@centos7 ~]$ at  now  +3  minutes
at> echo  "time is 'date'" >> /tmp/at_test      // 这是要执行的命令
at> <EOT>      // 按【Ctrl+D】组合键退出交互环境
job 1 at Sun Dec  4 06:20:00 2022
[zys@centos7 ~]$ at  -l                          // 查看 at 计划任务，相当于 atq 命令
1  Sun Dec  4 06:20:00 2022  a  zys
[zys@centos7 ~]$ tail  -f  /tmp/at_test          // 观察文件 /tmp/at_test 的实时变化
time is 2022年 12月 04日 星期日 06:20:00 CST       // 只在指定时间执行一次
```

batch 命令和 at 命令的用法相同。不同之处在于，batch 设定的计划任务只有在 CPU 任务负载小于 80% 时才会执行。at 计划任务没有这个限制，只要到了指定的时间就会执行。因此，batch 多用于设置一些重要性不高或资源消耗较少的计划任务。这里不再给出 batch 的具体示例，可以参考前面的例子练习 batch 命令的用法。

 任务实施

实验：按秒执行的 crontab 周期性任务

学习完 crontab 周期性任务调度工具之后，小顾感觉这个工具很有意思，应该能在系统管理中发挥不小的作用。但是他发现一个问题，crontab 的最小调度单位是分钟，如果想每隔几秒执行一个任务，crontab 是不是无能为力呢？他向张经理请教了这个问题。张经理告诉他，crontab 本身确实无法以秒为单位执行计划任务，但如果把 crontab 计划任务和 Shell 脚本结合起来，就可以轻松解决这个问题。张经理向小顾演示了每隔 10 秒写入一行日志信息的操作，下面是张经理的操作步骤。

第 1 步，编写一个执行实际计划任务的 Shell 脚本，名为 *log.sh*。该脚本比较简单，只是向 */tmp/cron.log* 文件中写入一行日志信息，如例 4-12.1 所示。

例 4-12.1：按秒执行的 crontab 周期性任务——编写任务脚本

```
[zys@centos7 ~]$ vim  log.sh
#!/bin/bash
echo  "time is 'date'" >> /tmp/cron.log
```

第 2 步，编写一个触发 *log.sh* 执行的 Shell 脚本，名为 *cron.sh*。*cron.sh* 脚本中有一个 for 循环，连续调用 6 次 *log.sh* 脚本，每调用一次就使用 sleep 命令休眠 10 秒，如例 4-12.2 所示。

例 4-12.2：按秒执行的 crontab 周期性任务——编写触发脚本

```
[zys@centos7 bin]$ cat cron.sh
#!/bin/bash
waitsecs=10
for (( i=0;  i<60;  i=(i+waitsecs) ))
do
        sh /home/zys/log.sh
        sleep $waitsecs
done
```

第 3 步，将 *cron.sh* 加入 crontab 周期性计划任务，设置为每分钟执行一次，如例 4-12.3 所示。

例 4-12.3：按秒执行的 crontab 周期性任务——添加 crontab 周期性计划任务

```
[zys@centos7 ~]$ crontab -e
* * * * *  sh /home/zys/cron.sh        <== 设置为每分钟执行一次
```

第 4 步，使用 tail 命令跟踪日志文件，如例 4-12.4 所示。

例 4-12.4：按秒执行的 crontab 周期性任务——跟踪日志文件

```
[zys@centos7 ~]$ tail -f /tmp/cron.log
time is 2022 年 12 月 04 日 星期日 06:43:11 CST
time is 2022 年 12 月 04 日 星期日 06:43:21 CST
time is 2022 年 12 月 04 日 星期日 06:43:31 CST
```

从输出结果看，这个 crontab 周期性任务确实每隔 10 秒写入一行日志信息。但严格来说，它的执行间隔并不是 10 秒（实际上大于 10 秒），因为执行 *log.sh* 脚本也需要时间。如果对时间精度要求不高，则建议采用这种方法。

第 5 步，张经理向小顾演示了另一种实现该功能的方法。这种方法不使用触发脚本，而直接使用 crontab 设置计划任务，如例 4-12.5 所示。

例 4-12.5：按秒执行的 crontab 周期性任务——设置多个 crontab 周期性任务

```
[zys@centos7 ~]$ crontab -e
* * * * *  sh ~log.sh
* * * * *  sleep 10 ;  sh /home/zys/log.sh
* * * * *  sleep 20 ;  sh /home/zys/log.sh
* * * * *  sleep 30 ;  sh /home/zys/log.sh
* * * * *  sleep 40 ;  sh /home/zys/log.sh
* * * * *  sleep 50 ;  sh /home/zys/log.sh
```

第 6 步，再次使用 tail 命令跟踪日志文件，如例 4-12.6 所示。

例 4-12.6：按秒执行的 crontab 周期性任务——再次跟踪日志文件

```
[zys@centos7 ~]$ tail -f /tmp/cron.log
time is 2022 年 12 月 04 日 星期日 06:46:11 CST
time is 2022 年 12 月 04 日 星期日 06:46:21 CST
time is 2022 年 12 月 04 日 星期日 06:46:31 CST
time is 2022 年 12 月 04 日 星期日 06:46:41 CST
```

第 2 种方法的工作原理如下：crontab 同时启动多个 Bash 进程，但是每个 Bash 进程"错峰"执行（间隔 10 秒）。可以使用 ps 命令观察实际运行的 Bash 进程，如例 4-12.7 所示。相比于第 1 种方法，这种方法时间精度更高。

例 4-12.7：按秒执行的 crontab 周期性任务——跟踪 Bash 进程

```
[zys@centos7 ~]$ ps -ef | grep log.sh | grep -v grep
zys 14907 14892 0 06:49 ?    00:00:00 /bin/sh -c sleep 30 ; sh /home/zys/log.sh
zys 14909 14893 0 06:49 ?    00:00:00 /bin/sh -c sleep 20 ; sh /home/zys/log.sh
zys 14910 14890 0 06:49 ?    00:00:00 /bin/sh -c sleep 50 ; sh /home/zys/log.sh
zys 14911 14894 0 06:49 ?    00:00:00 /bin/sh -c sleep 10 ; sh /home/zys/log.sh
zys 14912 14891 0 06:49 ?    00:00:00 /bin/sh -c sleep 40 ; sh /home/zys/log.sh
```

想到自己还从没有编写过 Shell 脚本，小顾觉得张经理实在"神通广大"。他提醒自己学海无涯，唯有不断学习，方能"修成正果"。

知识拓展

和进程一样经常被提起的一个概念是线程。进程与线程的具体关系详见本书配套电子资源。

任务实训

本实训的主要任务是练习使用进程监控和管理的常用命令，切换前台任务和后台任务，以及设定计划调度任务。

【实训目的】

（1）理解进程的基本概念。

（2）熟练掌握进程监控和管理的常用命令。

（3）熟练掌握任务调度管理的两种方法。

【实训内容】

按照以下步骤完成进程管理和任务调度练习。

（1）使用 ps 命令查看系统当前的所有进程。

（2）使用 ps 命令查看当前登录用户的所有进程。

（3）使用 top 命令查看系统当前资源使用情况，每隔 5 秒刷新一次。

（4）编写一个 Shell 脚本，每隔 20 秒输出一条信息，连续执行 10 分钟。

（5）使用"&"符号执行以上脚本，将其放入后台运行。

（6）使用 jobs 命令查看后台任务信息。

（7）使用 fg 命令将后台任务调入前台运行。

（8）按【Ctrl+Z】组合键将任务放入后台，此时后台任务处于暂停状态。

（9）使用 bg 命令将后台任务转入运行状态继续运行。

（10）使用 kill 命令强行终止后台任务。

（11）使用 at 命令设定一个计划任务，在当前时间的 5 分钟后执行步骤（4）中编写的

Shell 脚本。

（12）使用 crontab 命令设定一个计划任务，在每年的 6 月 1 日 19 时 28 分（执行时间可自定义）执行步骤（4）中编写的 Shell 脚本。

任务 4.2　系统服务管理

任务陈述

本任务将学习 Linux 操作系统的启动和初始化过程，这是被很多人忽略的一个知识点。本任务首先介绍操作系统启动过程中的主要步骤及各步骤完成的功能；然后介绍两种主要的系统初始化工具，即 systemd 和 SysVinit，systemctl 是 systemd 的管理工具，在系统服务管理中发挥着重要的作用；最后详细介绍 systemctl 的常用操作。

4.2.1　系统启动和初始化过程

在正式学习本任务的内容前，先思考一个问题：按下开机电源键后，计算机到底经历了怎样的过程才能呈现出精美的桌面？换句话说，计算机是怎么启动的？操作系统又是如何运行的？学习完本任务，大家将能够初步了解 Linux 操作系统的启动和初始化过程，会对其中重要的步骤和工具有更深入的认识。

1. 系统启动过程

总的来说，Linux 操作系统的启动过程分为 4 步，分别是 BIOS 自检、启动引导程序、加载操作系统内核与操作系统初始化，如图 4-3 所示。

图 4-3　系统启动和初始化过程

（1）BIOS 自检

BIOS 是开机后计算机主动执行的第一个程序。BIOS 借助从 CMOS 中读取的硬件设备配置信息检查外围硬件设备是否能够正常工作，即加电自检（Power-On Self Test，POST）。

（2）启动引导程序

加电自检之后，BIOS 根据启动设备的顺序查找用于启动操作系统的驱动设备，如硬盘、U 盘或网络等，并从中读取启动引导程序（Boot Loader）。

（3）加载操作系统内核

启动引导程序最主要的功能是加载操作系统内核。启动引导程序把系统启动的控制权转交给内核，内核执行操作系统的第一个进程，从而开始操作系统的初始化过程。

（4）操作系统初始化

系统初始化工具负责操作系统的初始化工作，准备操作系统的运行环境，包括操作系统的主机名、网络设置、语言设置、文件系统格式及各种系统服务的启动等。

CentOS 从版本 7 开始使用 systemd 工具执行系统初始化操作。下面简要介绍 systemd 的特点。

2. systemd 的特点

（1）systemd 是常驻内存的守护进程，PID 为 1，因为其他的进程都是 systemd 的直接或间接子进程。

（2）systemd 并行启动系统服务，即同时启动多个互不依赖的系统服务。

（3）systemd 支持按需响应的服务启动方式。

（4）systemd 把系统服务定义为一个服务单元，每个单元都有对应的单元配置文件，相当于 SysVinit 中的服务脚本。

（5）systemd 兼容 SysVinit 启动脚本，仍然可以使用这些脚本启动系统服务。

systemd 已经成为各 Linux 发行版的系统初始化工具，因此下面主要介绍 systemctl 管理工具。

4.2.2　systemctl 管理工具

systemd 的管理工具只有 systemctl 命令，所有的管理任务都通过 systemctl 命令完成。因此对 Linux 进行服务管理的关键就是掌握 systemctl 命令的用法。限于篇幅，下面仅介绍使用 systemctl 命令管理服务单元的方法。systemctl 命令的基本语法如下。

```
systemctl  cmd  sername.service
```

其中，*sername* 是服务名，如 httpd.service、crond.service，可以省略服务扩展名，简写为 httpd、crond；*cmd* 是要执行的操作类型。systemctl 命令常用的操作及其含义如表 4-3 所示。

表 4-3 systemctl 命令常用的操作及其含义

操作	完整形式	含义
start	systemctl start *sername*.service	启动服务，可简写为 systemctl start *sername*，下同
stop	systemctl stop *sername*.service	停止服务
restart	systemctl restart *sername*.service	重启服务，即先停止服务再重新启动服务
reload	systemctl reload *sername*.service	重载服务，即在不重启服务的情况下重新加载服务配置文件使配置生效
enable	systemctl enable *sername*.service	将服务设置为开机自动启动
disable	systemctl disable *sername*.service	取消服务开机自动启动
list-unit-files	systemctl list-unit-files *sername*.service	查看服务是否开机自动启动

 任务实施

实验：systemctl 实践

systemd 的管理工具是 systemctl 命令。systemctl 命令功能强大，包含众多查询和管理子命令。小顾现在已开始接触这方面的工作，所以张经理让小顾认真研究 systemctl 命令的基本用法。张经理打算先带着小顾完成一个简单的实验，观察网络服务启停前后的变化。下面是张经理的操作步骤。

第 1 步，使用 systemctl 命令查看 network 单元信息，如例 4-13.1 所示。可以看到，network 单元已加载。

例 4-13.1：systemctl 实践——查看 network 单元信息

```
[zys@centos7 ~]$ systemctl  list-units  network.service
UNIT             LOAD       ACTIVE    SUB       DESCRIPTION
network.service  loaded     active    exited    LSB: Bring up/down networking
```

第 2 步，使用 status 子命令查看网络服务的状态，如例 4-13.2 所示。

例 4-13.2：systemctl 实践——查看网络服务的状态

```
[zys@centos7 ~]$ systemctl  status  network
● network.service - LSB: Bring up/down networking
   Loaded: loaded (/etc/rc.d/init.d/network; bad; vendor preset: disabled)
   Active: active (exited) since 日 2022-12-04 16:47:57 CST; 4min 13s ago
     Docs: man:systemd-sysv-generator(8)
  Process: 4534 ExecStop=/etc/rc.d/init.d/network stop (code=exited, status=0/
```

```
SUCCESS)
     Process: 4711 ExecStart=/etc/rc.d/init.d/network start (code=exited, status=0/
SUCCESS)
```

第 3 步，使用 ping 子命令测试本地环回地址 127.0.0.1，如例 4-13.3 所示。可以看到，ping 命令收到响应报文。有关 ping 命令的详细说明参见项目 5。

例 4-13.3： systemctl 实践——关闭网络服务前的测试

```
[zys@centos7 ~]$ ping 127.0.0.1
PING 127.0.0.1 (127.0.0.1) 56(84) bytes of data.
64 bytes from 127.0.0.1: icmp_seq=1 ttl=64 time=0.102 ms
64 bytes from 127.0.0.1: icmp_seq=2 ttl=64 time=0.039 ms
^C    <== 按【Ctrl+C】组合键结束命令的执行
```

第 4 步，使用 stop 子命令关闭网络服务，如例 4-13.4 所示。注意，这一步以 root 用户的身份执行操作。

例 4-13.4： systemctl 实践——关闭网络服务

```
[zys@centos7 ~]$ su - root
[root@centos7 ~]# systemctl stop network
[root@centos7 ~]# systemctl status network
● network.service - LSB: Bring up/down networking
   Loaded: loaded (/etc/rc.d/init.d/network; bad; vendor preset: disabled)
   Active: inactive (dead) since 日 2022-12-04 16:59:50 CST; 4s ago
     Docs: man:systemd-sysv-generator(8)
```

第 5 步，再次使用 ping 命令进行测试，如例 4-13.5 所示。这一次，ping 命令显示网络不可达。

例 4-13.5： systemctl 实践——关闭网络服务后的测试

```
[root@centos7 ~]# exit
[zys@centos7 ~]$ ping 127.0.0.1
connect: 网络不可达
```

第 6 步，使用 start 或 restart 子命令启动网络服务，如例 4-13.6 所示。

例 4-13.6： systemctl 实践——重启网络服务

```
[zys@centos7 ~]$ su - root
[root@centos7 ~]# systemctl restart network
[root@centos7 ~]# systemctl status network
● network.service - LSB: Bring up/down networking
   Loaded: loaded (/etc/rc.d/init.d/network; bad; vendor preset: disabled)
   Active: active (exited) since 日 2022-12-04 17:04:19 CST; 5s ago
     Docs: man:systemd-sysv-generator(8)
```

第 7 步，仍然使用 ping 命令进行测试，如例 4-13.7 所示。可以看到，重启网络服务后，ping 命令又成功收到回复。

例 4-13.7： systemctl 实践——重启网络服务后的测试

```
[root@centos7 ~]# exit
[zys@centos7 ~]$ ping 127.0.0.1
PING 127.0.0.1 (127.0.0.1) 56(84) bytes of data.
64 bytes from 127.0.0.1: icmp_seq=1 ttl=64 time=0.099 ms
64 bytes from 127.0.0.1: icmp_seq=2 ttl=64 time=0.056 ms
^C      <== 按【Ctrl+C】组合键结束命令的执行
```

知识拓展

一般使用的操作环境是图形用户界面，也就是 systemd 使用 graphical.target 创建的操作环境。可以使用 get-default 子命令查看当前的操作环境，使用 set-default 子命令切换操作环境，具体内容详见本书配套电子资源。

任务实训

本实训的主要任务是通过查询资料学习系统启动的主要步骤，练习使用 systemctl 工具管理系统服务的常用命令。

【实训目的】

（1）理解系统启动的主要步骤及其完成的功能。

（2）熟悉 systemctl 管理工具的常用操作。

【实训内容】

按照以下步骤完成系统服务管理练习。

（1）查阅资料研究系统启动的主要步骤及其完成的功能。

（2）使用 systemctl 管理工具查询系统当前已加载单元。

（3）使用 systemctl 管理工具查询指定状态的系统服务单元。

（4）使用 systemctl 管理工具查询所有单元文件。

（5）使用 systemctl 管理工具查询网络服务活动状态。

（6）使用 systemctl 管理工具停止网络服务。

（7）使用 systemctl 管理工具重启网络服务。

项目小结

本项目包含两个任务。任务 4.1 详细介绍了一个操作系统中非常重要的概念——进程。进程是程序运行后在内存中的表现形式，通过监控进程的运行可以了解系统当前的工作状态。此外，任务 4.1 介绍了常用的进程监控和管理命令，包括查询进程静态信息的 ps 命令和查询进程动态信息的 top 命令。任务调度管理是任务 4.1 的重点，包括进程的前后台切换及计划任务调度。任务 4.2 主要介绍了系统的启动过程和两种系统初始化管理工具。systemd 是 Linux 最新的初始化管理工具，与 SysVinit 相比，systemd 具有较大的改进和优化。systemctl 是 systemd 的管理工具，在系统服务管理中发挥着重要作用。

项目练习题

1. 选择题

（1）关于进程和程序的关系，下列说法错误的是（　　）。

    A. 进程就是运行在内存中的程序

    B. 进程存储在内存中，而程序存储在外部存储设备中

    C. 程序和进程一样，会经历一系列的状态变化

    D. 进程是动态的，程序是静态的

（2）下列（　　）命令可以详细显示系统的每一个进程。

    A. ps   B. ps –f   C. ps -ef   D. ps -fu

（3）ps 和 top 命令的主要区别是（　　）。

    A. ps 用于查看普通用户的进程信息，top 用于查看 root 用户的进程信息

    B. ps 用于查看常驻内存的系统服务，top 用于查看普通进程

    C. ps 用于查看进程详细信息，top 用于查看进程概要信息

    D. ps 用于查看进程静态信息，top 用于查看进程动态信息

（4）复制一个大文件 *bigfile* 到 */etc/oldfile*，则可以将其放入后台运行的命令是（　　）。

    A. cp bigfile /etc/oldfile #   B. cp bigfile /etc/oldfile &

    C. cp bigfile /etc/oldfile   D. cp bigfile /etc/oldfile @

（5）关于 top 命令的说法错误的是（　　）。

    A. top 命令可查看进程的动态信息，每 3 秒刷新一次

    B. top 命令只能查看系统进程信息，无法查看系统资源使用情况

    C. top 命令常用于查看系统的资源使用情况及各进程的详细使用信息

    D. 可以通过 -d 选项设置 top 命令的刷新间隔

（6）关于后台任务的说法正确的是（　　）。

    A. 通过 "&" 将任务放入后台，任务处于运行状态

    B. 使用 fg 命令可以使后台的进程继续运行

    C. 通过 "&" 将任务放入后台的效果和按【Ctrl+Z】组合键的效果相同

    D. 使用 bg 命令可以使后台的进程恢复到前台继续运行

（7）关于进程优先级的说法正确的是（　　）。

    A. 进程的优先级在进程创建时确定，运行时无法修改

    B. 进程的优先级可以修改，但是只有 root 用户能修改

    C. 普通用户可以修改自己创建的进程的优先级

D．普通用户可以把自己创建的进程调整为更高的优先级

（8）想要通过 kill 命令强制终止一个 PID 为 11270 的进程，正确的做法是（　　）。

A．kill -d 11270　　　　　　　　　　B．kill -l 11270

C．kill -f 11270　　　　　　　　　　D．kill -9 11270

（9）关于计划任务调度，下列说法正确的是（　　）。

A．at 命令用于设置周期调度任务

B．crontab 命令用于设置一次性调度任务

C．使用 crontab 命令设置计划任务时，最小的时间调度单位是分钟

D．使用 at 命令设置的计划任务只有在 CPU 负载比较低时才会执行

（10）在 Linux 操作系统启动过程中，完成加载设备驱动程序、挂载根文件系统等任务的是（　　）。

A．BIOS 自检　　　　　　　　　　　B．启动引导程序

C．加载操作系统内核　　　　　　　　D．操作系统初始化

（11）关于 Linux 初始化工具 systemd，下列说法错误的是（　　）。

A．systemd 不兼容 SysVinit 启动脚本，无法使用 SysVinit 脚本启动系统服务

B．systemd 并行启动系统服务，即同时启动多个互不依赖的系统服务

C．systemd 支持按需响应的服务启动方式，当有用户使用这个服务时就启动它

D．systemd 将系统服务定义为一个服务单元，每个单元都有对应的单元配置文件

2．填空题

（1）进程存储在_____中，而程序存储在_____中。

（2）常用于查看进程静态和动态信息的命令分别是_____和_____。

（3）要使程序以后台方式执行，只需在要执行的命令后加上一个_____符号，通过这种方式放入后台的进程处于_____状态。

（4）_____命令可以将后台的进程恢复到前台继续运行。

（5）如果想让后台暂停的进程重新开始运行，则可以使用_____命令。

（6）crontab 的配置文件中，时间调度单位分别是_____、_____、_____、_____和_____。

（7）配置一次性计划任务，可以使用_____和_____命令。

（8）Linux 操作系统的启动过程分为 4 步，分别是_____、_____、_____和_____。

（9）两种常见的 Linux 初始化工具是_____和_____。

（10）systemd 是常驻内存的守护进程，PID 为_____，其他所有的进程都是 systemd 的直接或间接子进程。

（11）使用 systemctl 管理服务时，启动、停止和重启服务的子命令分别是_____、_____和_____。

3. 简答题

（1）简述使用 crontab 和 at 命令进行任务调度的区别。

（2）简述 systemctl 管理服务的常用命令。

项目5
管理软件

学习目标

【知识目标】
· 了解Linux中软件管理的发展历程。
· 了解RPM的特点和不足。
· 了解YUM软件包管理器的工作原理和优势。

【能力目标】
· 熟练使用RPM进行软件查询。
· 熟练掌握配置YUM源的方法。
· 熟练使用YUM工具进行软件管理。

【素质目标】
· 培养团结互助的合作精神。
· 形成认真负责的行为习惯。

引例描述

公司的软件开发中心最近要启动一个大型研发项目，需要用到一些新的开发平台和软件。为配合好软件开发中心的研发工作，张经理计划提前在软件开发中心服务器上安装相关软件。这项工作难度不大，他打算让小顾负责。接到这个任务后，小顾忽然意识到自己前段时间忙于 Linux 其他知识的学习，还从未在 Linux 操作系统中安装或卸载过任何软件。小顾很想知道 Linux 操作系统和 Windows 操作系统在软件管理上有何不同，Linux 是不是也有类似 Windows 中的软件管理工具。小顾决定尽快掌握在 Linux 中管理软件的技能，这样如果以后自己需要安装软件，就不用请其他同事帮忙了。

任务 5.1　软件包管理器

任务陈述

　　经过多年的发展，在 Linux 操作系统中安装、升级或卸载软件已经变为一件非常简单方便的事情。Linux 发行版都提供了功能强大的软件包管理器协助用户高效管理软件。本任务将简述 Linux 中软件管理的发展历程，介绍 Linux 中常用的软件包管理器，并重点介绍 YUM 软件包管理器的配置和使用方法。

知识准备

5.1.1　认识软件包管理器

微课

认识软件包
管理器

　　作为计算机用户，安装、升级和卸载软件应该是常做的事情。在 Windows 操作系统中完成这些工作是非常容易的。以安装软件为例，只要有一个合适的软件安装包，基本上只要单击几次鼠标就能完成软件的安装。Linux 操作系统中的软件安装经历了长期的发展历程。

　　早期，Linux 软件开发者直接把软件源代码打包发送给用户，用户需要对源代码进行编译，生成二进制可执行文件后再使用软件。这种方式对普通 Linux 用户并不友好。后来，Linux 厂商将软件包发送给用户，降低了用户安装软件的难度。软件包由编译好的二进制可执行文件、配置文档及其他相关说明文档组成。Linux 发行版中有两种主流的软件包管理器，即 RPM 和 Deb。这个阶段的软件包管理器不能处理软件包的依赖关系，即自动下载和安装依赖的软件。高级软件包管理器，如 YUM 和 APT 等，能够解决这个问题，成为现如今用户管理软件的主流方式。

　　CentOS 使用 YUM 工具管理软件，所以本书主要介绍 YUM 工具的使用方法。对 APT 感兴趣的读者可以参考相关资料自行学习。

5.1.2　RPM

　　红帽软件包管理器（Red Hat Package Manager，RPM）是由 Red Hat 公司开发的一款软件包管理器，目前在各种 Linux 发行版中得到广泛应用，包括 Fedora、CentOS、SUSE 等。RPM 工具支持的软件包的文件扩展名是 ".rpm"，使用 RPM 工具管理软件包。其实有了 YUM 之后，RPM 工具的功能就被大大弱化了，所有的软件安装、升级和卸载工作都可以通过 YUM 完成。现在使用得最多的是 RPM 工具提供的查询功能。由于 YUM 基于 RPM，所以下面先来简单了解 RPM 工具的使用方法。

RPM 工具针对所有已安装的软件建立了一个本地软件数据库，作为后续软件升级和卸载的依据。本地软件数据库保存在目录 */var/lib/rpm* 中，RPM 本地数据库文件如例 5-1 所示。注意，千万不要手动修改或删除这些文件，否则很可能导致数据库文件和本地软件信息不一致。

例 5-1：RPM 本地数据库文件

```
[zys@centos7 ~]$ ls  -l  /var/lib/rpm
-rw-r--r--.   1    root    root    4280320    1月  9 10:48       Basenames
-rw-r--r--.   1    root    root      16384    12月 7 22:26       Conflictname
-rw-r--r--.   1    root    root     270336    1月 18 12:56       __db.001
[zys@centos7 ~]$ file  /var/lib/rpm/Basenames
/var/lib/rpm/Basenames: Berkeley DB (Btree, version 9, native byte-order)
```

RPM 使用的管理工具是 rpm 命令。使用 rpm 命令查询已安装软件的信息时，其基本语法如下。

```
rpm -q [ -a | -i | -l | -c | -d | -R | -f | -U | -F]  software_name
```

其中，-q 选项是必需的，根据所要查询的具体信息使用其他选项即可。使用 rpm 命令查询软件信息的方法如例 5-2 所示。

例 5-2：使用 rpm 命令查询软件信息

```
[zys@centos7 ~]$ rpm  -qa              // 查询所有已安装软件
libosinfo-1.1.0-2.el7.x86_64
libcacard-2.5.2-2.el7.x86_64
[zys@centos7 ~]$ rpm  -q  openssh      // 查询软件基本信息
openssh-7.4p1-21.el7.x86_64
[zys@centos7 ~]$ rpm  -qi  openssh     // 查询软件详细信息
Name       : openssh
Version    : 7.4p1
Release    : 21.el7
Architecture: x86_64
[zys@centos7 ~]$ rpm  -ql  openssh     // 查询软件的相关文件和目录
/etc/ssh
/etc/ssh/moduli
/usr/bin/ssh-keygen
```

另外，使用 rpm 命令的 -i 选项可以安装已下载的 RPM 软件包，使用 -U 和 -F 选项可以升级软件，具体操作这里不再演示。

5.1.3　使用 YUM 管理软件

使用 YUM 管理软件非常简单。配置好 YUM 源之后，基本上只要使用一条命令就能方便地安装、升级和卸载软件。下面先简单说明 YUM 源的基本概念及 YUM 源的相关配置文件。本任务的实验会详细介绍如何配置本地 YUM 源。

YUM 源包含整理好的软件清单和软件安装包，配置好 YUM 源之后，就可以从 YUM

源下载并安装软件了。可以把本地计算机作为本地 YUM 源，也可以配置一个网络 YUM 源，使用网络 YUM 源要求计算机能够连接互联网。配置 YUM 源的关键是在 YUM 配置文件中指明 YUM 源的地址。YUM 源的配置文件在目录 */etc/yum.repos.d* 中，其扩展名是 ".repo"，如例 5-3 所示。

例 5-3：YUM 源的配置文件

```
[zys@centos7 ~]$ su  -  root
[root@centos7 ~]# cd  /etc/yum.repos.d/
[root@centos7 yum.repos.d]# ls
CentOS-Base.repo         CentOS-fasttrack.repo       CentOS-Vault.repo
CentOS-CR.repo           CentOS-Media.repo           CentOS-x86_64-kernel.repo
CentOS-Debuginfo.repo    CentOS-Sources.repo
```

目录 */etc/yum.repos.d* 中包含多个 YUM 源的配置文件，分别对应不同类型 YUM 源的参考配置文件。默认情况下，YUM 使用的配置文件是 *CentOS-Base.repo*，打开该文件后可以看到其内容，如例 5-4 所示。

例 5-4：CentOS-Base.repo 文件的内容

```
[root@centos7 yum.repos.d]# cat  CentOS-Base.repo
# CentOS-Base.repo
[base]
name=CentOS-$releasever - Base
mirrorlist=http://mirrorlist.centos.org/?release=$releasever&arch=$basearch&repo=os&infra=$infra
#baseurl=http://mirror.centos.org/centos/$releasever/os/$basearch/
gpgcheck=1
gpgkey=file:///etc/pki/rpm-gpg/RPM-GPG-KEY-CentOS-7
...
```

其他几个配置文件的结构和该文件基本相同。下面简单介绍 YUM 配置文件的结构和常用的配置项。

① 以 "#" 开头的行是注释行。

② [base]：YUM 源的名称，一定要将其放在中括号中。配置文件中还有其他几个 YUM 源，基本上只要配置 base 这一项即可。

③ name：YUM 源的简短说明。

④ mirrorlist：YUM 源的镜像站点，这一行不是必需的，可以将其注释掉。

⑤ baseurl：YUM 源的实际地址，即 YUM 真正下载 RPM 软件包的地方。这是 YUM 最重要的配置之一，必须保证此处配置的 YUM 源可以正常使用。

⑥ enabled：表示 YUM 源是否生效。将 enabled 设为 1 表示 YUM 源生效，将 enabled 设为 0 表示 YUM 源不生效，也可以省略这一行。

⑦ gpgcheck：表示是否检查 RPM 软件包的数字签名。gpgcheck=1 表示检查，gpgcheck=0 表示不检查。

⑧ gpgkey：表示包含数字签名的公钥文件所在位置，这一行不需要修改，使用默认值即可。

需要说明的是，baseurl 默认配置的是 CentOS 的官方镜像站点，国内用户访问这些站点时一般速度比较慢，建议将其配置为国内比较常用的镜像站点。

YUM 软件包管理器使用 yum 命令管理软件。yum 命令的基本语法如下。

```
yum  list | info | install | update | remove  [software_name]
```

yum 命令的子命令表示具体的软件包管理操作，其功能说明如表 5-1 所示。

表 5-1　yum 子命令的功能说明

子命令	功能说明	子命令	功能说明
install	安装软件	update	升级软件
remove	卸载软件		
list	列出由 YUM 管理的所有软件，或者列出指定软件名的某款软件的详细信息，类似于 rpm -qa	info	查看指定软件的详细信息

任务实施

实验：配置本地 YUM 源

使用 yum 命令安装软件前，需要先配置可用的 YUM 源。许多大学和组织机构提供了 YUM 源，但是这要求计算机可以访问互联网。如果计算机没有联网，则可以使用本地光盘或操作系统镜像文件配置一个本地 YUM 源。考虑到软件开发中心服务器访问互联网有诸多限制，张经理决定使用之前安装 CentOS 7.6 时的 ISO 镜像文件配置 YUM 源。张经理告诉小顾，这个镜像文件中其实包含许多常用的软件包，完全可以作为本地 YUM 源使用。下面是张经理的操作步骤。

第 1 步，保证 ISO 镜像文件已加载到系统中并处于连接状态。如果处于未连接状态，则可以鼠标右键单击系统桌面右下角的 CD/DVD 图标，在弹出的快捷菜单中选择【连接】选项，连接 ISO 镜像文件，如图 5-1（a）所示。连接成功后会在桌面上出现一个 CD/DVD 的图标，

（a）　　　　　　　　　　　　（b）

图 5-1　连接 ISO 镜像文件及 CD/DVD 图标

如图 5-1（b）所示。

第 2 步，创建挂载目录 /mnt/centos7，将镜像文件挂载到这个目录，如例 5-5.1 所示。

例 5-5.1：配置本地 YUM 源——手动挂载 ISO 镜像文件

```
[root@centos7 ~]# mkdir  -p  /mnt/centos7
[root@centos7 ~]# mount  /dev/sr0  /mnt/centos7
mount: /dev/sr0 写保护，将以只读方式挂载
```

张经理提醒小顾，更好的做法是将 ISO 镜像文件设为自动挂载，此时需要在 /etc/fstab 文件中添加以下内容，如例 5-5.2 所示。挂载 ISO 镜像文件使用的文件系统是 ISO9660。

例 5-5.2：配置本地 YUM 源——自动挂载 ISO 镜像文件

```
[root@centos7 ~]# vim  /etc/fstab
/dev/cdrom  /mnt/centos7  iso9660  defaults  0  0
[root@centos7 ~]# mount  -a
[root@centos7 ~]# lsblk  -p | grep  centos7
/dev/sr0    11:0    1  9.5G  0 rom  /mnt/centos7
```

第 3 步，在目录 /etc/yum.repos.d 中仅保留 CentOS-Media.repo 文件，这是本地 YUM 源的参考文件。修改其他几个 YUM 源配置文件的扩展名并将其移动到备份目录中，如例 5-5.3 所示。

例 5-5.3：配置本地 YUM 源——修改 YUM 源配置文件的扩展名

```
[root@centos7 ~]# cd  /etc/yum.repos.d/
[root@centos7 yum.repos.d]# mkdir  bak
[root@centos7 yum.repos.d]# mv  *repo  bak
[root@centos7 yum.repos.d]# mv  bak/CentOS-Media.repo  .
[root@centos7 yum.repos.d]# ls
bak  CentOS-Media.repo
```

第 4 步，修改配置文件 CentOS-Media.repo，将配置项 baseurl 设置为镜像文件挂载目录，同时将 gpgcheck 和 enabled 分别修改为 0 和 1，如例 5-5.4 所示。

例 5-5.4：配置本地 YUM 源——修改 YUM 配置文件

```
[root@centos7 yum.repos.d]# vim  CentOS-Media.repo
[c7-media]
name=CentOS-$releasever - Media
baseurl=file:///mnt/centos7          <== 修改为实际镜像文件挂载目录
#       file:///media/cdrom/         <== 注释这一行
#       file:///media/cdrecorder     <== 注释这一行
gpgcheck=0          <== 修改为 0
enabled=1           <== 修改为 1
gpgkey=file:///etc/pki/rpm-gpg/RPM-GPG-KEY-CentOS-7
```

第 5 步，张经理以安装 bind 软件为例，向小顾演示如何使用 YUM 源方便地管理软件，如例 5-5.5 所示。这样，本地 YUM 源就配置并安装完成了。

例 5-5.5：配置本地 YUM 源——安装软件

```
[root@centos7 yum.repos.d]# yum  install  bind  -y
已安装：
  bind.x86_64 32:9.11.4-26.P2.el7
作为依赖被安装：
  python-ply.noarch 0:3.4-11.el7
完毕！
```

知识拓展

除了常规的软件管理外，YUM 还提供了软件群组管理的功能。YUM 根据软件的功能将软件分配到不同的软件群组中，可以一次性安装和卸载软件群组中的所有软件，具体内容详见本书配套电子资源。

任务实训

YUM 是 CentOS 7.6 中的高级软件包管理器，利用 YUM 可以方便地完成软件安装、升级和卸载等操作。本实训的主要任务是练习配置本地 YUM 源，并利用本地 YUM 源安装、升级和卸载 vsftpd 软件。

【实训目的】

（1）理解软件包管理器的作用和分类。

（2）掌握本地 YUM 源的配置方法。

（3）熟练使用 YUM 管理软件的常用命令。

【实训内容】

按照以下步骤完成 YUM 软件包管理器练习。

（1）将 CentOS 7.6 镜像文件挂载到目录 /mnt/centos_iso 中。

（2）配置本地 YUM 源。将配置文件 CentOS-Media.repo 中的 baseurl 配置项设置为挂载目录 /mnt/centos_iso，同时将 gpgcheck 和 enabled 分别修改为 0 和 1。

（3）使用 yum list 命令查看系统当前软件安装信息，使用 yum info 命令查看 vsftpd 软件的详细信息。

（4）使用 yum install 命令安装 vsftpd 软件。

（5）使用 yum update 命令升级 vsftpd 软件。

（6）使用 yum remove 命令卸载 vsftpd 软件。

任务 5.2 Linux 应用软件

任务陈述

完整的操作系统离不开高层应用程序的支持，Linux 操作系统同样如此。现如今，Linux 操作系统受到越来越多个人用户的喜爱，其中一个重要原因是各 Linux 发行版均提供了众多开源免费且功能强大稳定的应用软件。这些软件使用简单，比较容易上手，用户体验甚至可以和 Windows 操作系统中的常用软件相媲美。不同的 Linux 发行版默认安装的应用软件有所不同，本任务重点介绍 CentOS 7.6 中几类常用的应用软件，包括办公应用软件和互联网应用软件。

 知识准备

（右上角）微课　LibreOffice 简介

5.2.1　办公应用软件

这里主要以 LibreOffice 为例进行介绍。

微软公司的 Office 办公套件相信大家比较熟悉了。CentOS 7.6 中也有与之功能类似的 LibreOffice 办公套件。LibreOffice 包含六大组件，分别是 Writer（文字处理）、Calc（电子表格）、Impress（演示文稿）、Draw（矢量绘图）、Base（数据库）、Math（公式编辑器）。相比于其他办公应用软件，LibreOffice 具有以下几个显著优势，LibreOffice 开源免费、跨平台、支持多种语言、具有统一的用户操作界面。LibreOffice 主窗口如图 5-2 所示。

图 5-2　LibreOffice 主窗口

5.2.2　互联网应用软件

Linux 操作系统支持非常多的网络服务。下面介绍 CentOS 7.6 中常用的网络软件，包括 Web 浏览器软件 Firefox、邮件收发软件 Thunderbird 及几种下载软件。

1. Firefox 浏览器

Firefox（俗称"火狐"）浏览器是 CentOS 7.6 默认安装的 Web 浏览器软件。Firefox 浏览器由 Mozilla 基金会与开源团体共同合作开发，用户可以免费使用。Firefox 浏览器可以运行在多种操作系统中，如 Windows、Linux、macOS 等。选择【应用程序】→【互联网】→【Firefox】选项，即可打开 Firefox 窗口，如图 5-3 所示。

Firefox 浏览器是一个非常安全的 Web 浏览器，重视安全性和用户隐私保护。用户浏览网页时，Firefox 浏览器会实时检查网站 ID 以排查恶意网站，并通过不同颜色提醒用户。Firefox 提供隐私浏览的功能，可以在用户退出 Firefox 浏览器时清除浏览痕

图 5-3　Firefox 浏览器窗口

迹，不会在本地留下任何个人数据。Firefox 还可以通过沙盒安全模型限制网页脚本对用户数据的访问，从而保护用户信息安全。

2. Thunderbird

通过电子邮件系统，用户可以随时随地收发电子邮件。Thunderbird 是 Linux 操作系统中最受欢迎的邮件客户端软件之一。和 Firefox 浏览器一样，Thunderbird 也由 Mozilla 基金会推出。

Thunderbird 功能强大，支持 IMAP 和 POP 两种邮件协议及 HTML 邮件格式，具有快速搜索、自动拼写检查等功能。Thunderbird 具有较好的安全性，不仅提供垃圾邮件过滤、反"钓鱼"欺诈等功能，还为政府和企业应用场景提供更强的安全策略，包括 S/MIME、数字签名、信息加密等。

Thunderbird 使用起来简单方便，可在多种平台上运行。用户可以自定义 Thunderbird 的外观主题，选择需要的扩展插件。首次使用 Thunderbird 时需要添加邮件账户信息，如图 5-4 所示。设置好账户信息后即可进行邮件收发。Thunderbird 主窗口如图 5-5 所示。

图 5-4　添加邮件账户信息

图 5-5　Thunderbird 主窗口

3. 下载软件

（1）wget

wget 是 Linux 操作系统中使用最多的命令行下载管理器之一，使用 wget 可以下载一个文件、多个文件，也可以下载整个目录甚至整个网站。wget 支持 HTTP、HTTPS、文件传输协议（File Transfer Protocol，FTP），还可以使用 HTTP 代理。wget 是一个非交互式工具，因此可以很轻松地通过脚本、crontab 周期性计划任务和终端窗口调用。

使用 wget 下载单个文件时，只需提供文件的 URL，如例 5-6 所示。下载的文件默认以原始名称保存，使用 -O 选项可以指定输出文件名。wget 还支持断点续传功能，使用 -c 选项可以重新启动下载中断的文件，这里不再演示。

例 5-6： 使用 wget 下载文件

```
[zys@centos7 ~]$ wget  http://dangshi.people.com.cn/GB/437131/index.html
[zys@centos7 ~]$ ls  -l  index.html
-rw-rw-r--.  1  zys  zys  10755  3月 26 21:03  index.html
```

（2）curl

和 wget 类似，curl 也是一个被广泛使用的下载工具。但使用 curl 还可以上传文件，因此称 curl 为文件传输工具更合适。curl 支持的协议比 wget 支持的协议多，功能也非常强大，包括代理访问、用户认证、FTP 上传及下载、HTTP POST、SSL 连接、Cookie、断点续传等。Curl 的选项也较多，使用 curl 下载文件的方法如例 5-7 所示。其中，-o 选项的作用是指定输出文件名，与 wget 的 -O 选项的作用相同。

例 5-7： 使用 curl 下载文件

```
[zys@centos7 ~] $ curl http://dangshi.people.com.cn/GB/437131/index.html -o  dangshi.
html
[zys@centos7 ~] $ ls  -l  dangshi.html
-rw-rw-r--. 1 zys zys 10755 12月  4 18:45 dangshi.html
```

（3）FileZilla

FTP 是互联网中常用的文件传输服务，用于在不同的计算机之间传输文件。在 Linux 操作系统中，FileZilla 是一款开源的 FTP 软件，分为客户端版本和服务器版本，具备 FTP 软件的所有功能。FileZilla 操作界面清晰，可控性强，支持断点续传、文件名过滤、拖放等功能。图 5-6 所示为 FileZilla 客户端的工作界面。

图 5-6　FileZilla 客户端的工作界面

任务实施

实验：安装 LibreOffice

LibreOffice 是 Linux 操作系统中广泛使用的办公套件，但是 CentOS 7.6 没有预装 LibreOffice。为了方便软件开发中心的同事使用 LibreOffice 处理项目文档，张经理决定在软件开发服务器中安装 LibreOffice。下面是张经理的操作步骤。

第 1 步，创建 /download 目录，保存下载的 LibreOffice 软件，如例 5-8.1 所示。

例 5-8.1：安装 LibreOffice——创建下载目录并保存 LibreOffice 软件

```
[zys@centos7 ~]$ su - root
[root@centos7 ~]# mkdir /download
[root@centos7 ~]# cd /download
```

第 2 步，使用 wget 工具下载 LibreOffice 的软件包及中文用户界面辅助软件包，如例 5-8.2 所示。

例 5-8.2：安装 LibreOffice——下载软件包

```
[root@centos7 download]# wget
https://mirrors.nju.edu.cn/tdf/libreoffice/stable/7.0.5/rpm/x86_64/LibreOffice_7.0.5_
Linux_x86-64_rpm.tar.gz
[root@centos7 download]# wget
https://mirrors.nju.edu.cn/tdf/libreoffice/stable/7.0.5/rpm/x86_64/LibreOffice_7.0.5_
Linux_x86-64_rpm_langpack_zh-CN.tar.gz
[root@centos7 download]# ls
LibreOffice_7.0.5_Linux_x86-64_rpm_langpack_zh-CN.tar.gz
LibreOffice_7.0.5_Linux_x86-64_rpm.tar.gz
```

第 3 步，解压 LibreOffice 软件包到当前目录中，进入 RPMS 子目录，使用 YUM 工具进行安装，如例 5-8.3 所示。

例 5-8.3：安装 LibreOffice——解压并安装 LibreOffice 软件包

```
[root@centos7 download]# tar -zxf LibreOffice_7.0.5_Linux_x86-64_rpm.tar.gz
[root@centos7 download]# cd LibreOffice_7.0.5.2_Linux_x86-64_rpm/RPMS
[root@centos7 RPMS]# yum install *rpm -y
```

第 4 步，使用同样的方法解压并安装 LibreOffice 中文用户界面辅助软件包，如例 5-8.4 所示。

例 5-8.4：安装 LibreOffice——解压并安装 LibreOffice 中文用户界面辅助软件包

```
[root@centos7 RPMS]# cd /download
[root@centos7 download]# tar -zxf LibreOffice_7.0.5_Linux_x86-64_rpm_langpack_zh-CN.
tar.gz
[root@centos7 download]# cd LibreOffice_7.0.5.2_Linux_x86-64_rpm_langpack_zh-CN/RPMS
[root@centos7 RPMS]# yum install *rpm -y
```

至此，LibreOffice 办公套件安装完成。在【应用程序】→【办公】菜单中可以看到已安装的 LibreOffice 组件，如图 5-7 所示。

图 5-7　已安装的 LibreOffice 组件

知识拓展

　　经过近 30 年的发展，Linux 操作系统已经从一个"小众"的操作系统变成被多数人接受的操作系统，除了在企业市场被广泛应用外，越来越多的个人用户从 Windows 操作系统转向 Linux 操作系统。究其原因，除了 Linux 操作系统具有稳定、开源、免费等特点外，数量众多的应用软件也是促成这一转变的重要因素。几乎可以肯定地说，在 Linux 操作系统中总能找到一款让自己"动心"的软件。Linux 操作系统中的很多应用软件可以和 Windows 操作系统中的同类软件在功能、用户体验和性能上一较高下。其中既包括 Linux 厂商提供的优秀软件，又有众多第三方开发人员提供的优秀软件。最关键的是，很多优秀软件是开源的，单凭这一点就足以吸引很多用户。

任务实训

　　Linux 操作系统提供了大量优秀的应用软件供用户使用。本实训的主要任务是练习安装常见的应用软件，体验这些软件的使用方法，并与 Windows 操作系统中的同类软件进行比较。

【**实训目的**】

　　（1）练习安装 Linux 操作系统中常见的应用软件。

　　（2）掌握 LibreOffice 办公套件中 Writer、Calc 和 Impress 的基本用法。

　　（3）掌握 wget、curl 等下载工具的使用方法。

【**实训内容**】

按照以下步骤完成应用软件安装和使用练习。

（1）使用 wget 工具下载 LibreOffice 软件包。

（2）使用 curl 工具下载 LibreOffice 中文用户界面辅助软件包。

（3）安装 LibreOffice 软件包。

（4）安装 LibreOffice 中文用户界面辅助软件包。

（5）创建一个 LibreOffice Writer 文件，在其中添加文本、图片和表格等元素，并进行常规排版。

（6）创建一个 LibreOffice Calc 文件，录入数据并练习数据排序、筛选、统计和分析等操作。

（7）创建一个 LibreOffice Impress 文件，新建一个幻灯片母版，并利用该母版创建其他幻灯片。

项目小结

本项目和 Linux 操作系统中的软件相关。任务 5.1 主要介绍了 Linux 操作系统中软件管理的发展历程及相关的软件包管理器。从最初直接编译源代码，到现今使用 YUM 等高级软件包管理器，在 Linux 中管理软件已变得非常简单。RPM 在本地计算机系统中建立了一个软件数据库，用于记录已安装软件的相关信息，作为后续升级或卸载软件的基础。RPM 未解决软件包的依赖关系，即不能自动下载和安装依赖软件。YUM 基于 RPM，YUM 弥补了 RPM 的这一缺点。只要配置好 YUM 源，就可以使用简单的命令安装、升级和卸载软件。任务 5.2 主要介绍了 Linux 中几种常见的应用软件，包括 LibreOffice、Firefox 浏览器、Thunderbird 及几个下载工具。Linux 操作系统包含大量优秀的应用软件，这些软件稳定可靠、用户体验好，大大提高了 Linux 操作系统在个人用户中的接受程度。

项目练习题

1. 选择题

（1）关于通过编译源代码安装软件，下列说法错误的是（　　　　）。

　　A. 这是 Linux 早期的软件安装方式

　　B. 对于普通 Linux 用户来说，编译源代码不是一件轻松的事情

　　C. 编译源代码为用户提供了一定的自由度

　　D. 编辑源代码不需要考虑硬件平台差异，只要硬件支持即可

（2）关于 RPM，下列说法错误的是（　　　　）。

　　A. RPM 是由 Red Hat 公司开发的一款软件包管理器，应用广泛

  B．RPM 会在本地计算机系统中建立一个软件数据库

  C．RPM 解决了软件包之间的依赖关系，可以自动安装依赖的软件

  D．RPM 软件包一般会考虑软件的跨平台通用性

（3）rpm -i vsftpd 命令的作用是（　　　　）。

  A．查询软件包 vsftpd   B．安装软件包 vsftpd

  C．升级软件包 vsftpd   D．卸载软件包 vsftpd

（4）rpm -ql httpd 命令的作用是（　　　　）。

  A．查询软件 httpd 的所有文件和目录   B．查询软件 httpd 的详细信息

  C．查询软件 httpd 是否安装   D．查询软件 httpd 的说明信息

（5）下列关于 YUM 源的说法错误的是（　　　　）。

  A．YUM 源包含整理好的软件清单和软件安装包

  B．配置好 YUM 源之后，就可以从 YUM 源下载并安装软件

  C．YUM 源只能使用网络资源，本地计算机无法配置 YUM 源

  D．YUM 源配置文件的扩展名是 .repo

2．填空题

（1）一般来说，软件包包含编译好的_____、_____和_____。

（2）Linux 早期安装软件常用的方式是_____。

（3）RPM 使用的管理命令是_____，RPM 软件包的扩展名是_____。

（4）配置 YUM 源时，baseurl 配置项表示_____。

3．简答题

（1）简述 Linux 软件管理的发展历史。

（2）简述 RPM 和 YUM 软件包管理器的区别及联系。

项目6

配置网络、防火墙与远程桌面

06

学习目标

【知识目标】
· 了解网络配置的几种常用方法。
· 熟悉常用的网络命令。
· 了解使用VNC配置远程桌面的方法。
· 了解SSH服务器的配置方法。

【能力目标】
· 熟练掌握使用系统图形用户界面配置网络的方法。
· 熟练掌握通过网卡配置文件配置网络的方法。
· 掌握使用nmtui工具和nmcli命令配置网络的方法。
· 能够使用VNC软件配置远程桌面。
· 能够配置SSH服务器。

【素质目标】
· 树立维护国家网络安全的意识。
· 增强筑牢网络安全防线和坚守网络安全底线的意识。
· 培养构建健康网络空间的责任感和荣誉感。

引例描述

学习 Linux 这么久，小顾已经深深喜欢上了这种优秀的操作系统。尤其是对于 Shell 终端界面，小顾更是"爱不释手"。但是小顾内心其实一直有一个遗憾，使用了这么久的 Linux 操作系统，他还从未在其中上网、聊天、玩游戏。要知

道，这些可是小顾每天的"必修课"。那么，怎样才能让他的 Linux 虚拟机连接网络呢？Linux 的网络配置是否复杂呢？Linux 中有没有免费的即时聊天软件呢？能不能在 Linux 中畅快地玩游戏呢？带着这些疑问，小顾又一次走进了张经理的办公室。张经理告诉小顾，Linux 操作系统对网络的支持一点也不比 Windows 操作系统差。为了后面的工作需要，小顾现在可以开始学习如何配置 Linux 网络了。

任务 6.1　配置网络

任务陈述

有人说 Linux 操作系统就是为网络而生的。配置网络就是让一台 Linux 计算机能够与其他计算机通信，这是一个 Linux 系统管理员必须掌握的基本技能，也是后续进行网络服务配置的前提。本任务将介绍 4 种配置网络的方法，在实际的工作中，大家可以选择适合自己的配置方法。

知识准备

6.1.1　网络配置

本书的所有实验均基于 VMware 虚拟机，因此必须首先确定使用哪些网络连接方式。前文说过，VMware 提供了 3 种网络连接方式，分别是桥接模式、NAT 模式和仅主机模式，这 3 种方式有不同的应用场合。

（1）桥接模式。在这种模式下，物理机变为一台虚拟交换机，物理机的网卡与虚拟机的虚拟网卡利用虚拟交换机进行通信，物理机与虚拟机在同一网段中，虚拟机可直接利用物理网络访问外网。

（2）NAT 模式。在网络地址转换（Network Address Translation，NAT）模式下，物理机更像一台路由器，兼具 NAT 与 DHCP 服务器的功能。物理机为虚拟机分配不同于自己网段的 IP 地址，虚拟机必须通过物理机才能访问外网。

（3）仅主机模式。这种模式阻断了虚拟机与外网的连接，虚拟机只能与物理机相互通信。

下面以 NAT 模式为例，说明如何为 Linux 配置网络。

首先，为当前虚拟机选择 NAT 网络连接方式。在 VMware 中，选择【虚拟机】→【设置】选项，弹出【虚拟机设置】对话框，如图 6-1 所示。选择【网络适配器】选项，选中【NAT 模式：用于共享主机的 IP 地址】单选按钮，单击【确定】按钮。

其次，在 VMware 中，选择【编辑】→【虚拟网络编辑器】选项，弹出【虚拟网络编辑器】对话框，如图 6-2 所示。选中【NAT 模式（与虚

图 6-1　【虚拟机设置】对话框

拟机共享主机的 IP 地址）】单选按钮，单击【NAT 设置】按钮，弹出【NAT 设置】对话框，查看 NAT 的默认设置，如图 6-3 所示。

图 6-2 【虚拟网络编辑器】对话框

图 6-3 查看 NAT 的默认设置

这里需要大家记住【NAT 设置】对话框中的子网 IP 地址、子网掩码和网关 IP 地址，之后进行网络配置时会用到这些信息。

1. 图形用户界面网络配置

Linux 初学者适合使用图形用户界面配置网络，其操作比较简单。打开 CentOS 7.6，单击桌面右上角的快捷启动按钮，即带有声音和电源图标的部分，弹出【有线连接】下拉列表，如图 6-4 所示。因为现在还未正确配置网络，所以有线连接处于关闭状态。选择【有线设置】选项，进入网络系统设置界面，如图 6-5 所示。单击【有线】选项组中的齿轮按钮，设置有线网络，如图 6-6 所示。

图 6-4 【有线连接】下拉列表

图 6-5 网络系统设置界面

图 6-6 设置有线网络

在图 6-6 中，选择【IPv4】选项卡，设置 IP 地址获取方式为【手动】，分别设置地址、子网掩码、网关和 DNS。本例中将 IP 地址设置为 192.168.100.100，子网掩码和网关沿用图 6-3 中 NAT 的默认设置，DNS 设置和网关相同，均为 192.168.100.2，单击【应用】按钮保存设置。回到图 6-5 所示的界面，单击【有线】选项组中齿轮左侧的开关按钮，启用有线网络。

2. 网卡配置文件

在 Linux 操作系统中，所有的系统设置都保存在特定的文件中，因此，配置网络其实就是修改网卡配置文件。不同的网卡对应不同的配置文件，而配置文件的命名与网卡的来源有关。从 CentOS 7 开始，eno 代表由主板 BIOS 内置的网卡，ens 代表由主板 BIOS 内置的 PCI-E 接口网卡，eth 是默认的网卡编号。网卡配置文件名以 ifcfg 为前缀，位于目录 */etc/sysconfig/network-scripts* 中。可以通过 ifconfig -a 命令查看当前系统的默认网卡配置文件，这里的网卡配置文件名为 ifcfg-ens33。通过网卡配置文件配置网络的方法如例 6-1 所示。

例 6-1：通过网卡配置文件配置网络

```
[root@centos7 ~]# cd  /etc/sysconfig/network-scripts/
[root@centos7 network-scripts]# ls  ifcfg*
ifcfg-ens33  ifcfg-lo
[root@centos7 network-scripts]# vim  ifcfg-ens33    // 以 root 用户身份打开网卡配置文件
BOOTPROTO=none
ONBOOT=yes
IPADDR=192.168.100.100
PREFIX=24
GATEWAY=192.168.100.2
DNS1=192.168.100.2
[root@centos7 network-scripts]# systemctl  restart  network   // 重启网络服务
```

在例 6-1 中，有些配置项已经存在，有些配置项需要手动添加。其中，IPADDR 表示 IP 地址；PREFIX 表示网络前缀的长度，设置为 24 时表示子网掩码是 255.255.255.0；GATEWAY 和 DNS1 分别表示网关和 DNS 服务器，这里均设置为 192.168.100.2。编辑好网卡配置文件后需要使用 systemctl restart network 命令重启网络服务。

有经验的 Linux 系统管理员可能更喜欢通过修改网卡配置文件的方式来配置网络，因为这种方法最直接。但对于 Linux 初学者而言，这种方式很容易出错。尤其是在重启网络服务时，如果因为文件配置错误而无法正常重启服务，则排查这些错误往往要花费初学者很长时间。

> 微课
>
> 网卡配置文件
> 的其他参数

3. nmtui 配置工具

nmtui 是 Linux 操作系统提供的一个具有字符界面的文本配置工具，在终端窗口中，以 root 用户的身份使用 nmtui 命令即可进入网络管理器界面，如图 6-7 所示。

在 nmtui 的【网络管理器】界面中，通过键盘的上、下方向键可以选择不同的操作，通过左、右方向键可以在不同的功能区之间跳转。在【网络管理器】界面中，选择【编辑连接】选项后按 Enter 键，可以看到系统当前已有的网卡及操作列表，如图 6-8 所示。这里选择【ens33】选项并对其进行编辑操作，按 Enter 键后进入 nmtui 的【编辑连接】界面，如图 6-9 所示。

图6-7 网络管理器界面　　图6-8 网卡及操作列表　　　　图6-9 编辑连接界面

通过 nmtui 配置网络的主要操作都集中在【编辑连接】界面中。在【编辑连接】界面位置 1 的【自动】按钮处按 Space 键，将 IP 地址的配置方式设为【手动】；在位置 2 的【显示】按钮处按 Space 键，显示和 IP 地址相关的文本输入框，依次配置 IP 地址、网关和 DNS 服务器，相关配置信息如图 6-10 和图 6-11 所示，配置完成后，单击【确定】按钮，保存配置并退出 nmtui 工具。

图6-10 相关配置信息（1）　　　　　　　图6-11 相关配置信息（2）

虽然 nmtui 的操作界面不像图形用户界面那么清晰明了，但是熟悉相关操作之后，会发现 nmtui 是一个非常方便的网络配置工具。

4. nmcli 配置命令

下面介绍使用 nmcli 命令配置网络的方法。Linux 操作系统通过 NetworkManager 守护进程管理和监控网络设置，而 nmcli 命令可以控制 NetworkManager 守护进程。使用 nmcli 命令可以创建、修改、删除、激活和禁用网络连接，还可以控制和显示网络设备状态。使用 nmcli 命令查看系统当前的网络连接的方法如例 6-2 所示。

微课

网卡配置文件与nmcli命令

例 6-2：使用 nmcli 命令查看系统当前的网络连接

```
[root@centos7 ~]# nmcli connection show          // 查看网络连接
NAME    UUID                                    TYPE      DEVICE
ens33   08022a0d-ef2c-4360-86f5-fc45e01dd684    ethernet  ens33
virbr0  9d556c80-8f8c-4d0d-9468-f071638271d2    bridge    virbr0
[root@centos7 ~]# nmcli connection show ens33    // 查看指定网络连接
connection.id:                                  ens33
```

```
ipv4.method:                          manual
ipv4.dns:                             192.168.100.2
ipv4.addresses:                       192.168.100.100/24
ipv4.gateway:                         192.168.100.2
```

例 6-2 选取了关于 ens33 的一些重要参数，根据参数的名称和值可以很容易地推断出其含义。例如，ipv4.method 表示 IP 地址的获取方式，当前的设置是 manual（手动）；ipv4.addresses 表示 IP 地址和子网掩码长度。如果现在要将 IP 地址修改为 192.168.100.200，同时将 DNS 服务器改为 192.168.100.254，那么可以采用例 6-3 所示的方式。

例 6-3：修改网络连接

```
[root@centos7 ~]# nmcli connection modify ens33 \       // 换行继续输入
> ipv4.addresses 192.168.100.200/24 \
> ipv4.dns 192.168.100.254
[root@centos7 ~]# nmcli connection up ens33
```

注意，在例 6-3 中，因为完整的命令比较长，所以使用转义符 "\" 将命令换行继续输入。另外，例 6-3 中的 modify 操作只修改了网卡配置文件，要想使配置生效，还必须手动启用这些设置。现在来查看网卡配置文件，确认配置是否成功写入文件，如例 6-4 所示。nmcli 命令的功能比较强大，用法也比较复杂，感兴趣的读者可以通过 man 命令查看其更详细的用法说明。

例 6-4：查看网卡配置文件

```
[root@centos7 ~]# cat /etc/sysconfig/network-scripts/ifcfg-ens33
IPADDR=192.168.100.200
PREFIX=24
GATEWAY=192.168.100.2
DNS1=192.168.100.254
```

6.1.2　常用网络命令

Linux 系统管理员经常使用一些命令进行网络配置和调试，这些命令功能强大、使用简单。下面介绍几个 Linux 操作系统中常用的网络命令。

微课

Linux操作系统中常用的网络命令

1. ping 命令

ping 命令是最常用的测试网络连通性的工具之一。ping 命令向目的主机连续发送多个 ICMP 分组，记录目的主机能否正常响应及其响应时间。ping 命令的基本语法如下。其中，*dest_ip* 是目的主机的 IP 地址或域名。

```
ping [-c | -i | -s | -t | -w] dest_ip
```

ping 命令的基本用法如例 6-5 所示，目的主机分别为人民邮电出版社和教育部的官方网站服务器。需要注意的是，如果没有特殊设置，则 ping 命令会不停地发送数据包，因此需要手动终止 ping 命令，方法是按【Ctrl+C】组合键。另外，为保证虚拟机能连通外网，需要将虚拟机的 DNS 服务器设为 192.168.100.2，具体方法参见 6.1.1 节，这里不赘述。

例 6-5：ping 命令的基本用法

```
[zys@centos7 ~]$ ping  www.ptpress.com.cn
PING www.ptpress.com.cn (39.96.127.170) 56(84) bytes of data.
64 bytes from 39.96.127.170 (39.96.127.170): icmp_seq=1 ttl=128 time=30.2 ms
64 bytes from 39.96.127.170 (39.96.127.170): icmp_seq=2 ttl=128 time=28.0 ms
^C    <== 按【Ctrl+C】组合键手动终止 ping 命令
[zys@centos7 ~]$ ping  -c  3  www.moe.gov.cn    // 只发送 3 个 ICMP 分组
PING hcdnw101.gslb.v6.c.cdnhwc2.com (36.156.217.199) 56(84) bytes of data.
64 bytes from 36.156.217.199 (36.156.217.199): icmp_seq=1 ttl=128 time=11.9 ms
64 bytes from 36.156.217.199 (36.156.217.199): icmp_seq=2 ttl=128 time=13.5 ms
64 bytes from 36.156.217.199 (36.156.217.199): icmp_seq=3 ttl=128 time=12.6 ms
```

2. traceroute 命令

另一个经常用于测试网络连通性的命令是 traceroute。traceroute 命令向目的主机发送特殊的分组，并跟踪分组从源主机到目的主机的传输路径。traceroute 命令的基本用法如例 6-6 所示，目的主机为百度公司的官方网站服务器。

例 6-6：traceroute 命令的基本用法

```
[zys@centos7 ~]$ traceroute  www.baidu.com
traceroute to www.baidu.com (36.152.44.95), 30 hops max, 60 byte packets
 1  192.168.100.2 (192.168.100.2)  5.376 ms  5.288 ms  5.197 ms
 2  221.178.235.218 (221.178.235.218)  4.955 ms  5.263 ms  5.632 ms
```

3. netstat 命令

netstat 命令是一个综合的网络状态查询命令，可以查看系统开放的端口、服务及路由表等。netstat 命令的基本语法如下。

```
netstat [ -al -c | -l | -tl -u | -n | -r ]
```

如果要查询系统当前所有的 TCP 连接，直接显示 IP 地址，操作方法如例 6-7 所示。

例 6-7：netstat 命令的基本用法——查询 TCP 连接

```
[zys@centos7 ~]$ netstat  -ant
Active Internet connections (servers and established)
Proto Recv-Q Send-Q Local Address        Foreign Address       State
tcp      0      0  0.0.0.0:22345         0.0.0.0:*             LISTEN
tcp      0      0  192.168.122.1:53      0.0.0.0:*             LISTEN
```

如果想查询路由表，则使用 -r 选项即可，如例 6-8 所示。

例 6-8：netstat 命令的基本用法——查询路由表

```
[zys@centos7 ~]$ netstat  -r
Kernel IP routing table
Destination    Gateway        Genmask          Flags  MSS  Window  irtt  Iface
default        192.168.100.2  0.0.0.0          UG     0    0       0     ens33
192.168.0.0    0.0.0.0        255.255.255.0    U      0    0       0     ens33
192.168.122.0  0.0.0.0        255.255.255.0    U      0    0       0     virbr0
```

4. ifconfig 命令

ifconfig 命令可用于查看或配置 Linux 中的网络设备。ifconfig 命令的参数比较多，这里不展开介绍。下面仅演示使用 ifconfig 命令查看指定网络接口信息的方法，如例 6-9 所示。

例 6-9：ifconfig 命令的基本用法

```
[zys@centos7 ~]$ ifconfig  ens33      // 查看 ens33 网络接口的相关信息
ens33: flags=4163<UP,BROADCAST,RUNNING,MULTICAST>  mtu 1500
        inet 192.168.100.100  netmask 255.255.255.0  broadcast 192.168.100.255
        inet6 fe80::2c73:9d:1146:8f8b  prefixlen 64  scopeid 0x20<link>
        ether 00:0c:29:5d:e9:02  txqueuelen 1000  (Ethernet)
```

5. arp 命令

地址解析协议（Address Resolution Protocol，ARP）是根据 IP 地址获取物理地址（即 MAC 地址）的一种网络协议。IP 地址与物理地址的映射关系保存在计算机的 ARP 缓冲区中。使用 arp 命令可以显示 ARP 缓冲区的 ARP 条目，也可以删除或手动添加静态 ARP 条目。arp 命令的基本用法如例 6-10 所示。

例 6-10：arp 命令的基本用法

```
[zys@centos7 ~]$ arp        // 查询 ARP 条目
Address            HWtype   HWaddress           Flags   Mask    Iface
192.168.100.1      ether    00:50:56:c0:00:08   C               ens33
192.168.100.2      ether    00:50:56:e6:a1:9b   C               ens33
[zys@centos7 ~]$ su - root
[root@centos7 ~]# arp -d 192.168.100.1
[root@centos7 ~]# arp
Address            HWtype   HWaddress           Flags   Mask    Iface
192.168.100.2      ether    00:50:56:e6:a1:9b   C               ens33
```

6. nslookup 命令

nslookup 命令主要用于查询域名对应的 IP 地址等信息。nslookup 命令的基本用法如例 6-11 所示。Server 字段表示提供域名信息的 DNS 服务器，Address 字段表示域名对应的 IP 地址。

例 6-11：nslookup 命令的基本用法

```
[root@centos7 ~]# nslookup  www.ptpress.com.cn
Server:         192.168.100.2          <== DNS 服务器
Address:  192.168.100.2#53
Non-authoritative answer:              <== 非权威应答
Name: www.ptpress.com.cn
Address: 39.96.127.170                 <== 域名对应的 IP 地址
```

在日常的网络管理中，系统管理员经常使用这些命令进行网络配置和调试。限于篇幅，本小节只简单介绍了这些常用网络命令的基本用法。感兴趣的读者可以自行查询相关资料进行深入学习。

任务实施

实验：配置服务器网络

最近，软件开发中心购买了一台新的开发服务器，作为原开发服务器的备份。张经理为新机器安装了 CentOS 7.6。张经理让小顾通过网卡配置文件配置网络，下面是小顾的操作步骤。

第1步，登录到新开发服务器，在终端窗口中使用 su - root 命令切换到 root 用户。

第2步，使用 cd 命令切换到网卡配置文件所在目录 /etc/sysconfig/network-scripts。

第3步，使用 ifconfig -a 命令查看当前系统的默认网卡配置文件，这里的网卡配置文件名称为 ifcfg-ens33。

第4步，使用 vim 文本编辑器打开 ifcfg-ens33 文件，并添加相应内容，如例 6-12 所示。

例 6-12：修改网卡配置文件

```
[root@centos7 ~]# vim /etc/sysconfig/network-scripts/ifcfg-ens33
BOOTPROTO=none
ONBOOT=yes
IPADDR=192.168.100.100
PREFIX=24
GATEWAY=192.168.100.2
DNS1=192.168.100.2
```

第5步，使用 systemctl restart network 命令重启网络服务。

第6步，使用 ping 命令测试新开发服务器与原开发服务器间的连通性。

 知识拓展

使用网卡配置文件配置网络和使用 nmcli 命令配置网络非常相似，都是对某些网络参数进行赋值。这两种方式的对应关系详见本书配套电子资源。

 任务实训

为操作系统配置网络并保证计算机的网络连通性是每一个 Linux 系统管理员的主要工作之一。本实训的主要任务是练习通过不同的方式配置虚拟机网络，熟悉各种方式的操作方法。在桥接模式和 NAT 模式下分别为虚拟机配置网络并测试网络连通性。

【实训目的】

（1）掌握 Linux 操作系统中常见的网络配置方法。

（2）理解各种网络配置方法的操作要点及不同参数的含义。

（3）巩固网络配置的学习效果。

【实训内容】

按照以下步骤完成网络配置练习。

（1）登录到虚拟机，在终端窗口中使用 su - root 命令切换到 root 用户。

（2）使用 cd 命令切换到网卡配置文件所在目录 /etc/sysconfig/network-scripts。

（3）使用 ifconfig 命令查看当前系统的默认网卡配置文件。

（4）修改网卡配置文件，并添加相应内容。

（5）使用 systemctl restart network 命令重启网络服务。

（6）使用 ping 命令测试虚拟机与物理机间的连通性。

任务 6.2　配置防火墙

任务陈述

防火墙是提升计算机安全级别的重要机制，可以有效防止计算机遭受来自外部的恶意攻击和破坏。通过定义一组防火墙规则，防火墙可以对来自外部的网络流量进行匹配和分类，并根据规则决定是允许还是拒绝流量通过。firewalld 是 CentOS 7 及之后版本默认使用的防火墙。在本任务中，将介绍 firewalld 的基本概念、firewalld 的安装和启停、firewalld 的基本配置与管理。

知识准备

6.2.1　firewalld 的基本概念

firewalld 是一种支持动态更新的防火墙实现机制。firewalld 的动态性是指可以在不重启防火墙的情况下创建、修改和删除规则。firewalld 使用区域和服务来简化防火墙的规则配置。

1. 区域

区域包括一组预定义的规则。可以把网络接口（即网卡）和流量源指定到某个区域中，允许哪些流量通过防火墙取决于主机所连接的网络及用户为网络定义的安全级别。

微课

认识 firewalld

firewalld 预定义了 9 个区域，分别是丢弃区域、限制区域、隔离区域、工作区域、信任区域、外部区域、家庭区域、内部区域和公共区域。

2. 服务

服务是端口和协议的组合，表示允许外部流量访问某种服务需要配置的所有规则的集合。使用服务配置防火墙规则的最大好处就是可以减少配置工作量。在 firewalld 中放行一个服务，就相当于打开与该服务相关的端口和协议、启用数据包转发等功能，可以将多步操作集成到一条简单的规则中。

6.2.2　firewalld 的安装和启停

firewalld 在 CentOS 7.6 中是默认安装的。CentOS 7.6 还支持以图形用户界面的方式配置防火墙，即 firewall-config 工具，这个工具会默认安装。安装 firewalld 和 firewall-config 工具的方法如例 6-13 所示。

例 6-13：安装 firewalld 和 firewall-config 工具

```
[root@centos7 ~]# yum install firewalld -y        // 默认已安装
[root@centos7 ~]# yum install firewall-config -y  // 默认已安装
```

启动和停止 firewalld 时，将 firewalld 作为参数代入表 4-3 所示的命令中即可。例如，使用 systemctl restart firewalld 命令可以重启 firewalld 服务。

6.2.3 firewalld 的基本配置

配置 firewalld 可以使用 firewall-config 工具、firewall-cmd 命令和 firewall-offline-cmd 命令。在终端窗口中输入 firewall-config 命令，或者选择【应用程序】→【杂项】→【防火墙】选项，即可弹出【防火墙配置】对话框，如图 6-12 所示。

微课
firewalld 图形
用户配置界面

firewall-cmd 命令是 firewalld 提供的命令行接口，功能十分强大，可以完成各种规则配置。本任务主要介绍如何使用 firewall-cmd 命令配置防火墙规则。

图 6-12 【防火墙配置】对话框

1. 查看 firewalld 的当前状态和当前配置

（1）查看 firewalld 的当前状态

除了可以使用 systemctl status firewalld 命令查看 firewalld 的具体状态信息外，还可以使用 firewall-cmd 命令来快速查看 firewalld 的运行状态，如例 6-14 所示。

例 6-14：查看 firewalld 的运行状态

```
[root@centos7 ~]# firewall-cmd --state
running
```

（2）查看 firewalld 的当前配置

使用带 --list-all 选项的 firewall-cmd 命令可以查看默认区域的完整配置，如例 6-15 所示。

例 6-15：查看默认区域的完整配置

```
[root@centos7 ~] # firewall-cmd --list-all
public (active)
    interfaces: ens33
    services: ssh dhcpv6-client samba dns http ftp amanda-k5-client
```

如果想查看特定区域的信息，则可以使用 --zone 选项指定区域名。也可以专门查看区域某一方面的配置，如例 6-16 所示。

例 6-16：查看区域某一方面的配置

```
[root@centos7 ~]# firewall-cmd  --list-all  --zone=work          // 指定区域名
work
  target: default
  services: ssh dhcpv6-client
[root@centos7 ~]# firewall-cmd  --list-services                  // 只查看服务信息
ssh dhcpv6-client
[root@centos7 ~]# firewall-cmd  --list-services  --zone=public  // 组合使用
ssh dhcpv6-client http
```

2. firewalld 的两种配置模式

firewalld 的配置有运行时配置和永久配置（或持久配置）之分。运行时配置是指在 firewalld 处于运行状态时生效的配置，永久配置是 firewalld 重载或重启时应用的配置。在运行模式下进行的更改只在 firewalld 运行时有效，如例 6-17 所示。

例 6-17：修改运行时配置

```
[root@centos7 ~]# firewall-cmd  --add-service=http    // 只修改运行时配置
```

当 firewalld 重启时，其会恢复为永久配置。如果想让更改在 firewalld 下次启动时仍然生效，则需要使用 --permanent 选项。但即使使用了 --permanent 选项，这些修改也只会在 firewalld 下次启动后生效。使用 --reload 选项重载永久配置可以使永久配置立即生效并覆盖当前的运行时配置，如例 6-18 所示。

例 6-18：修改永久配置

```
[root@centos7 ~]# firewall-cmd  --permanent --add-service=http    // 修改永久配置
[root@centos7 ~]# firewall-cmd  --reload    // 重载永久配置
```

一种常见的做法是先修改运行时配置，验证修改正确后，再将修改提交到永久配置中。可以借助 --runtime-to-permanent 选项来实现这种需求，如例 6-19 所示。

例 6-19：先修改运行时配置，再将修改提交到永久配置中

```
[root@centos7 ~]# firewall-cmd  --add-service=http            // 只修改运行时配置
[root@centos7 ~]# firewall-cmd  --runtime-to-permanent        // 将修改提交到永久配置中
```

3. 基于服务的流量管理

服务是端口和协议的组合，合理地配置服务能够减少配置工作量，避免一些错误。

（1）使用预定义服务

使用服务管理网络流量最直接的方法就是把预定义服务添加到 firewalld 的
允许服务列表中，或者从允许服务列表中移除预定义服务，如例 6-20 所示。使
用 --add-service 选项可以将预定义服务添加到 firewalld 的允许服务列表中。如
果想从列表中移除某个预定义服务，则可以使用 --remove-service 选项。

微课

firewalld
服务配置

例 6-20：添加或移除预定义服务

```
[root@centos7 ~]# firewall-cmd  --list-services  // 查看当前的允许服务列表
ssh dhcpv6-client
[root@centos7 ~]# firewall-cmd  --permanent  --add-service=http
                                             // 添加预定义服务
[root@centos7 ~]# firewall-cmd  --reload      // 重载防火墙的永久配置
[root@centos7 ~]# firewall-cmd  --list-services
ssh dhcpv6-client http
```

（2）配置服务端口

每种预定义服务都有相应的监听端口，如 HTTP 服务的监听端口是 80，操作系统根据
端口号决定把网络流量交给哪个服务进行处理。如果想开放或关闭某些端口，则可以采用
例 6-21 所示的方法。

例 6-21：开放或关闭端口

```
[root@centos7 ~]# firewall-cmd  --list-ports
                   <== 当前没有配置
[root@centos7 ~]# firewall-cmd  --add-port=80/tcp
[root@centos7 ~]# firewall-cmd  --list-ports
80/tcp
[root@centos7 ~]# firewall-cmd  --remove-port=80/tcp
[root@centos7 ~]# firewall-cmd  --list-ports
```

4. 基于区域的流量管理

区域关联了一组网络接口和源 IP 地址，可以在区域中配置复杂的规则以管
理来自这些网络接口和源 IP 地址的网络流量。

微课

firewalld
区域配置

（1）查看可用区域

使用带 --get-zones 选项的 firewall-cmd 命令可以查看系统当前可用的区域，
但是不显示每个区域的详细信息。如果想查看所有区域的详细信息，则可以使用 --list-all-
zones 选项；也可以结合使用 --list-all 和 --zone 两个选项来查看指定区域的详细信息，如
例 6-22 所示。

例 6-22：查看指定区域的详细信息

```
[root@centos7 ~]# firewall-cmd  --get-zones
block dmz drop external home internal public trusted work
[root@centos7 ~]# firewall-cmd  --list-all-zones
block
  target: %%REJECT%%
  icmp-block-inversion: no
[root@centos7 ~]# firewall-cmd  --list-all  --zone=home
home
```

```
  target: default
  icmp-block-inversion: no
```

（2）修改指定区域的规则

如果没有特别说明，则 firewall-cmd 命令默认将修改的规则应用在当前活动区域中。要想修改其他区域的规则，则可以通过 --zone 选项指定区域名，如例 6-23 所示，其表示在 work 区域中放行 SSH 服务。

例 6-23：修改指定区域的规则

```
[root@centos7 ~]# firewall-cmd  --add-service=ssh  --zone=work
```

（3）修改默认区域

如果没有明确地把网络接口和某个区域关联起来，则 firewalld 会自动将其关联到默认区域。firewalld 启动时会加载默认区域的配置并激活默认区域。firewalld 的默认区域是 public，也可以修改默认区域，如例 6-24 所示。

例 6-24：修改默认区域

```
[root@centos7 ~]# firewall-cmd  --get-default-zone        // 查看当前默认区域
public
[root@centos7 ~]# firewall-cmd  --set-default-zone  work  // 修改默认区域
[root@centos7 ~]# firewall-cmd  --get-default-zone        // 再次查看当前默认区域
work
```

（4）关联区域和网络接口

网络接口关联到哪个区域，进入该网络接口的流量就适用于哪个区域的规则。因此，可以为不同区域制定不同的规则，并根据实际需要把网络接口关联到合适的区域，如例 6-25 所示。

例 6-25：关联区域和网络接口

```
[root@centos7 ~]# firewall-cmd  --get-active-zones        // 查看活动区域的网络接口
public
  interfaces: ens33
[root@centos7 ~]# firewall-cmd  --zone=work  --change-interface=ens33
```

也可以直接修改网络接口配置文件，在该文件中设置 ZONE 参数，将网络接口关联到指定区域，如例 6-26 所示。

例 6-26：修改网络接口配置文件，将网络接口关联到指定区域

```
[root@centos7 ~]# vim  /etc/sysconfig/network-scripts/ifcfg-ens33
ZONE=work
```

（5）创建新区域

除了 firewalld 内置的 9 个区域外，还可以创建新区域，如例 6-27 所示。可以像使用内置区域一样使用创建的新区域。

例 6-27：创建新区域

```
[root@centos7 ~]# firewall-cmd  --get-zones
block dmz drop external home internal public trusted work
[root@centos7 ~]# firewall-cmd  --permanent  --new-zone=myzone
```

```
[root@centos7 ~]# firewall-cmd  --reload
[root@centos7 ~]# firewall-cmd  --get-zones
block dmz drop external home internal myzone public trusted work
```

（6）配置区域的默认规则

当数据包与区域的所有规则都不匹配时，可以使用区域的默认规则处理数据包，包括接受（ACCEPT）、拒绝（REJECT）和丢弃（DROP）3 种处理方式。ACCEPT 表示默认接受所有数据包，除非数据包被某些规则明确拒绝；REJECT 和 DROP 默认拒绝所有数据包，除非数据包被某些规则明确接受。REJECT 会向源主机返回响应信息；DROP 则直接丢弃数据包，没有任何响应信息。

可以使用 --set-target 选项配置区域的默认规则，如例 6-28 所示。

例 6-28：配置区域的默认规则

```
[root@centos7 zones]# firewall-cmd  --permanent  --zone=work  --set-target=ACCEPT
[root@centos7 zones]# firewall-cmd  --reload
[root@centos7 zones]# firewall-cmd  --zone=work  --list-all
work
  target: ACCEPT
  icmp-block-inversion: no
```

（7）添加和删除流量源

流量源是指某一特定的 IP 地址或子网。可以使用 --add-source 选项把来自某一流量源的网络流量添加到某个区域中，这样即可将该区域的规则应用在这些网络流量上。例如，在工作区域中允许所有来自 192.168.100.0/24 子网的网络流量通过，删除流量源时使用 --remove-source 选项替换 --add-source 即可，如例 6-29 所示。

例 6-29：添加和删除流量源

```
[root@centos7 ~]# firewall-cmd  --zone=work  --add-source=192.168.100.0/24
[root@centos7 ~]# firewall-cmd  --runtime-to-permanent
[root@centos7 ~]# firewall-cmd  --zone=work  --remove-source=192.168.100.0/24
```

（8）添加和删除源端口

根据流量源端口对网络流量进行分类处理也是比较常见的做法。使用 --add-source-port 和 --remove-source-port 两个选项可以在区域中添加和删除源端口，以允许或拒绝来自某些端口的网络流量通过，如例 6-30 所示。

例 6-30：添加和删除源端口

```
[root@centos7 ~]# firewall-cmd  --zone=work  --add-source-port=3721/tcp
[root@centos7 ~]# firewall-cmd  --zone=work  --remove-source-port=3721/tcp
```

（9）添加和删除协议

可以根据协议来决定是接受还是拒绝使用某种协议的网络流量。常见的协议有 TCP、UDP、ICMP 等。在内部区域中添加 ICMP 即可接受来自对方主机的 ping 测试，如例 6-31 所示。

例 6-31：添加和删除 ICMP

```
[root@centos7 ~]# firewall-cmd  --zone=internal  --add-protocol=icmp
[root@centos7 ~]# firewall-cmd  --zone=internal  --remove-protocol=icmp
```

firewalld 会按照以下顺序进行处理，以确定对接收到的网络流量具体使用哪个区域的规则。

① 网络流量的源地址。

② 接收网络流量的网络接口。

③ firewalld 的默认区域。

也就是说，如果按照网络流量的源地址可以找到匹配的区域，则将其交给相应的区域进行处理；如果没有匹配的区域，则查看接收网络流量的网络接口所属的区域；如果没有明确配置，则交给 firewalld 的默认区域进行处理。

 任务实施

实验：配置服务器防火墙

前段时间，张经理为开发服务器配置好了网络。最近，小顾听到部分开发人员反映开发服务器安全性不高，经常受到外部网络的攻击。小顾将这一情况反馈给张经理。张经理告诉小顾，不对服务器进行安全设置确实是一种非常"不专业"的做法。为了提高开发服务器的安全性，保证软件项目资源不被非法获取和恶意破坏，张经理决定使用 CentOS 7.6 自带的 firewalld "加固"开发服务器。下面是张经理的操作步骤。

第 1 步，登录到开发服务器，在终端窗口中使用 su - root 命令切换到 root 用户。

第 2 步，将 firewalld 的默认区域修改为工作区域，如例 6-32.1 所示。

例 6-32.1：配置服务器防火墙——查看并修改默认区域

```
[root@centos7 ~]# firewall-cmd  --get-default-zone          // 查看当前默认区域
public
[root@centos7 ~]# firewall-cmd  --set-default-zone  work     // 修改默认区域
```

第 3 步，关联开发服务器的网络接口和工作区域，并把工作区域的默认处理规则设为拒绝，如例 6-32.2 所示。

例 6-32.2：配置服务器防火墙——关联开发服务器的网络接口和工作区域并设置默认处理规则

```
[root@centos7 ~]# firewall-cmd  --zone=work  --change-interface=ens33
[root@centos7 ~]# firewall-cmd  --permanent  --zone=work  --set-target=REJECT
```

第 4 步，考虑到开发人员经常使用 FTP 服务上传和下载项目文件，张经理决定在防火墙中放行 FTP 服务，如例 6-32.3 所示。

例 6-32.3：配置服务器防火墙——放行 FTP 服务

```
[root@centos7 ~]# firewall-cmd --list-services
ssh dhcpv6-client
[root@centos7 ~]# firewall-cmd --zone=work --add-service=ftp      // 放行 FTP 服务
[root@centos7 ~]# firewall-cmd --list-services
ssh dhcpv6-client ftp
```

第 5 步，允许源于 192.168.62.0/24 子网的流量通过，即添加流量源，如例 6-32.4 所示。

例 6-32.4：配置服务器防火墙——添加流量源

```
[root@centos7 ~]# firewall-cmd --zone=work --add-source=192.168.62.0/24
```

第 6 步，将运行时配置添加到永久配置中，如例 6-32.5 所示。

例 6-32.5：配置服务器防火墙——将运行时配置添加到永久配置中

```
[root@centos7 ~]# firewall-cmd --runtime-to-permanent
```

做完这个实验，张经理叮嘱小顾，对服务器的安全管理"永远在路上"，不能有丝毫松懈。张经理又向小顾详细讲解了安全风险的复杂性和多样性。张经理告诉小顾，应对安全风险最好的办法就是提高自身应对风险的能力，这就是"打铁还需自身硬"蕴含的道理。虽然小顾还不能完全理解张经理的深意，但他分明感觉肩上多了一份沉甸甸的责任……

知识拓展

firewalld 还提供了一些更高级的功能，如 IP 地址伪装和端口转发等，具体内容详见本书配套电子资源。

任务实训

随着计算机网络技术的迅速发展和普及，计算机受到的安全威胁越来越多，信息安全也越来越受人们重视。防火墙是提高计算机安全等级，减少外部恶意攻击和破坏的重要手段。

【**实训目的**】

（1）理解防火墙的重要作用和意义。

（2）熟悉 firewalld 的基本概念和常用配置命令。

【**实训内容**】

在本任务中，将对一台安装了 CentOS 7.6 的虚拟机配置 firewalld，具体要求如下。

（1）将 firewalld 的默认区域设为内部区域。

（2）关联虚拟机的网络接口和默认区域，并将默认区域的默认处理规则设为接受。

（3）在防火墙中放行 DNS 和 HTTP 服务。

（4）允许所有 ICMP 类型的网络流量通过。

（5）允许源端口是 2046 的网络流量通过。

（6）将运行时配置添加到永久配置中。

任务 6.3　配置远程桌面

任务陈述

经常使用 Windows 操作系统的用户非常熟悉远程桌面。启用远程桌面功能后，可以在一台本地计算机（远程桌面客户端）中控制网络中的另一台计算机（远程桌面服务器），并在其中执行各种操作，就像使用本地计算机一样。Linux 操作系统为计算机网络提供了强大的支持，当然也包含远程桌面功能。本任务将介绍两种在 Linux 操作系统中实现远程桌面连接的方法。

知识准备

6.3.1　VNC 远程桌面

1. VNC 工作流程

虚拟网络控制台（Virtual Network Console，VNC）是一款非常优秀的远程控制软件。从工作原理上讲，VNC 主要分为两部分，即 VNC Server（VNC 服务器）和 VNC Viewer（VNC 客户端），其工作流程如下。

（1）用户从 VNC 客户端发起远程连接请求。

（2）VNC 服务器收到 VNC 客户端的请求后，要求 VNC 客户端提供远程连接密码。

（3）VNC 客户端输入密码并提交给 VNC 服务器验证。

（4）VNC 服务器验证密码的合法性及 VNC 客户端的访问权限。

（5）通过 VNC 服务器的验证后，VNC 客户端请求 VNC 服务器显示远程桌面环境。

（6）VNC 服务器利用 VNC 通信协议将桌面环境传送至 VNC 客户端，并允许 VNC 客户端控制 VNC 服务器的桌面环境及输入设备。

VNC 的工作流程如图 6-13 所示。

2. 启动 VNC 服务

需要先安装 VNC 服务器软件才能启动 VNC 服务，

图 6-13　VNC 工作流程

具体安装方法参见本任务的【任务实施】部分的实验 1。在终端窗口中启动 VNC 服务的命令语法如下。

```
vncserver ：桌面号
```

微课

VNC 服务器为每个 VNC 客户端分配一个桌面号，编号从 1 开始。注意，vncserver 命令和冒号之间有空格。如果要关闭 VNC 服务，则可以使用 -kill 选项，如 "vncserver -kill：桌面号"。

配置VNC远程桌面

VNC 服务器使用的 TCP 端口号从 5900 开始。桌面号 1 对应的端口号为 5901（5900+1），桌面号 2 对应的端口号为 5902，以此类推。可以使用 netstat 命令检查某个桌面号对应的端口是否处于监听状态。

使用 VNC 服务时，还需要安装 VNC 客户端，如 RealVNC。具体使用方法参见本任务的【任务实施】部分的实验 1。

6.3.2　OpenSSH

1. SSH 服务

常见的网络服务协议，如 FTP 和远程登录协议 Telnet 等都是不安全的网络协议。一方面是因为这些协议在网络中使用明文传输数据；另一方面，这些协议的安全验证方式存在缺陷，很容易受到中间人攻击。所谓的中间人攻击，可以理解为攻击者在通信双方之间安插一个"中间人"（一般是计算机）的角色，由中间人进行信息转发，从而实现信息篡改或信息窃取，如图 6-14 所示。

图 6-14　中间人攻击

安全外壳（Secure Shell，SSH）协议是专为提高网络服务的安全性而设计的安全协议。使用 SSH 协议提供的安全机制，可以对数据进行加密传输，有效防止在远程管理过程中出现的信息泄露问题。另外，使用 SSH 协议传输的数据是经过压缩的，可以提高数据的传输速度。

SSH 服务由客户端和服务器两部分组成。SSH 服务在客户端和服务器之间提供了两种级别的安全验证。第 1 种级别是基于口令的安全验证，SSH 客户端只要知道服务器的账号和密码就可以登录到远程服务器。这种安全验证方式可以实现数据的加密传输，但是不能防止中间人攻击。第 2 种级别是基于密钥的安全验证，这要求 SSH 客户端创建一对密钥，即公钥和私钥。详细的密钥验证原理这里不展开讨论。

配置 SSH 服务器时要考虑是否允许以 root 用户身份进行登录。root 用户权限太大，可以修改 SSH 配置文件以禁止 root 用户登录 SSH 服务器，降低系统安全风险。

2. OpenSSH

微课

配置
OpenSSH
服务器

OpenSSH 是一款开源的 SSH 软件，基于 SSH 协议实现数据加密传输。OpenSSH 在 CentOS 7.6 中是默认安装的。OpenSSH 的守护进程是 sshd，主配置文件为 */etc/ssh/sshd_config*。使用 OpenSSH 自带的 ssh 命令可以访问 SSH 服务器。ssh 命令的基本语法如下。

```
ssh [ -p port ] username@ip_address
```

其中，*username* 和 *ip_address* 分别表示 SSH 服务器的用户名和 IP 地址。如果不指定 *port* 参数，则 ssh 命令使用 SSH 服务的默认监听端口，即 TCP 的 22 号端口，可以在 SSH 主配置文件中修改此端口，以免受到攻击。

任务实施

实验 1：配置 VNC 远程桌面

自从部署好开发服务器，小顾就经常和张经理到公司机房中进行各种日常维护。小顾想知道能不能远程连接开发服务器，这样就能在办公室完成日常维护工作。张经理本来也有这个打算，所以就利用这个机会向小顾演示了如何配置开发服务器的远程桌面。张经理先指导小顾在 CentOS 7.6 中完成实验，再到开发服务器中进行部署。虚拟机的网络连接方式是 NAT 模式，IP 地址为 192.168.100.100。下面是张经理的操作步骤。

第 1 步，在 CentOS 7.6 中安装 VNC 服务器软件，如例 6-33.1 所示。

例 6-33.1：配置 VNC 远程桌面——安装 VNC 服务器软件

```
[root@centos7 ~]# yum install tigervnc-server -y    // 安装 VNC 服务器软件
```

第 2 步，启用 VNC 服务，开放 1 号桌面，使用 netstat 命令检查桌面 1 对应的 TCP 端口是否处于监听状态，如例 6-33.2 所示。

例 6-33.2：配置 VNC 远程桌面——启用 VNC 服务

```
[root@centos7 ~]# vncserver :1
Password:     <== 设置 VNC 密码
Verify:       <== 确认设置 VNC 密码
Would you like to enter a view-only password (y/n)? n    <== 输入 n
[zys@centos7 ~]$ netstat -an | grep 5901
tcp    0    0    0.0.0.0:5901         0.0.0.0:*          LISTEN
tcp6   0    0    :::5901              :::*               LISTEN
```

第 3 步，关闭防火墙。VNC 远程连接可能因为防火墙的限制而失败，这里先简单地关闭防火墙以保证 VNC 远程连接成功，如例 6-33.3 所示。

例 6-33.3：配置 VNC 远程桌面——关闭防火墙

```
[root@centos7 ~]# systemctl stop firewalld         // 关闭防火墙
```

```
[root@centos7 ~]# firewall-cmd  --state          // 查询防火墙状态
not running       <== 防火墙已关闭
```

这样就完成了 VNC 服务器的安装和配置，下面要在 VNC 客户端上通过 RealVNC 软件测试 VNC 远程连接。张经理将物理机作为 VNC 客户端，并提前在物理机中安装了 RealVNC 软件。

第 4 步，运行 RealVNC 软件，输入 VNC 服务器的 IP 地址和桌面号，单击【Connect】按钮，发起 VNC 远程连接，如图 6-15 所示。

第 5 步，在弹出的对话框中输入 VNC 远程连接密码，单击【OK】按钮，如图 6-16 所示。

图 6-15　发起 VNC 远程连接

图 6-16　输入 VNC 远程连接密码

如果密码验证通过，则可以进入 CentOS 桌面，即 VNC 远程连接成功，如图 6-17 所示。单击窗口上方工具栏中的【关闭连接】按钮即可结束 VNC 远程连接。

张经理告诉小顾，配置 VNC 服务器不涉及配置文件，因此过程比较简单。下面要介绍的配置 OpenSSH 服务器的操作会相对困难一些，需要格外小心。

图 6-17　VNC 远程连接成功

实验 2：配置 OpenSSH 服务器

本实验需要使用两台安装了 CentOS 7.6 的虚拟机分别作为 SSH 服务器和客户端，主机名分别为 sshserver 和 sshclient，IP 地址分别为 192.168.100.100 和 192.168.100.110，网络连接方式采用 NAT 模式。张经理向小顾演示了基于口令的 SSH 安全验证方式。下面是张经理的操作步骤。

第 1 步，在 SSH 服务器上启用 SSH 服务并关闭防火墙，如例 6-34.1 所示。

例 6-34.1：配置 OpenSSH 服务器——启用 SSH 服务并关闭防火墙

```
[root@sshserver ~]# systemctl  restart  sshd        // 启用 SSH 服务
[root@sshserver ~]# netstat -an | grep :22        // 检查 SSH 监听端口
tcp    0    0    0.0.0.0:22          0.0.0.0:*          LISTEN
tcp6   0    0    :::22               :::*               LISTEN
[root@sshserver ~]# systemctl  stop  firewalld
```

第 2 步，在 SSH 客户端中访问 SSH 服务，如例 6-34.2 所示。张经理告诉小顾，基于口令的安全验证基本上不需要配置，直接启用 SSH 服务即可（可能需要设置防火墙）。但这种做法其实非常不安全，因为 root 用户的权限太大，以 root 用户的身份远程访问 SSH 服务会给 SSH 服务器带来一定的安全隐患。

例 6-34.2：配置 OpenSSH 服务器——访问 SSH 服务

```
[zys@sshclient ~]$ ssh  root@192.168.100.100
Are you sure you want to continue connecting (yes/no)? yes     <== 确认
root@192.168.100.100's password:        <== 输入密码
Last login: Sun Dec  4 14:08:03 2022
[root@sshserver ~]# exit     // 退出远程登录
登出
[zys@sshclient ~]$
```

第 3 步，修改 SSH 主配置文件，禁止以 root 用户的身份访问 SSH 服务，同时修改 SSH 服务的监听端口，如例 6-34.3 所示。注意，修改 SSH 主配置文件之后一定要重启 SSH 服务。

例 6-34.3：配置 OpenSSH 服务器——修改 SSH 主配置文件

```
[root@sshserver~]# cat  /etc/ssh/sshd_config
Port 22345              <== 修改 SSH 服务默认的监听端口为 22345
PermitRootLogin  no     <== 禁止 root 用户使用 SSH 服务
```

第 4 步，重启 SSH 服务，如例 6-34.4 所示。重启 SSH 服务前先使用 semanage 命令修改 SELinux 默认目录的安全上下文。张经理提醒小顾要记得使用 netstat 命令检查 SSH 服务端口是否处于监听状态。

例 6-34.4：配置 OpenSSH 服务器——重启 SSH 服务

```
[root@sshserver ~]# semanage  port  -a -t ssh_port_t -p tcp 22345
[root@sshserver ~]# systemctl  restart  sshd
[root@sshserver ~]# netstat -an | grep :22345
tcp    0    0    0.0.0.0:22345        0.0.0.0:*          LISTEN
tcp6   0    0    :::22345             :::*               LISTEN
```

第 5 步，使用 ssh 命令默认访问 SSH 服务，但是这一次要使用 -p 选项指定新的 SSH 监听端口，如例 6-34.5 所示。此例中前两次连接都以失败告终，张经理让小顾根据错误提示分析失败的具体原因。第 3 次以软件开发中心负责人用户 ss 的身份发起连接，且指定远程端口为 22345，结果显示连接成功。

例 6-34.5：配置 OpenSSH 服务器——指定端口访问 SSH 服务

```
[zys@sshclient ~]# ssh  root@192.168.100.100
ssh: connect to host 192.168.100.100 port 22: Connection refused    <== 连接 22 号端口被
拒绝
[zys@sshclient ~]$ ssh  root@192.168.100.100  -p  22345
root@192.168.100.100's password:  <== 输入密码
Permission denied, please try again.  <== 访问被拒绝
[zys@sshclient ~]$ ssh  ss@192.168.100.100  -p  22345
ss@192.168.100.100's password:       <== 输入密码
[ss@sshserver ~]$ exit
[zys@sshclient ~]$
```

知识拓展

SSH 服务还提供了基于密钥的安全验证方式，这样在登录 SSH 服务器时不用每次都输入密码，具体配置方法详见本书配套电子资源。

任务实训

利用远程桌面可以连接到 Linux 服务器进行各种操作。本实训的主要任务是配置 VNC 远程桌面和 OpenSSH 服务器，远程连接到安装 CentOS 7.6 的虚拟机。

【实训目的】

（1）理解远程桌面的基本概念和用途。

（2）理解 VNC 的工作机制。

（3）理解 SSH 服务的两种安全验证方式。

【实训内容】

按照以下步骤完成远程桌面连接练习。

（1）准备一台安装了 CentOS 7.6 的虚拟机作为远程桌面服务器。配置虚拟机服务器网络，保证虚拟机和物理机网络连通。

（2）在终端窗口中使用 su - root 命令切换到 root 用户，配置 YUM 源，安装 VNC 服务器软件。

（3）启用 VNC 服务，使用 netstat 命令查看相应端口是否处于监听状态。

（4）使用物理机作为 VNC 客户端，在物理机中安装 RealVNC 软件。

（5）运行 RealVNC 软件，输入 VNC 服务器的 IP 地址及桌面号，测试 VNC 远程桌面连接。

（6）在远程桌面服务器上启用 SSH 服务，检查 22 号端口是否处于监听状态。

（7）再准备一台安装了 CentOS 7.6 的虚拟机作为 SSH 客户端。在 SSH 客户端中使用 ssh 命令连接 SSH 服务器，尝试能否连接成功。

（8）在 SSH 服务器中修改 SSH 主配置文件，禁止 root 用户登录 SSH 服务器，修改 SSH

服务端口为 12123，端口修改成功后重启 SSH 服务。

（9）在 SSH 客户端中再次使用 ssh 命令连接 SSH 服务器，观察能否连接成功。

项目小结

　　Linux 操作系统为网络而生，具有十分强大的网络功能和丰富的网络工具。作为 Linux 系统管理员，在日常工作中经常会遇到和网络相关的问题，因此必须熟练掌握 Linux 操作系统的网络配置和网络排错方法。任务 6.1 介绍了 4 种网络配置方法，每种方法都有不同的特点。任务 6.1 还介绍了几个常用的网络命令，这些命令有助于大家配置和调试网络。应对网络安全风险是网络管理员的重要职责。防火墙是网络管理员经常使用的安全工具。任务 6.2 介绍了 CentOS 7.6 自带的 firewalld 的基本概念和配置方法。远程桌面是计算机用户经常使用的网络服务之一，利用远程桌面可以方便地连接到远程服务器进行各种管理操作。任务 6.3 介绍了两种配置 Linux 远程桌面的方法。第 1 种方法是使用 VNC 远程桌面软件，操作比较简单；第 2 种方法是配置 SSH 服务器，可以修改 SSH 主配置文件以增加 SSH 服务器的安全性。

项目练习题

1. 选择题

（1）在 VMware 中，物理机与虚拟机在同一网段中，虚拟机可直接利用物理网络访问外网，这种网络连接方式是（　　　）。

　　　　A. 桥接模式　　　　B. NAT 模式　　　　C. 仅主机模式　　　　D. DHCP 模式

（2）在 VMware 中，物理机为虚拟机分配不同于自己网段的 IP 地址，虚拟机必须通过物理机才能访问外网，这种网络连接方式是（　　　）。

　　　　A. 桥接模式　　　　B. NAT 模式　　　　C. 仅主机模式　　　　D. DHCP 模式

（3）在 VMware 中，虚拟机只能与物理机相互通信，这种网络连接方式是（　　　）。

　　　　A. 桥接模式　　　　B. NAT 模式　　　　C. 仅主机模式　　　　D. DHCP 模式

（4）有两台运行 Linux 操作系统的计算机，主机 A 的用户能够通过 ping 命令测试与主机 B 的连接，但主机 B 的用户不能通过 ping 命令测试与主机 A 的连接，可能的原因是（　　　）。

　　　　A. 主机 A 的网络设置有问题

　　　　B. 主机 B 的网络设置有问题

　　　　C. 主机 A 与主机 B 的物理网络连接有问题

D.　主机 A 有相应的防火墙设置阻止了来自主机 B 的 ping 命令测试

（5）在计算机网络中，唯一标识一台计算机身份的是（　　　）。

A.　子网掩码　　　　　　B.　IP 地址　　　　　C.　网络地址　　　　　D.　DNS 服务器

（6）下列哪个命令可以测试两台计算机之间的连通性（　　　）。

A.　nslookup　　　　　　B.　nmcli　　　　　　C.　ping　　　　　　　D.　arp

（7）要想测试两台计算机之间的报文传输路径，可以使用命令（　　　）。

A.　ping　　　　　　　　B.　traceroute　　　　C.　nmcli　　　　　　D.　nmtui

（8）以下不属于 netstat 命令功能的是（　　　）。

A.　配置网络 IP 地址等信息　　　　　　B.　检测端口是否处于监听状态

C.　查看路由表　　　　　　　　　　　　D.　查看网络服务状态

（9）网卡配置文件参数和 nmcli 命令参数的对应关系错误的是（　　　）。

A.　TYPE 对应 connection.type　　　　　B.　IPADDR 对应 ipv4.addresses

C.　DOMAIN 对应 ipv4.dns-search　　　 D.　GATEWAY 对应 ipv4.dns

（10）关于 SSH 服务，下列说法错误的是（　　　）。

A.　SSH 服务由客户端和服务器两部分组成

B.　SSH 提供基于口令的安全验证和基于密钥的安全验证

C.　SSH 服务默认的监听端口是 23

D.　可以通过修改配置文件禁止 root 用户登录 SSH 服务器

2.　填空题

（1）VMware 虚拟平台的网络连接方式有_____、_____和_____。

（2）CentOS 7.6 的网卡配置文件默认保存在_____目录下。

（3）重启网络服务的命令是_____。

（4）命令 nmcli connection show 的作用是_____。

（5）SSH 服务默认的监听端口是_____。

3.　简答题

（1）简述 VMware 的 3 种网络连接方式。

（2）简述在 Linux 操作系统中配置网络的几种方法。

（3）简述 Linux 中常用的网络配置命令及其功能。

项目7
网络服务配置与管理

学习目标

【知识目标】
- 理解Samba服务的基本原理与文件结构。
- 理解NFS服务的基本原理与文件结构。
- 理解DHCP服务的基本原理。
- 理解DNS服务的基本概念、功能和域名解析过程。
- 理解Web服务的基本原理与工作过程。
- 理解FTP服务的基本原理、工作模式和认证模式。
- 理解邮件服务的基本概念与工作原理。
- 理解数据库服务的基本概念与类型。

【能力目标】
- 熟练掌握在CentOS 7.6中配置YUM源的方法。
- 熟练掌握Samba服务的配置和验证方法。
- 熟练掌握NFS服务的配置和验证方法。
- 熟练掌握DHCP服务的配置和验证方法。
- 熟练掌握DNS服务的配置和验证方法。
- 熟练掌握Apache服务的配置和验证方法。
- 熟练掌握FTP服务的配置和验证方法。
- 熟练掌握邮件服务的配置和验证方法。
- 熟练掌握数据库服务的配置和验证方法。

【素质目标】
- 提高全面、客观分析问题的能力。
- 形成认真负责的行为习惯。

引例描述

　　公司的软件开发中心正在筹建一间新的员工实训室，计划配备60台安装了 Windows 10 和 CentOS 7.6 操作系统的计算机，专门用于新员工的培训。张经理是这间实训室的管理员，需要完成实训室的基础网络配置，还要在实训室的一台服务器上配置常用的网络服务，包括 Samba、

DHCP、DNS、Apache 和 FTP 等，对外提供文件共享、动态 IP 地址分配、域名解析、Web 访问和文件传输等服务。张经理把小顾叫到办公室，向他说明了这次任务。小顾对这些服务既熟悉又陌生。虽然小顾之前经常使用这些服务，但是他从来没有想过有一天自己要搭建一台服务器供他人使用。对小顾来说，这是一个完全未知的领域，但是他觉得这个任务非常有意义，于是决定接受这个挑战。小顾迫不及待地开始了网络服务配置与管理的学习。

任务 7.1　Samba 服务配置与管理

 任务陈述

在实际的工作环境中，经常需要在 Windows 和 Linux 操作系统之间共享文件或打印机。虽然传统的 FTP 可以用来共享文件，但是它不能直接修改远程服务器中的文件。Linux 操作系统中有一款免费的 Samba 软件可以完美地解决这个问题。本任务主要介绍 Samba 服务的安装和配置。

 知识准备

7.1.1　Samba 服务概述

Samba 主要用来在不同的操作系统之间提供文件和打印机共享服务。在正式讲解 Samba 服务的配置方式之前，先来了解一下 Samba 的工作原理。

1. Samba 的工作原理

Samba 基于网络基本输入 / 输出系统（Network Basic Input/Output System，

微课

认识 Samba 服务

NetBIOS）协议实现。根据 NetBIOS 协议的规定，在一个局域网中进行通信的主机必须有一个唯一的名称，这个名称被称为 NetBIOS Name。在 NetBIOS 协议中，两台主机的通信一般要经历以下两个步骤。

（1）登录对方主机。要想登录对方主机，对方主机和自己的主机必须加入相同的群组（Workgroup），在这个群组中，每台主机都有唯一的 NetBIOS Name，通过 NetBIOS Name 定位对方主机。

（2）访问共享资源。根据对方主机提供的权限访问共享资源。有时候，即使能够登录对方主机，也不代表可以访问其所有资源，这取决于对方主机开放了哪些资源及每种资源的访问权限。

Samba 服务通过以下两个后台守护进程来支持以上两个步骤。

（1）nmbd：用来处理和 NetBIOS Name 相关的名称解析服务及文件浏览服务。可以把它看作 Samba 自带的域名解析服务。默认情况下，nmbd 守护进程绑定到 UDP 的 137 和 138 号端口上。

（2）smbd：提供文件和打印机共享服务，以及用户验证服务，这是 Samba 服务的核心功能。默认情况下，smbd 守护进程绑定到 TCP 的 139 和 445 号端口上。

正常情况下，当启用 Samba 服务后，主机就会启用 137、138、139 和 445 号端口，并启用相应的 TCP/UDP 监听服务。

2. Samba 服务器的搭建步骤

Samba 服务基于客户机 / 服务器模式运行。一般来说，搭建 Samba 服务器需要经过以下几个步骤。

（1）安装 Samba 软件。Samba 本身是一款免费软件，但并不是所有的 Linux 发行版都会提供完整的 Samba 软件套件，需要安装一些额外的 Samba 软件包才能使用 Samba 服务。

（2）配置 Samba 服务端。Samba 服务的主配置文件中有许多参数需要配置，包括全局参数与共享参数等。这是搭建 Samba 服务器的过程中最关键的一步。

（3）创建共享目录。在 Samba 服务端创建作为共享资源对外发布的目录，并设置适当的访问权限。

（4）添加 Samba 用户。Samba 用户不同于 Linux 操作系统用户，必须单独添加，但是添加 Samba 用户前必须先创建同名的 Linux 操作系统用户。

（5）启用 Samba 服务。配置好 Samba 服务端后即可启用 Samba 服务，也可以将其设置为开机自动启动。

（6）在 Samba 客户端访问共享资源。可以通过 Windows 或 Linux 客户端访问 Samba 服务。为了提高系统安全性，一般要求在 Samba 服务端输入 Samba 用户名和密码。

下面介绍如何安装 Samba 软件。

7.1.2 Samba 服务的安装与启停

CentOS 7.6 操作系统中默认安装了一些 Samba 软件包，但是需要安装一些额外的软件包才能使用 Samba 服务。安装 Samba 软件的方法如例 7-1 所示。

例 7-1：安装 Samba 软件

```
[root@centos7 ~]# yum install samba -y      // 一键安装 Samba 软件
[root@centos7 ~]# rpm -qa | grep samba      // 安装 Samba 软件后再次查看信息
samba-4.10.16-5.el7.x86_64
samba-client-libs-4.10.16-5.el7.x86_64
```

Samba 服务的启停非常简单。Samba 服务的后台守护进程名为 smb，启停 Samba 服务时，将 smb 作为参数代入表 4-3 所示的命令中即可。例如，使用 systemctl restart smb 命令可以重启 Samba 服务。

7.1.3 Samba 服务端配置

安装好 Samba 软件后，可以在 */etc/samba/* 目录中看到 *smb.conf* 和 *smb.conf.example* 两个文件。*smb.conf* 是 Samba 服务的主配置文件，而 *smb.conf.example* 文件中有关于各个配置项的详细解释，可以供用户参考使用。

1. Samba 主配置文件

smb.conf 文件中包含 Samba 服务的大部分参数配置，其文件结构如例 7-2 所示。

例 7-2：smb.conf 文件结构

```
[global]
        workgroup = SAMBA
        security = user
[homes]
        comment = Home Directories
        valid users = %S, %D%w%S
[printers]
        comment = All Printers
        path = /var/tmp
```

Samba 服务参数分为全局参数和共享参数两类，相应的，*smb.conf* 文件也分为全局参数配置和共享参数配置两大部分。参数配置的基本格式是"参数名 = 参数值"。smb.conf 文件中以"#"开头的行表示注释，以";"开头的行表示 Samba 服务可以配置的参数，它们都起注释说明的作用，可以忽略。

（1）全局参数

全局参数的配置对整个 Samba 服务器有效。在 *smb.conf* 文件中，"[global]"之后的部分表示全局参数。根据全局参数的内在联系，可以进一步将其分为网络相关参数、日志相关参数、名称解析相关参数、打印机相关参数、文件系统相关参数等。下面就一些经常使用的全局参数做简单介绍。

① 网络相关参数，如工作组名称、NetBIOS Name 等。其常用参数及含义如下。

a. workgroup = 工作组名称：设置局域网中的工作组名称，如 workgroup = MYGROUP，使用 Samba 服务的主机的工作组名称要相同。

b. netbios name = 主机 NetBIOS Name：同一工作组中的主机拥有唯一的 NetBIOS Name，如 netbios name=MYSERVER，这个名称不同于主机的主机名。

c. server string = 服务器描述信息：默认显示 Samba 版本，如 server string = Samba Server Version %v，建议将其修改为具有实际意义的服务器描述信息。

d. interfaces = 网络接口：如果服务器有多个网卡（网络接口），则可以指定 Samba 要监听的网络接口。可以指定网卡名称，也可以指定网卡的 IP 地址，如 interfaces = lo eth0 192.168.12.2/24。

e. hosts allow = 允许主机列表：设置主机"白名单"，白名单中的主机可以访问 Samba 服务器的资源。主机用其 IP 地址表示，多个 IP 地址之间用空格分隔。可以单独指定一个 IP 地址，也可以指定一个网段，如 hosts allow = 127. 192.168.12 192.168.62.213。

f. hosts deny = 禁止主机列表：设置主机"黑名单"，黑名单中的主机禁止访问 Samba 服务器的资源。hosts deny 的配置方式和 hosts allow 相同，如 hosts deny = 127.192.168.12 192.168.62.213。

② 日志相关参数，用于设置日志文件的名称和大小。其常用参数及含义如下。

a. log file = 日志文件名：设置 Samba 服务器中日志文件的存储位置和日志文件的名称，如 log file = /var/log/samba/log.%m。

b. max log size = 最大容量：设置日志文件的最大容量，以 KB 为单位，值为 0 时表示不做限制。当日志文件的大小超过最大容量时，会对日志文件进行轮转，如 max log size = 50。

③ 安全性相关参数，主要用来设置密码安全性级别。其常用参数及含义如下。

a. security = 安全性级别：此设置会影响 Samba 客户端的身份验证方式，是 Samba 最重要的设置之一，如 security = user，security 可设置为 share、user、server 和 domain。其中，share 表示 Samba 客户端不需要提供账号和密码，安全性较低；user 使用得比较多，表示 Samba 客户端需要提供账号和密码，这些账号和密码保存在 Samba 服务器中并由 Samba 服务器负责验证账号和密码的合法性；server 表示账号和密码交由其他 Windows NT 或 Samba 服务器来验证，是一种代理验证；domain 表示指定由主域控制器进行身份验证。需要说明的是，在 Samba 4.0 中，share 和 server 的功能已被弃用。

b. passdb backend = 账号和密码存储方式：设置如何存储账号和密码，有 smbpasswd、tdbsam 和 ldapsam 3 种方式，如 passdb backend = tdbsam。

c. encrypt passwords = yes|no：设置是否对账号的密码进行加密，一般启用此选项，即 encrypt passwords = yes。

（2）共享参数

共享参数用来设置共享域的各种属性。共享域是指在 Samba 服务器中共享给其他用户的文件或打印机资源。设置共享域的格式是"[*共享名*]"，共享名表示共享资源对外显示的名称。共享域的属性及功能如表 7-1 所示。

表 7-1 共享域的属性及功能

共享域的属性	功能
comment	共享目录的描述信息
path	共享目录的绝对路径
broweseable	共享目录是否可以浏览
public	是否允许用户匿名访问共享目录
read only	共享目录是否只读，当与 writable 发生冲突时，以 writable 为准
writable	共享目录是否可写，当与 read only 发生冲突时，忽略 read only
valid users	允许访问 Samba 服务的用户和用户组，格式为 valid users=*用户名* 或 valid users=@*用户组名*
invalid users	禁止访问 Samba 服务的用户和用户组，格式同 valid users
read list	对共享目录只有读权限的用户和用户组
write list	可以在共享目录中进行写操作的用户和用户组
hosts allow	允许访问该 Samba 服务器的主机 IP 地址或网络
hosts deny	不允许访问该 Samba 服务器的主机 IP 地址或网络

[homes] 和 [printers] 是两个特殊的共享域。其中，[homes] 表示共享用户的主目录，当使用者以 Samba 用户身份登录 Samba 服务器后，会看到自己的主目录，目录名称和用户的用户名相同；[printers] 表示共享打印机。[homes] 共享域配置示例如例 7-3 所示。

例 7-3：[homes] 共享域配置示例

```
[homes]
        comment = Home Directory
        browseable = no
        writable = yes
        valid users = %S
```

还可以根据需要自定义共享域。例如，要共享 Samba 服务器中的 */ito/pub/* 目录，共享名是"ITO"，ito 用户组的所有用户都对其有访问权限，但只有用户 ss 对其具有完全控制权限，如例 7-4 所示。

例 7-4：自定义共享域

```
[ITO]
        comment =ITO's Public Resource
        path = /ito/pub
        browseable = yes
        writable = no
```

```
               admin users = ss
               valid users = @ito
```

在例 7-4 中，虽然共享目录在服务器中的实际路径是 */ito/pub/*，但是使用者看到的名称是 ITO。请思考：为什么要为共享资源设置一个不同的共享名？

（3）参数变量

在前面关于全局参数和共享参数的介绍中，使用了"%v""%m"的写法，其实这样是为了简化配置，Samba 为用户提供了参数变量。在 *smb.conf* 文件中，参数变量就像是"占位符"，其会被实际的参数值取代。

在例 7-3 中，[homes] 共享域有一行配置是"valid users = %S"。其中，valid users 表示可以访问 Samba 服务的用户白名单，而"%S"表示当前登录的用户，因此此行表示只要能成功登录 Samba 服务器的用户都可以访问 Samba 服务。如果现在的登录用户是 siso，那么 [homes] 就会自动变为 [siso]，用户 siso 能看到自己在 Samba 服务器中的主目录。

2. 管理 Samba 用户

为了提高 Samba 服务的安全性，一般要求使用者在 Samba 客户端以某个 Samba 用户的身份登录 Samba 服务器。Samba 用户必须对应一个同名的 Linux 操作系统用户，也就是说，创建 Samba 用户之前要先创建一个同名的 Linux 操作系统用户。不同于 Linux 操作系统用户的配置文件 */etc/passwd*，Samba 用户的用户名和密码都保存在 */etc/samba/smbpasswd* 文件中。

管理 Samba 用户的命令是 smbpasswd，其基本语法如下。

> 微课
>
> 系统用户与
> Samba用户

```
smbpasswd  [-axden]  [用户名]
```

如果现在要创建一个 Samba 用户 smb1，则可以按照例 7-5 所示的方法进行操作。

例 7-5：创建 Samba 用户

```
[root@centos7 ~]# useradd  smb1          // 创建 Linux 操作系统用户
[root@centos7 ~]# passwd  smb1           // 设置 Linux 操作系统用户的密码
新的 密码：                                <== 输入密码
重新输入新的 密码：                         <== 再次输入密码
passwd: 所有的身份验证令牌已经成功更新。
[root@centos7 ~]# smbpasswd  -a  smb1    // 创建 Samba 用户并设置密码
New SMB password:                        <== 输入密码
Retype new SMB password:                 <== 再次输入密码
Added user smb1.
```

Samba 服务端的配置主要包括以上内容。在本任务的【任务实施】部分将会介绍如何在 Samba 客户端验证 Samba 服务。

 任务实施

从本任务开始，编者从最近几年的全国职业院校技能大赛网络系统管理赛项的试题库中选择了有代表性的网络服务器相关试题，作为任务实施的案例。这样既可以为网络专业的学生备战技能大赛提供专业指导，又能让学生了解在实际业务场景中搭建网络服务器的步骤，提高学生解决实际问题的能力。

实验：搭建 Samba 服务器

本任务案例选自 2022 年全国职业院校技能大赛网络系统管理赛项试题库，稍做了修改。

某集团总部为了更好地管理各分部数据，促进各分部间的信息共享，需要建立一个小型的数据中心服务器，以达到快速、可靠地交换数据的目的。数据中心服务器安装了 CentOS 7.6 操作系统，现要在其上部署 Samba 服务，具体要求如下。

（1）将 Samba 服务器主机名设为 appsrv，IP 地址为 192.168.100.100。

（2）在 Samba 服务器中创建 Samba 共享目录，本地目录为 /data/share，共享名为 docs；仅允许 IP 地址为 192.168.100.110 的主机访问该目录；仅允许用户 zsuser 上传文件，其他用户只有读权限。

Windows客户端 Windows10 192.168.100.120　Linux客户端 CentOS7.6 192.168.100.110

（3）再次在 Samba 服务器中创建 Samba 共享目录，本地目录为 /data/public，共享名为 pubdoc；允许匿名访问；所有用户都能上传文件。

（4）分别在 Linux 客户端和 Windows 客户端上访问并验证 Samba 服务。Linux 客户端的主机名为 smbcli，IP 地址为 192.168.100.110。Windows 客户端的 IP 地址为 192.168.100.120。

Samba服务器 CentOS7.6 192.168.100.110

图 7-1　Samba 服务网络拓扑结构

本任务所用的 Samba 服务网络拓扑结构如图 7-1 所示。这 3 台主机都是安装在 Vmware 中的虚拟机，虚拟机的网络连接采用了 NAT 模式。

下面是完成本任务的主要步骤。

1. Samba 服务器的配置

第 1 步，在 Samba 服务器中安装 Samba 软件、设置 IP 地址，具体操作这里不再演示。修改 Samba 服务器的主机名，如例 7-6.1 所示。设置完成后，退出终端窗口并重新登录系统。

例 7-6.1：搭建 Samba 服务器——修改 Samba 服务器的主机名

```
[root@centos7 ~]# hostnamectl  set-hostname  appsrv
[root@centos7 ~]# exit
[zys@centos7 ~]$ su -  root
[root@appsrv ~]#        // 主机名已更新
```

第 2 步，新建系统用户 zsuser，同时将原有的本地用户 ss 升级为 Samba 用户，如例 7-6.2

所示。

例 7-6.2：搭建 Samba 服务器——新建系统用户和 Samba 用户

```
[root@appsrv ~]# useradd  zsuser
[root@appsrv ~]# passwd  zsuser
[root@appsrv ~]# smbpasswd  -a  zsuser
[root@appsrv ~]# smbpasswd  -a  ss
```

第 3 步，创建本地共享目录并设置其权限，如例 7-6.3 所示。

例 7-6.3：搭建 Samba 服务器——创建本地共享目录并设置其权限

```
[root@appsrv ~]# mkdir  -p  /data/share  /data/public
[root@appsrv ~]# chown  zsuser:zsuser  /data/share
[root@appsrv ~]# chmod  777  /data/public
[root@appsrv ~]# ls  -l  /data
drwxrwxrwx.  2  root    root    6  12月  4 16:43  /data/public
drwxr-xr-x.  2  zsuser  zsuser  6  12月  4 16:43  /data/share
```

第 4 步，根据要求添加共享域并设置相应参数，如例 7-6.4 所示。

例 7-6.4：搭建 Samba 服务器——添加共享域并设置相应参数

```
[root@smbsrv ~]# vim  /etc/samba/smb.conf
[docs]
        path = /data/share
        writable = yes
        hosts allow = 192.168.100.110
        hosts deny = all
[pubdoc]
        path = /data/public
        writable = yes
        guest ok = yes
```

第 5 步，重启 Samba 服务。为了避免 Samba 服务受网络安全设置的影响，这里暂时关闭防火墙并调整 SELinux 的安全策略，如例 7-6.5 所示。注意，在生产环境中，应根据业务需求合理设置网络服务放行策略。

例 7-6.5：搭建 Samba 服务器——重启 Samba 服务

```
[root@smbsrv ~]# systemctl  restart  smb
[root@smbsrv ~]# systemctl  stop  firewalld
[root@smbsrv ~]# setenforce  0
[root@smbsrv ~]# getenforce
Permissive
```

至此，已完成 Samba 服务器的配置，接下来先在 Linux 客户端上使用 smbclient 工具进行验证。

2. Linux 客户端验证

第 6 步，按照第 1 步的方法设置 Linux 客户端的主机名，按照项目 6 中介绍的方法设置 Linux 客户端主机的 IP 地址为 192.168.100.110，并使用 ping 命令检查客户端和 Samba 服务器之间的网络连通性，如例 7-6.6 所示。

例 7-6.6：搭建 Samba 服务器——设置 Linux 客户端的主机名并验证网络连通性

```
[root@centos7 ~]# hostnamectl  set-hostname  smbcli
```

```
[root@centos7 ~]# exit
[zys@centos7 ~]$ su - root
[root@smbcli ~]# ifconfig ens33
ens33: flags=4163<UP,BROADCAST,RUNNING,MULTICAST>  mtu 1500
        inet 192.168.100.110  netmask 255.255.255.0  broadcast 192.168.100.255
[root@smbcli ~]# ping 192.168.100.100
PING 192.168.100.100 (192.168.100.100) 56(84) bytes of data.
64 bytes from 192.168.100.100: icmp_seq=1 ttl=64 time=0.498 ms
```

第7步，在 Linux 客户端上安装 smbclient 工具以验证 Samba 服务，如例 7-6.7 所示。smbclient 工具是 Samba 服务套件的一部分，它在 Linux 终端窗口中为用户提供了一种交互式工作环境，允许用户通过某些命令访问 Samba 共享资源。必须在安装 samba-client 软件包后才能使用 smbclient 工具。

例 7-6.7：搭建 Samba 服务器——安装 smbclient 工具

```
[root@smbcli ~]# yum install samba-client -y
smbclient 命令的基本语法如下。
smbclient  [服务名]  [选项]
```

其中，"服务名"就是要访问的共享资源，格式为"//server/service"，server 是 Samba 服务器的 NetBIOS Name 或 IP 地址，service 是共享名。

第8步，新建测试文件，使用用户 zsuser 访问 Samba 服务器的 docs 共享目录，测试文件上传权限，如例 7-6.8 所示。可以看到，用户 zsuser 成功上传了测试文件 file1，说明用户 zsuser 对 docs 共享目录具有写权限。注意，在 smbclient 的交互环境中，可以使用很多命令直接管理共享资源，如 ls、cd、lcd、get、mget、put、mput 等。关于这些命令的详细用法可参阅其他相关书籍，这里不再深入讨论。

例 7-6.8：搭建 Samba 服务器——使用用户 zsuser 访问 docs 共享目录

```
[zys@smbcli ~]$ touch file1 file2 file3     // 以普通用户身份执行操作
[zys@smbcli ~]$ smbclient //192.168.100.100/docs  -U zsuser
Enter SAMBA\zsuser's password:        <== 输入用户 zsuser 的 Samba 密码
smb: \> put file1     <== 上传测试文件
smb: \> ls     <== 查看服务器中的文件
  file1          A        0  Sun Dec  4 19:41:55 2022
smb: \> quit   <== 退出交互环境
```

第9步，使用用户 ss 访问 docs 共享目录，测试文件上传权限，如例 7-6.9 所示。可以看到，用户 ss 上传测试文件 file2 时收到访问拒绝的错误提示，说明用户 ss 对 docs 共享目录没有写权限。

例 7-6.9：搭建 Samba 服务器——使用用户 ss 访问 docs 共享目录

```
[zys@smbcli ~]$ smbclient //192.168.100.100/docs  -U ss
Enter SAMBA\ss's password:
smb: \> put file2
NT_STATUS_ACCESS_DENIED opening remote file \file2
smb: \> quit
```

第10步，使用用户 ss 访问 pubdoc 共享目录，测试文件上传权限，如例 7-6.10 所示。可以看到，用户 ss 成功上传了测试文件 file2，说明用户 ss 对 pubdoc 共享目录具有写权限。

例 7-6.10：搭建 Samba 服务器——使用用户 ss 访问 pubdoc 共享目录

```
[zys@smbcli ~]$ smbclient //192.168.100.100/pubdoc -U ss
Enter SAMBA\ss's password:
smb: \> put file2
smb: \> ls
  file2              A       0  Sun Dec  4 19:55:46 2022
smb: \> quit
```

第 11 步，使用匿名用户访问 *pubdoc* 共享目录，测试文件上传权限，如例 7-6.11 所示。当 -U 选项后面没有用户名时，默认以当前用户身份登录。当系统提示输入密码时，直接按 Enter 键即可，不要输入任何密码，即表示以匿名用户身份登录。可以看到，匿名用户成功上传了测试文件 *file3*，说明匿名用户对 *pubdoc* 共享目录也具有写权限。

例 7-6.11：搭建 Samba 服务器——使用匿名用户访问 pubdoc 共享目录

```
[zys@smbcli ~]$ smbclient //192.168.100.100/pubdoc -U        // 匿名用户登录
Enter SAMBA\zys's password:    <== 这里直接按 Enter 键，不要输入任何密码
Anonymous login successful     <== 匿名用户登录成功
smb: \> put file3
putting file file3 as \file3 (0.0 kb/s) (average 0.0 kb/s)
smb: \> ls
  file2              A       0  Sun Dec  4 19:55:46 2022
  file3              A       0  Sun Dec  4 19:57:32 2022
smb: \> quit
```

3. Windows 客户端验证

第 12 步，Windows 客户端的 IP 地址为 192.168.100.120，先使用 ping 命令测试 Windows 客户端与 Samba 服务器之间的网络连通性，如例 7-6.12 所示。

例 7-6.12：搭建 Samba 服务器——测试 Windows 客户端与 Samba 服务器之间的网络连通性

```
C:\Users\Administrator>ping 192.168.100.100
正在 Ping 192.168.100.100 具有 32 字节的数据：
来自 192.168.100.100 的回复：字节=32 时间<1ms TTL=64
来自 192.168.100.100 的回复：字节=32 时间<1ms TTL=64
```

第 13 步，在 Windows 客户端上，依次选择【开始】→【附件】→【运行】选项，弹出【运行】对话框，在【打开】文本框中输入 Samba 服务器的访问路径 "\\192.168.100.100"，如图 7-2（a）所示，单击【确定】按钮，弹出【Windows 安全性】对话框，输入用户名 zsuser 及其密码（注意，这里要输入 Samba 用户的密码，而不是 Linux 系统本地用户的密码），如图 7-2（b）所示。验证通过后可以看到 Samba 服务器的共享资源，如图 7-3 所示。

第 14 步，在图 7-3 中，双击 *docs* 目录，会得到拒绝访问的提示。因为这个共享目录只允许 IP 地址为 192.168.100.110 的主机访问。双击 *pubdoc* 目录，可以进入该共享目录，且可以新建文本文件 *file4*，如图 7-4 所示。

第 15 步，在 Windows 客户端上，还可以通过映射网络驱动器的方式访问 Samba 服务端的共享资源。用鼠标右键单击桌面上的【计算机】图标，在弹出的快捷菜单中选择【映射网络驱动器】选项；或者双击【计算机】图标，选择【工具】→【映射网络驱动器】选项。弹出【映射网络驱动器】对话框，输入 Samba 服务器共享资源的路径，如图 7-5（a）所示。

单击【完成】按钮，输入用户名和密码，计算机中会出现网络驱动器共享目录，如图 7-5（b）所示。这样即可方便地访问 Samba 服务器的共享目录。

（a）　　　　　　　　　　　　　（b）

图 7-2　输入 Samba 服务器的路径、Samba 用户名及密码

图 7-3　Samba 服务器的共享资源

图 7-4　访问 pubdoc 共享目录并新建文本文件

（a）　　　　　　　　　　　　　（b）

图 7-5　【映射网络驱动器】对话框和网络驱动器共享目录

知识拓展

在搭建网络服务器的过程中，经常遇到配置正确却不能正常访问服务器的情况。一个可

能的原因是忘记或未能正确配置服务器安全策略，主要是防火墙和 SELinux，具体内容详见本书配套电子资源。

 任务实训

本实训的主要任务是在 CentOS 7.6 操作系统中搭建 Samba 服务器，并使用 Windows 和 Linux 客户端分别进行验证。

【实训目的】

（1）理解 Samba 服务的工作原理。

（2）掌握配置本地 YUM 源的方法。

（3）掌握 Samba 主配置文件的结构和常用参数的使用。

（4）熟练使用 Windows 和 Linux 客户端验证 Samba 服务。

【实训内容】

请根据图 7-1 所示的网络拓扑结构安装 3 台虚拟机，并按照以下步骤完成 Samba 服务器的搭建和验证。

（1）使用系统镜像文件搭建本地 YUM 源，安装 Samba 软件，包括 Samba 服务端软件包和客户端软件包。

（2）添加 Linux 系统用户 smbuser1 和 smbuser2，并创建同名的两个 Samba 用户。

（3）在 Samba 服务器中新建目录 /sie/pub，smbuser1 对其具有读写权限，而 smbuser2 对其只有读权限。

（4）修改 Samba 主配置文件，具体要求如下。

① 修改工作组为 SAMBAGROUP。

② 注释掉 [homes] 和 [printers] 的内容。

③ 共享目录为 /sie/pub，共享名为 siepub。

④ siepub 共享目录可浏览且可写，但禁止匿名访问。

⑤ 只有 smbuser1 和 smbuser2 可以登录 Samba 服务器。

（5）修改防火墙设置，放行 Samba 服务。

（6）修改 SELinux 安全策略为允许模式。

（7）启用 Samba 服务。

（8）在 Windows 客户端上验证 Samba 服务。分别以 smbuser1 和 smbuser2 用户身份登录系统并在 /sie/pub 中新建文件。观察这两个用户是否都有权限新建文件，如果没有权限新建文件，则查找问题原因并尝试解决。

（9）在 Linux 客户端上验证 Samba 服务。

任务 7.2 NFS 服务配置与管理

任务陈述

除了任务 7.1 介绍的 Samba 服务，NFS 服务也能实现异构系统之间的文件共享。NFS 服务采用了客户机/服务器架构，这种透明且高性能的文件共享方式使得 NFS 获得了广泛应用。本任务主要介绍 NFS 服务的特点和配置方法，最后通过实际案例演示 NFS 服务的具体应用。

知识准备

7.2.1 NFS 服务概述

网络文件系统（Network File System，NFS）是当前主流的异构平台共享文件系统，支持用户在不同的系统之间通过网络共享文件。NFS 的异构特性支持 NFS 客户端和 NFS 服务器分属不同的计算机、操作系统或网络架构。NFS 服务器是文件资源的实际存放地，NFS 客户端能够像访问本地资源一样访问 NFS 服务器中的文件资源。

NFS 服务架构如图 7-6 所示。

图 7-6 NFS 服务架构

NFS 具有以下 3 个优点。

（1）NFS 提供透明文件访问及文件传输服务。这里的"透明"是指对于 NFS 客户端来说，访问本地资源和访问 NFS 服务器中文件资源的方式是相同的。

（2）NFS 能发挥数据集中的优势，降低了 NFS 客户端的存储空间需求。NFS 服务端相当于文件的"蓄水池"，NFS 客户端根据需要从 NFS 服务器获取"水源"。在 NFS 服务器上扩充存储空间时，不需要改变 NFS 客户端的工作环境。

（3）NFS 配置灵活，性能优异。NFS 配置不算复杂，且能够根据不同的应用需要灵活调整。

需要注意的是，虽然 NFS 提供了文件网络共享和远程访问服务，但 NFS 本身并不具备文件传输功能。NFS 使用远程过程调用（Remote Procedure Call，RPC）实现文件传输，RPC 定义了进程间通过网络进行交互的机制。简单来说，RPC 封装 NFS 请求，在 NFS 客户端和服务器之间传输文件。

7.2.2　NFS 服务的安装与启停

NFS 服务的软件包名为 nfs-utils。另外，NFS 服务的运行依赖于 RPC 服务，因此需要安装 RPC 对应的软件包 rpcbind，如例 7-7 所示。

例 7-7：安装 NFS 相关软件

```
[root@centos7 ~]# yum  install  rpcbind  -y                // rpcbind默认已安装
[root@centos7 ~]# yum  install  nfs-utils  -y
[root@centos7 ~]# rpm  -qa | grep  -E  ' rpcbind | nfs-utils ' // 安装软件后进行相应检查
nfs-utils-1.3.0-0.61.el7.x86_64
rpcbind-0.2.0-47.el7.x86_64
```

NFS 服务的后台守护进程名为 nfs，启停 NFS 服务时，将 nfs 作为参数代入表 4-3 所示的命令中即可。例如，使用 systemctl restart nfs 命令可以重启 NFS 服务。

7.2.3　NFS 服务端配置

1. NFS 服务的主配置文件

NFS 服务的主配置文件是 /etc/exports，其中的每一行代表一个共享目录。配置文件的格式如下。

共享目录　客户端1（选项1）　客户端2（选项2）　…　客户端n（选项n）

例 7-8 展示了 NFS 服务的主配置文件的实际内容。

例 7-8：NFS 服务的主配置文件的实际内容

```
[root@centos7 ~]# vim  /etc/exports
/datashare  192.168.100.10 ( rw,sync,no_sub_tree )  192.168.100.0/24 ( ro )
```

NFS 服务的主配置文件的每一行由 3 部分组成，每一部分的含义解释如下。

（1）共享目录

这一部分是用绝对路径表示的共享目录名。该共享目录按照不同的权限共享给不同的 NFS 客户端使用。

（2）客户端

这一部分表示 NFS 客户端，可以是一个，也可以是多个。客户端有多种表示方式，可以是单台主机的实际 IP 地址或 IP 网段，也可以是完整主机名或域名。其中，主机名还可以使用通配符，如表 7-2 所示。

表 7-2 NFS 客户端表示方式及含义

NFS 客户端表示方式	含义
192.168.100.10	指定 IP 地址对应的客户端
192.168.100.0/24	指定 IP 网段下的所有客户端
siepub.siso.edu.cn	指定完整主机名对应的客户端
*.siso.edu.cn	指定域名下的所有客户端

（3）选项

这一部分表示 NFS 服务器为 NFS 客户端提供的共享选项，也就是允许客户端以何种方式使用共享目录，如客户端对共享目录的访问权限及用户映射等。从 NFS 服务的主配置文件的格式可以看出，对于同一共享目录，可以为不同的客户端设定不同的共享选项，具体的共享选项包含在紧跟该客户端的小括号内。如果共享选项不止一个，则使用逗号进行分隔。NFS 共享选项的分类、表示方式及含义如表 7-3 所示。

表 7-3 NFS 共享选项的分类、表示方式及含义

分类	表示方式	含义
访问权限	ro	客户端以只读方式访问共享目录
	rw	客户端对共享目录拥有读写权限，但能否真正执行写操作还取决于共享目录实际的文件系统权限
用户映射	root_squash	如果以 root 用户身份访问 NFS 服务器，那么将该用户视为匿名用户，其 UID 和 GID 都会变为 nfsnobody
	no_root_squash	客户端的 root 用户对 NFS 服务器拥有 root 权限，这是一种不安全的共享方式
	all_squash	客户端的所有用户都被映射到 nfsnobody 用户 / 用户组
	no_all_squash	不把客户端的所有用户都映射到 nfsnobody 用户 / 用户组
	anonuid	客户端用户被映射为匿名用户，同时被指定到特定的 NFS 服务器本地用户，即拥有该本地用户的权限
	anongid	客户端用户被映射为匿名用户，同时被指定到特定的 NFS 服务器本地用户组，即拥有该本地用户组的权限
常规	sync	数据同步时写入内存与磁盘
	async	数据暂时写入内存，而非直接写入磁盘
	subtree_check	如果共享目录是子目录，则 NFS 服务器将检查其父目录的权限
	no_subtree_check	如果共享目录是子目录，则 NFS 服务器将不检查其父目录的权限
	noaccess	禁止访问共享目录中的子目录
	link_relative	将共享文件中的绝对路径转换为相对路径
	link_absolute	不改变共享文件中符号链接的任何内容

2. NFS 相关命令

（1）exportfs

在 NFS 服务器中修改 /etc/exports 主配置文件后，可以使用 systemctl restart nfs 命令重启 NFS 服务以使新配置生效，也可以使用 exportfs 命令在不重启服务的情况下应用新配置。exportfs 命令的基本语法如下。

```
exportfs    [-arvu]
```

exportfs 命令的常用选项及其功能说明如表 7-4 所示。

表 7-4   exportfs 命令的常用选项及其功能说明

选项	功能说明
-a	打开或取消所有目录共享
-r	重新读取 /etc/exportfs 文件中的配置并使其立即生效
-v	当共享或取消共享时，输出详细信息
-u	取消一个或多个目录的共享

（2）showmount

showmount 命令主要用于显示 NFS 服务器文件系统的挂载信息，其基本语法如下。

```
showmount    [-ade]
```

showmount 命令的常用选项及其功能说明如表 7-5 所示。

表 7-5   showmount 命令的常用选项及其功能说明

选项	功能说明
-a	显示连接到某 NFS 服务器的客户端主机名和挂载点目录
-d	仅显示被客户端挂载的目录名
-e	显示 NFS 服务器的共享目录清单

任务实施

实验：搭建 NFS 服务器

本任务案例选自 2022 年全国职业院校技能大赛网络系统管理赛项试题库，稍做了修改。

某公司打算在内部网络存储服务器中部署 NFS 服务，共享公司网站数据，具体要求如下。

（1）内部网络存储服务器 storagesrv 和应用服务器 appsrv 的 IP 地址分别是 192.168.100.200 和 192.168.100.100。

（2）storagesrv 共享 /webdata 目录，用于存储 appsrv 的 Web 数据。

（3）仅允许 appsrv 主机访问该共享目录，可以进行读写操作。

（4）出于安全考虑，不论 NFS 客户端用户身份为何，都将其映射为匿名用户（nfsnobody）。
以下是完成本任务的主要步骤。

注意：第 1 ～ 5 步在 storagesrv 上操作。

第 1 步，在 storagesrv 上新建 NFS 共享目录，并设置目录权限，如例 7-9.1 所示。

例 7-9.1：搭建 NFS 服务器——新建 NFS 共享目录并设置目录权限

```
[root@storagesrv ~]# mkdir  /webdata
[root@storagesrv ~]# chmod  777  /webdata  // 待定
[root@storagesrv ~]# ls  -ld  /webdata
drwxrwxrwx.  2  root  root  6  11月 24 15:29  /webdata
```

第 2 步，在 storagesrv 上安装 NFS 软件并启用 NFS 服务，如例 7-9.2 所示。

例 7-9.2：搭建 NFS 服务器——安装 NFS 软件并启用 NFS 服务

```
[root@storagesrv ~]# yum  install  nfs-utils  -y
[root@storagesrv ~]# systemctl  start  nfs
```

第 3 步，修改 NFS 服务的主配置文件，设置共享目录选项，如例 7-9.3 所示。

例 7-9.3：搭建 NFS 服务器——修改 NFS 服务的主配置文件

```
[root@storagesrv ~]# vim  /etc/exports
/webdata  192.168.100.100(rw,sync,no_subtree_check)
```

第 4 步，使用 exportfs 命令使 NFS 配置生效，并使用 showmount 命令查看已共享的目录，
如例 7-9.4 所示。

例 7-9.4：搭建 NFS 服务器——使 NFS 配置生效并查看已共享的目录

```
[root@storagesrv ~]# exportfs  -av
exporting 192.168.100.100:/webdata
[root@storagesrv ~]# showmount  -e
Export list for storagesrv:
/webdata 192.168.100.100
```

第 5 步，检查防火墙和 SELinux 的设置。

注意：第 6 ～ 7 步在 appsrv 上操作。

第 6 步，在 appsrv 上新建挂载点目录，这里为 /nfsdata。使用 mount 命令将其挂载到
NFS 共享目录，如例 7-9.5 所示。

例 7-9.5：搭建 NFS 服务器——挂载 NFS 共享目录

```
[root@appsrv ~]# mkdir  /nfsdata
[root@appsrv ~]# mount  -t  nfs  192.168.100.200:/webdata  /nfsdata
```

第 7 步，在 /nfsdata 目录中新建测试文件 web.100 并查看详细信息，如例 7-9.6 所示。可
以看到，虽然在 appsrv 上以 root 用户身份新建了测试文件，但实际上其被映射为 nfsnobody
用户 / 用户组。

例 7-9.6：搭建 NFS 服务器——测试 NFS 共享目录

```
[root@appsrv ~]# cd  /nfsdata
[root@appsrv nfsdata]# touch  web.100
```

```
[root@appsrv nfsdata]# ls -l
-rw-r--r--.  1  nfsnobody  nfsnobody  0  11月 24 16:12  web.100
```

知识拓展

NFS 共享目录可以和本地设备一样进行自动挂载，具体方法详见本书配套电子资源。

任务实训

本实训的主要任务是在 CentOS 7.6 操作系统中搭建 NFS 服务器，并使用 Linux 客户端进行验证。

【实训目的】

（1）理解 NFS 服务的工作原理和主要特点。

（2）掌握安装 NFS 相关软件的方法。

（3）掌握 NFS 主配置文件的结构和常用参数的使用。

（4）熟练使用 Linux 客户端验证 NFS 服务。

【实训内容】

请按照以下步骤完成 NFS 服务器的搭建和验证。

（1）使用系统镜像文件配置本地 YUM 源，安装 NFS 软件。

（2）创建 NFS 共享目录，本地权限设为 757。

（3）修改 NFS 服务的主配置文件，增加一条共享目录信息。共享权限要求如下。

① 客户端对共享目录拥有读写权限。

② 客户端的所有用户都被映射到 nfsnobody 用户 / 用户组。

③ 数据同步时写入内存与磁盘。

④ 如果共享目录是子目录，则 NFS 服务器将不检查其父目录的权限。

（4）启用共享目录。

（5）在 NFS 客户端创建挂载目录，设置自动挂载 NFS 共享目录。

（6）在挂载目录中新建测试文件，在 NFS 客户端中查看文件用户及属组信息。

任务 7.3　DHCP 服务配置与管理

任务陈述

作为网络管理员，规划设计网络 IP 地址资源分配方案、保证网络中的计算机都能获取正确的网络参数是其基本工作之一。动态主机配置协议（Dynamic Host Configuration

Protocol，DHCP）服务是网络管理员在进行网络管理时经常使用的工具，它能极大地提高网络管理员的工作效率。本任务主要介绍 DHCP 服务的基本概念，以及在 CentOS 7.6 操作系统中搭建 DHCP 服务器的方法。

 知识准备

7.3.1 DHCP 服务概述

计算机必须配置正确的网络参数才能和其他计算机进行通信，这些参数包括 IP 地址、子网掩码、默认网关、DNS 服务器等。DHCP 是一种用于简化计算机 IP 地址配置和管理的网络协议，可以自动为计算机分配 IP 地址，减轻网络管理员的工作负担。

1. DHCP 的功能

有两种分配 IP 地址的方式：静态分配和动态分配。静态分配是指由网络管理员为每台主机手动设置固定的 IP 地址。这种方式容易造成主机 IP 地址冲突，只适用于规模较小的网络。如果网络中的主机较多，那么依靠网络管理员手动分配 IP 地址必然非常耗时。另外，在移动办公环境中，为频繁进出公司网络环境的移动设备（主要是笔记本电脑）分配 IP 地址也是一件非常烦琐的事情。

微课
认识DHCP

利用 DHCP 为主机动态分配 IP 地址可以解决这些问题。动态分配 IP 地址非常适合移动办公环境，能够减轻网络管理员的管理负担。动态分配 IP 地址能够缓解 IP 地址资源紧张的问题，也更加安全可靠。

2. DHCP 的工作原理

DHCP 客户端申请 IP 地址时和 DHCP 服务器先后交换 4 个 UDP 报文，即 DHCP 发现报文（DHCPDISCOVER）、DHCP 提供报文（DHCPOFFER）、DHCP 请求报文（DHCPREQUEST）和 DHCP 确认报文（DHCPACK），具体过程如图 7-7 所示。

图 7-7 DHCP 客户端和 DHCP 服务器的交互过程

微课
DHCP如何
工作

（1）DHCP 客户端以广播方式发送一个 DHCP 发现报文，这个报文的主要目的是查找网络中的 DHCP 服务器。

（2）DHCP 服务器收到 DHCP 发现报文后，从 IP 地址池中选择一个未使用的 IP 地址，以 DHCP 提供报文的形式广播发送给 DHCP 客户端。

（3）DHCP 客户端收到 DHCP 提供报文后，以广播方式向 DHCP 服务器发送 DHCP 请求报文，该请求报文中包含上一步收到的 IP 地址。

（4）DHCP 服务器收到 DHCP 请求报文后，以广播方式向 DHCP 客户端发送一个 DHCP 确认报文。该确认报文中除了包含已分配的 IP 地址外，还可能包含网关、DNS 服务器等信息。

7.3.2　DHCP 服务的安装与启停

有了前面 Samba 服务的学习基础，DHCP 服务的安装与启停就很简单了。这里仍然使用已经配置好的本地 YUM 源一键安装 DHCP 软件，如例 7-10 所示。

例 7-10： 安装 DHCP 软件

```
[root@centos7 ~]# yum install dhcp -y          // 一键安装 DHCP 软件
[root@centos7 ~]# rpm -qa | grep dhcp          // 安装后再次进行检查
dhcp-4.2.5-68.el7.centos.1.x86_64
dhcp-common-4.2.5-68.el7.centos.1.x86_64
dhcp-libs-4.2.5-68.el7.centos.1.x86_64
```

DHCP 服务的后台守护进程名为 dhcpd，启停 DHCP 服务时，将 dhcpd 作为参数代入表 4-3 所示的命令中即可。例如，使用 systemctl restart dhcpd 命令可以重启 DHCP 服务。

7.3.3　DHCP 服务端配置

DHCP 服务的主配置文件是 */etc/dhcp/dhcpd.conf*。但在有些 Linux 发行版中，此文件在默认情况下是不存在的，需要手动创建。对于 CentOS 7.6 操作系统而言，安装好 DHCP 软件之后就会生成此文件，其默认内容如例 7-11 所示。

例 7-11： dhcpd.conf 文件的默认内容

```
[root@centos7 ~]# cd /etc/dhcp
[root@centos7 dhcp]# cat -n dhcpd.conf
    1  #
    2  # DHCP Server Configuration file.
    3  #   see /usr/share/doc/dhcp*/dhcpd.conf.example
    4  #   see dhcpd.conf(5) man page
    5  #
```

其中，第 3 行提示用户可以参考 */usr/share/doc/dhcp*/dhcpd.conf.example* 文件来进行配置。

与 DHCP 服务相关的另一个文件是 */var/lib/dhcpd/dhcpd.leases*。这个文件保存了 DHCP 服务器动态分配的 IP 地址的租约信息，即租约的开始日期和到期日期。

下面以 */usr/share/doc/dhcp*/dhcpd.conf.example* 文件为例，重点介绍 DHCP 服务的主配

置文件 dhcpd.conf 的基本语法和相关配置。

微课

DHCP
主配置文件

1. 基本语法

dhcpd.conf 文件的结构如例 7-12 所示。

例 7-12：dhcpd.conf 文件的结构

```
# 全局配置
参数或选项；

# 局部配置
声明  {
      参数或选项；
}
```

dhcpd.conf 的注释信息以 "#" 开头，可以出现在文件的任意位置。除了大括号 "{ }" 之外，其他每一行语句都以 ";" 结尾。这一点很重要，不少初学者在配置 *dhcpd.conf* 文件时会忘记在一行语句结束时加上 ";"，导致 DHCP 服务无法正常启用。

dhcpd.conf 文件由参数、选项和声明 3 种要素组成。

（1）参数。参数主要用来设定 DHCP 服务器和客户端的基本属性，格式是 "*参数名 参数值*;"。

（2）选项。选项通常用来配置分配给 DHCP 客户端的可选网络参数，如子网掩码、默认网关、DNS 服务器等。选项的设定格式和参数类似，只是要以 "option" 关键字开头，如 "option *参数名 参数值*;"。

（3）声明。声明以某个关键字开头，后跟一对大括号。大括号内部包含一系列参数和选项。声明主要用来设置具体的 IP 地址空间，以及绑定 IP 地址和 DHCP 客户端的 MAC 地址，从而为 DHCP 客户端分配固定的 IP 地址。

dhcpd.conf 文件的参数和选项分为全局配置和局部配置。全局配置对整个 DHCP 服务器生效，而局部配置只对某个声明生效。声明外部的参数和选项是全局配置，声明内部的参数和选项是局部配置。下面来简单了解一下这两种（全局 / 局部）参数和选项。

2. 参数和选项

DHCP 服务常用的全局参数和选项如表 7-6 所示。其中，option domain-name-servers 和 option routers 也可用于局部配置。

3. 声明

常用的两种声明是 subnet 声明和 host 声明。subnet 声明用于定义 IP 地址空间；host 声明用于实现IP 地址和DHCP客户端MAC地址的绑定，用于为DHCP客户端分配固定的IP地址。subnet 声明和 host 声明的格式如例 7-13 所示。

表 7-6　DHCP 服务常用的全局参数和选项

参数和选项	功能
dns-update-style *类型*	设置 DNS 动态更新的类型，即主机名和 IP 地址的对应关系
default-lease-time *时间*	默认租约时间
max-lease-time *时间*	最大租约时间
log-facility *文件名*	日志文件名
option domain-name *域名*	域名
option domain-name-servers *域名服务器列表*	域名服务器
option routers *IP 地址*	默认网关

例 7-13：subnet 声明和 host 声明的格式

```
subnet  subnet_id  netmask  netmask {
        ......
}

host  hostname {
        ......
}
```

可以通过不同的局部参数和选项为这两个声明指定具体的行为。DHCP 服务常用的局部参数和选项如表 7-7 所示。

表 7-7　DHCP 服务常用的局部参数和选项

参数和选项	功能	参数和选项	功能
range *IP 地址池*	IP 地址池的地址范围	default-lease-time *时间*	默认租约时间
max-lease-time *时间*	最大租约时间	option broadcast-address *IP 地址*	子网广播地址
hardware *MAC 地址*	DHCP 客户端的 MAC 地址	fixed-address *IP 地址*	分配的固定 IP 地址
server-name *主机名*	DHCP 服务器的主机名	option domain-name *域名*	DNS 域名
option routers *IP 地址*	默认网关	option domain-name-servers *域名服务器列表*	域名服务器

DHCP 服务端配置好之后，可以在 Windows 或 Linux 客户端上进行验证。下面介绍具体的验证方法。

任务实施

实验：搭建 DHCP 服务器

本任务案例选自 2022 年全国职业院校技能大赛网络系统管理赛项试题库，稍做了修改。

　　某公司打算在应用服务器 appsrv 中部署 DHCP 服务，供内网主机和服务器使用。其网络拓扑结构如图 7-8 所示。3 台主机都是安装在 Vmware 中的虚拟机，网络连接采用了 NAT 模式，具体要求如下。

　　（1）DHCP 服务器的 IP 地址为 192.168.100.100。

　　（2）192.168.100.0/24 网络中有两个 IP 地址空间可以分配，分别是 192.168.100.1 ～ 192.168.100.99 和 192.168.100.101 ～ 192.168.100.200，默认网关为 192.168.100.254。

　　（3）为 MAC 地址是 00:0C:29:B3:41:89 的主机分配固定的 IP 地址 192.168.100.188。

　　（4）域名设为 chinaskills.cn，域名服务器设为 appsrv 本身。

　　（5）分别在 Windows 和 Linux 客户端上验证 DHCP 服务。

　　以下是完成本任务的详细步骤。

　　第 1 步，在 NAT 模式下，VMnet8 虚拟网卡默认启用了 DHCP 服务。为了保证后续测试的顺利进行，先关闭 VMnet8 的 DHCP 服务，如图 7-9 所示。

图 7-8　DHCP 服务网络拓扑结构

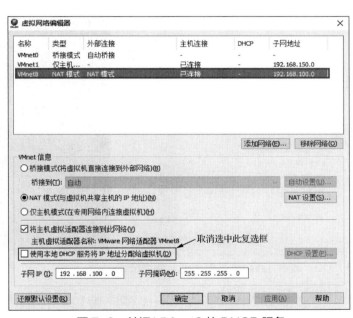

图 7-9　关闭 VMnet8 的 DHCP 服务

　　第 2 步，修改 DHCP 主配置文件，如例 7-14.1 所示。

　　例 7-14.1：搭建 DHCP 服务的服务器——修改 DHCP 服务的主配置文件

```
[root@appsrv ~]# vim /etc/dhcp/dhcpd.conf
subnet 192.168.100.0 netmask 255.255.255.0 {
    range 192.168.100.1 192.168.100.99;
    range 192.168.100.101 192.168.100.200;
    option routers 192.168.100.254;
    option domain-name "chinaskills.cn";
    option domain-name-servers 192.168.100.100;
}

host client1 {
    hardware ethernet 00:0C:29:B3:41:89;
```

```
        fixed-address 192.168.100.188;
}
```

第3步，重启 DHCP 服务，如例 7-14.2 所示。

例 7-14.2： 搭建 DHCP 服务器——重启 DHCP 服务

```
[root@appsrv ~]# systemctl restart dhcpd
```

第4步，检查防火墙和 SELinux 的设置。

注意，第5～6步在 Windows 客户端上操作。

第5步，在 Windows 客户端上验证 DHCP 服务。先在【Internet 协议版本 4（TCP/IPv4）属性】对话框中选中【自动获得 IP 地址】单选按钮，如图 7-10 所示。

第6步，在 Windows 命令行窗口中，先使用 ipconfig /release 命令释放 IP 地址，再使用 ipconfig /renew 命令重新获取 IP 地址，如图 7-11 所示。还可以使用 ipconfig /all 命令查看本机所有网络配置的相关信息。

图 7-10　选中【自动获得 IP 地址】单选按钮

图 7-11　释放和重新获取 IP 地址

注意，第7～8步在 Linux 客户端上操作。

第7步，在 Linux 客户端上验证 DHCP 服务。打开网卡配置文件，删除或注释 IPADDR、PREFIX、GATEWAY、DNS1 等几个条目，并将 BOOTPROTO 的值设为 dhcp。修改完成后一定要重启网络服务，否则网络配置不会生效，如例 7-14.3 所示。

例 7-14.3： 搭建 DHCP 服务器——修改网卡配置文件

```
[root@dhcpcli ~]# vim /etc/sysconfig/network-scripts/ifcfg-ens33
BOOTPROTO=dhcp
#IPADDR=192.168.100.100
#PREFIX=24
#GATEWAY=192.168.100.2
#DNS1=192.168.100.2
[root@dhcpcli ~]# systemctl restart network
```

第8步，使用 ifconfig 命令查看获取到的 IP 地址，如例 7-14.4 所示。

例 7-14.4：搭建 DHCP 服务器——查看获取到的 IP 地址

```
[root@dhcpcli ~]# ifconfig ens33
ens33: flags=4163<UP,BROADCAST,RUNNING,MULTICAST>  mtu 1500
        inet 192.168.100.3  netmask 255.255.255.0  broadcast 192.168.100.255
```

知识拓展

DHCP 服务端配置错误会导致 DHCP 服务无法正常启用，这时可以使用 dhcpd 命令检测主配置文件的常见错误，具体方法详见本书配套电子资源。

任务实训

本实训的主要任务是在 CentOS 7.6 操作系统中搭建 DHCP 服务器，并在 Windows 和 Linux 客户端上分别进行验证。

【实训目的】

（1）理解 DHCP 服务的工作原理。

（2）掌握配置本地 YUM 源的方法。

（3）掌握 DHCP 服务的主配置文件的语法及常用参数和选项的使用。

（4）掌握在 Windows 和 Linux 客户端上验证 DHCP 服务的方法。

【实训内容】

请根据图 7-8 所示的网络拓扑结构安装 3 台虚拟机，并按照以下步骤完成 DHCP 服务器的搭建和验证。

（1）使用系统镜像文件搭建本地 YUM 源并安装 DHCP 软件。

（2）修改 DHCP 主配置文件，具体要求如下。

① 域名和域名服务器作为全局配置，分别设为 "siso.edu.cn" 和 "ns1.siso.edu.cn"。

② 默认租约时间和最大租约时间作为全局配置，分别设为 1 天和 3 天。

③ 192.168.100.0/24 网络中有两个 IP 地址空间可以分配，分别是 192.168.100.2～192.168.100.50 和 192.168.100.101～192.168.100.150，默认网关为 192.168.100.1。

④ 为 MAC 地址是 6C:4B:90:12:BF:4F 的主机分配固定的 IP 地址 192.168.100.50。

（3）使用 dhcpd 命令检查 DHCP 服务的主配置文件是否有误。

（4）修改防火墙设置，放行 DHCP 服务。

（5）修改 SELinux 安全策略为允许模式。

（6）启用 DHCP 服务。

（7）在 Windows 客户端上验证 DHCP 服务。

（8）在 Linux 客户端上验证 DHCP 服务。

任务 7.4　DNS 服务配置与管理

任务陈述

　　域名系统（Domain Name System，DNS）服务是互联网中最重要的基础服务之一，主要作用是实现域名和 IP 地址的转换，也就是域名解析服务。有些人可能对 DNS 了解得很少，但其实人们每天都在使用 DNS 提供的域名解析服务。本任务将从域名解析的历史讲起，详细介绍 DNS 的基本概念、分级结构、查询方式，以及 DNS 服务器的搭建和验证。

知识准备

7.4.1　DNS 服务概述

　　当人们浏览网页时，一般会在浏览器的地址栏中输入网站的统一资源定位符（Uniform Resource Locator，URL），如"http://www.siso.edu.cn"，浏览器在客户端主机和网站服务器之间建立连接进行通信。但在实际的 TCP/IP 网络中，IP 地址是定位主机的唯一标识，必须知道对方主机的 IP 地址才能相互通信。浏览器是如何根据人们输入的网址得到网站服务器的 IP 地址的？其实，浏览器使用了 DNS 提供的域名解析服务。在深入学习 DNS 的工作原理之前，有必要了解关于域名的几个相关概念。

1. 域名解析的历史

　　IP 地址是连接到互联网的主机的"身份证号码"，但是对于人类来说，记住大量的诸如 192.168.100.100 的 IP 地址太难了。相比较而言，主机名一般具有一定的含义，比较容易记忆。因此，如果计算机能够提供某个工具，让人们可以方便地根据主机名获得 IP 地址，那么这个工具肯定会备受青睐。

微课

为什么
需要DNS

　　在网络发展的早期，一种简单的实现方法就是把域名和 IP 地址的对应关系保存在一个文件中，计算机利用这个文件进行域名解析。在 Linux 操作系统中，这个文件就是 */etc/hosts*，其内容如例 7-15 所示。

　　例 7-15：*/etc/hosts* 文件的内容

```
[zys@centos7 ~]$ cat /etc/hosts
127.0.0.1    localhost localhost.localdomain localhost4 localhost4.localdomain4
::1          localhost localhost.localdomain localhost6 localhost6.localdomain6
```

　　这种方式实现起来很简单，但是它有一个非常大的缺点，即内容更新不灵活。每台主机都要配置这样的文件，并及时更新内容，否则会得不到最新的域名信息，因此它只适用于一些规模较小的网络。

随着网络规模的不断扩大，使用单一文件实现域名解析的方法显然不再适用，取而代之的是基于分布式数据库的 DNS。DNS 将域名解析的功能分散到不同层级的 DNS 服务器中，这些 DNS 服务器协同工作，提供可靠、灵活的域名解析服务。

2. 主机名和域名

DNS 的域名空间也是分级的，DNS 域名空间的结构如图 7-12 所示。

图 7-12　DNS 域名空间的结构

在 DNS 域名空间中，最上面一层被称为"根域"，用"."表示。从根域开始向下依次划分为顶级域、二级域等各级子域，最下面一级是主机。子域和主机的名称分别为域名和主机名。域名又有相对域名和绝对域名之分，就像 Linux 文件系统中的相对路径和绝对路径一样。如果从下向上，将主机名及各级子域的所有绝对域名组合在一起，用"."分隔，就构成了主机的完全限定域名（Fully Qualified Domain Name，FQDN）。例如，如果某台 Web 服务器的主机名是"www"，域名是"siso.edu.cn"，那么其 FQDN 就是"www.siso.edu.cn"。通过 FQDN 可以唯一地确定互联网中的一台主机。

微课

什么
是域名

3. DNS 服务器的类型

按照配置和功能的不同，DNS 服务器可分为不同的类型。常见的 DNS 服务器类型有以下 4 种。

（1）主 DNS 服务器。它对所管理区域的域名解析提供最权威和最精确的响应，是所管理区域域名信息的初始来源。搭建主 DNS 服务器需要准备全套的配置文件，包括主配置文件、正向解析区域文件、反向解析区域文件、高速缓存初始化文件和回送文件等。正向解析是指从域名到 IP 地址的解析，反向解析正好相反。

（2）从 DNS 服务器。它从主 DNS 服务器中获得完整的域名信息备份，也可以对外提供

微课

递归和
迭代查询

权威和精确的域名解析，可以减轻主 DNS 服务器的查询负载。从 DNS 服务器包含的域名信息和主 DNS 服务器完全相同，它是主 DNS 服务器的备份，提供的是冗余的域名解析服务。

（3）高速缓存 DNS 服务器。它将从其他 DNS 服务器处获得的域名信息保存在自己的高速缓存中，并利用这些信息为用户提供域名解析服务。高速缓存 DNS 服务器的信息都有时效性，过期之后便不再可用。高速缓存 DNS 服务器不是权威服务器。

（4）转发 DNS 服务器。它在对外提供域名解析服务时，优先从本地缓存中查找。如果本地缓存中没有匹配的数据，则会向其他 DNS 服务器转发域名解析请求，并将从其他 DNS 服务器中获得的结果保存在自己的缓存中。转发 DNS 服务器的特点是可以向其他 DNS 服务器转发自己无法完成的解析请求。

7.4.2　DNS 服务的安装与启停

实现 DNS 服务的软件不止一种，目前互联网中应用较多的是由加州大学伯克利分校开发的一款开源软件——BIND。BIND 软件的安装如例 7-16 所示。

例 7-16：BIND 软件的安装

```
[root@centos7 ~]# yum install bind -y
[root@centos7 ~]# rpm -qa | grep bind
bind-9.11.4-26.P2.el7.x86_64
bind-utils-9.11.4-26.P2.el7.x86_64
```

BIND 软件的后台守护进程名为 named，启停 DNS 服务时，将 named 作为参数代入表 4-3 所示的命令中即可。例如，使用 systemctl restart named 命令可以重启 DNS 服务。

7.4.3　DNS 服务端配置

搭建主 DNS 服务器的过程很复杂，需要准备全套的配置文件，包括全局配置文件、主配置文件、正向解析区域文件和反向解析区域文件。下面以搭建一台主 DNS 服务器为例，讲解这些配置文件的结构和作用。

微课

DNS配置
文件的关系

1. 全局配置文件

DNS 的全局配置文件是 /etc/named.conf，其基本结构如例 7-17 所示。

例 7-17：/etc/named.conf 文件的基本结构

```
[root@centos7 ~]# vim /etc/named.conf
// named.conf
options {
    listen-on port 53 { 127.0.0.1; };
    directory "/var/named";
};

logging {
    ......
};
```

```
zone "." IN {
    type hint;
    file "named.ca";
};

include "/etc/named.rfc1912.zones";
include "/etc/named.root.key";
```

（1）options 配置段的配置项对整个 DNS 服务器有效，下面介绍其常用的配置项。

① listen-on port { }：指定 named 守护进程监听的端口和 IP 地址，默认的监听端口是53。如果 DNS 服务器中有多个 IP 地址要监听，则可以在大括号中分别列出，各端口号间以分号分隔。

② directory：指定 DNS 守护进程的工作目录，默认的目录是 /var/named。下面要讲解的正向和反向解析区域文件都要保存在这个目录中。

③ allow-query { }：指定允许哪些主机发起域名解析请求，默认只对本机开放服务。可以对某台主机或某个网段的主机开放服务，也可以使用关键字指定主机的范围。例如，any 匹配所有主机，none 不匹配任何主机，localhost 只匹配本机，localnets 匹配本机所在网络中的所有主机。

④ forward：有 only 和 first 两个值。值为 only 时表示将 DNS 服务器配置为高速缓存服务器；值为 first 时表示先将 DNS 查询请求转发给 forwarders 定义的转发服务器，如果转发服务器无法解析，则 DNS 服务器会尝试自己解析。

⑤ forwarders { }：指定转发 DNS 服务器，可以将 DNS 查询请求转发给这些转发 DNS 服务器进行处理。

（2）zone 声明用于定义区域，其后面的"."表示根域，一般在主配置文件中定义区域信息。这里保留默认值，不需要改动。

（3）include 指示符用于引入其他相关配置文件，这里通过 include 指定主配置文件的位置。一般不使用默认的主配置文件 /etc/named.rfc1912.zones，而是根据实际需要创建新的主配置文件。

2. 主配置文件

本任务中使用的主配置文件是 /etc/named.zones，并在全局配置文件中通过 include 指示符引入。一般在主配置文件中通过 zone 声明设置区域相关信息，包括正向区域和反向区域。zone 区域声明的格式如例 7-18 所示。

例 7-18：zone 区域声明的格式

```
zone "区域名称" IN {
    type DNS 服务器类型;
    file "区域文件名";
    allow-update { none; };
    masters {主域名服务器地址;}
```

```
};
```

zone 声明定义了区域的几个关键属性，包括 DNS 服务器的类型、区域文件等。

（1）type：定义了 DNS 服务器的类型，可取 hint、master、slave 和 forward 几个值，分别表示根域名服务器、主 DNS 服务器、从 DNS 服务器及转发 DNS 服务器。

（2）file：指定了该区域的区域文件，区域文件包含区域的域名解析数据。

（3）allow-update：指定了允许更新区域文件信息的从 DNS 服务器地址。

（4）masters：指定了主 DNS 服务器地址，当 type 的值取 slave 时有效。

正向和反向解析区域的 zone 声明格式相同，但对于反向解析的区域名称有特殊的约定。如果需要反向解析的网段是"a.b.c"，那么对应的区域名称应设置为"c.b.a.in-addr.arpa"。

3. 区域文件

DNS 服务器提供域名解析服务的关键就是区域文件。区域文件和传统的 /etc/hosts 文件类似，记录了域名和 IP 地址的对应关系，但是区域文件的结构更复杂，功能也更强大。/var/named 目录中的 named.localhost 和 named.loopback 两个文件是正向区域解析文件和反向区域解析文件的配置模板。典型的区域文件如例 7-19 所示。

例 7-19：典型的区域文件

```
[root@centos7 ~]# vim  /var/named/named.localhost
$TTL 1D
@  IN SOA     @ rname.invalid. (
                          0       ;   serial
                          1D      ;   refresh
                          1H      ;   retry
                          1W      ;   expire
                          3H )    ;   minimum
      NS        @
      A         127.0.0.1
      AAAA      ::1
```

在区域文件中，域名和 IP 地址的对应关系由资源记录（Resource Record，RR）表示。资源记录的基本语法如下。

```
name      [TTL]     IN     RR_TYPE       value
```

其中，各字段的含义如下。

（1）name 表示当前的域名。

（2）TTL 表示资源记录的生存时间（Time To Live），即资源记录的有效期。

（3）IN 表示资源记录的网络类型是 Internet。

（4）RR_TYPE 表示资源记录的类型。常见的资源记录类型有 SOA、NS、A、AAAA、CNAME、MX 和 PTR。

（5）value 表示资源记录的值，具体意义与资源记录类型有关。下面分别介绍每种资源记录类型的含义。

① SOA 资源记录：区域文件的第一条有效资源记录是 SOA。出现在 SOA 记录中的"@"符号表示当前域名，如"siso.edu.cn."或"10.168.192. in-addr.arpa."。SOA 记录的值由 3 部分组成，第一部分是当前域名，即 SOA 资源记录中的第二个"@"；第二部分是当前域名管理员的邮箱地址，但是地址中不能出现"@"，必须以"."代替；第三部分是小括号中的内容，是与该区域的资源记录有关的其他几次信息，如资源记录的版本号、刷新时间等。

② NS 资源记录：NS 资源记录表示该区域的 DNS 服务器地址，一个区域可以有多个 DNS 服务器，如例 7-20 所示。

例 7-20：NS 资源记录

```
@    IN      NS      ns1.siso.edu.cn.
@    IN      NS      ns2.siso.edu.cn.
```

③ A 和 AAAA 资源记录：这两种资源记录就是域名和 IP 地址的对应关系。A 资源记录用于 IPv4 地址，而 AAAA 资源记录用于 IPv6 地址。A 资源记录如例 7-21 所示。

例 7-21：A 资源记录

```
ns1    IN     A       192.168.100.100
ns2    IN     A       192.168.100.100
www    IN     A       192.168.100.110
mail   IN     A       192.168.100.120
ftp    IN     A       192.168.100.130
```

④ CNAME 资源记录：CNAME 是 A 资源记录的别名，如例 7-22 所示。

例 7-22：CNAME 资源记录

```
web    IN    CNAME    www.siso.edu.cn.
```

⑤ MX 资源记录：定义了本域的邮件服务器，如例 7-23 所示。

例 7-23：MX 资源记录

```
@    IN    MX    10    mail.siso.edu.cn.
```

需要特别注意的是，在添加资源记录时，以"."结尾的域名表示绝对域名，如"www.siso.edu.cn."，其他的域名表示相对域名，如"ns1""www"分别表示"ns1.siso.edu.cn""www.siso.edu.cn"。

⑥ PTR 资源记录：其表示了 IP 地址和域名的对应关系，用于 DNS 反向解析，如例 7-24 所示。

例 7-24：PTR 资源记录

```
100    IN    PTR    www.siso.edu.cn.
```

这里的 100 是 IP 地址中的主机号，因此完整的记录名是 100.100.168.192.in-addr.arpa，表示 IP 地址是 192.168.100.100。

全局配置文件、主配置文件和区域文件对主 DNS 服务器而言是必不可少的。这些文件的关系如图 7-13 所示。

图 7-13   DNS 配置文件的关系

实验：搭建 DNS 服务器

本任务案例选自 2022 年全国职业院校技能大赛网络系统管理赛项试题库，稍做了修改。

某公司打算在内部网络中部署 DNS 服务器，为内网主机和服务器提供域名解析服务，具体要求如下。

（1）使用本地 YUM 源安装 DNS 软件。

（2）搭建主 DNS 服务器，IP 地址为 192.168.100.100。

（3）DNS 服务的主配置文件设为 /etc/named.zones。

（4）为域名 chinaskills.cn 创建正向解析区域文件 /var/named/zone.chinaskills.cn，为网段 192.168.100.0/24 创建反向解析区域文件 /var/named/zone.192.168.100。

（5）在正向解析区域文件中添加以下资源记录。

① 1 条 SOA 资源记录，保留默认值。

② 1 条 MX 资源记录，主机名为 "mail"。

③ 3 条 A 资源记录，主机名分别为 "mail" "www" 和 "ftp"，IP 地址分别为 192.168. 100.101、192.168.100.102 和 192.168.100.103。

④ 1 条 CNAME 资源记录，为主机名 "www" 设置别名 "web"。

（6）在反向解析区域文件中添加与正向解析区域文件对应的 PTR 资源记录。

（7）验证 DNS 服务。

本任务所用的 DNS 服务网络拓扑结构如图 7-14 所示，使用两台安装在 VMware 中的虚拟机，网络连接采用 NAT 模式。

以下是完成本任务的操作步骤。

第 1 步，设置虚拟机 IP 地址为 192.168.100.100，安装 DNS 软件。

第 2 步，修改 DNS 服务的全局配置文件 /etc/named.conf，如例 7-25.1 所示。

DNS客户端　　　　　DNS服务器
CentOS 7.6　　　　　CentOS 7.6
192.168.100.110　　192.168.100.100

图 7-14　DNS 服务网络拓扑结构

例 7-25.1：搭建 DNS 服务器——修改 DNS 服务的全局配置文件 /etc/named.conf

```
[root@appsrv ~]# vim  /etc/named.conf
options {
      listen-on port 53 { any; };        <== 修改为 "any"
      directory         "/var/named";
      allow-query       { any; };        <== 修改为 "any"
;

include  "/etc/named.zones";             <== 修改 DNS 服务的主配置文件
include  "/etc/named.root.key";
```

第 3 步，在 /etc 目录中根据 /etc/named.rfc1912.zones 创建 DNS 服务的主配置文件 /etc/named.zones 并修改其内容，如例 7-25.2 所示。

例 7-25.2：搭建 DNS 服务器——创建并修改 DNS 服务的主配置文件 /etc/named.zones

```
[root@appsrv ~]# cp  -p  /etc/named.rfc1912.zones  /etc/named.zones
[root@appsrv ~]# vim  /etc/named.zones
zone "chinaskills.cn" IN {
        type master;
        file "zone.chinaskills.cn";
        allow-update { none; };
};

zone "100.168.192.in-addr.arpa" IN {
        type master;
        file "zone.192.168.100";
        allow-update { none; };
};
```

第 4 步，在 /var/named 目录中创建正向解析区域文件 zone.chinaskills.cn 和反向解析区域文件 zone.192.168.100，如例 7-25.3 所示。

例 7-25.3：搭建 DNS 服务器——创建正向解析区域文件和反向解析区域文件

```
root@appsrv ~]# cd  /var/named
[root@appsrv named]# cp  -p  named.localhost  zone.chinaskills.cn
[root@appsrv named]# cp  -p  named.localhost  zone.192.168.100
[root@appsrv named]# ls  -l  zone*
-rw-r-----.  1  root  named  152  6月  21 2007  zone.192.168.100
-rw-r-----.  1  root  named  152  6月  21 2007  zone.chinaskills.cn
```

正向解析区域文件的内容如例 7-25.4 所示。

例 7-25.4：搭建 DNS 服务器——正向解析区域文件的内容

```
[root@appsrv named]# vim  zone.chinaskills.cn
$TTL 1D
@  IN SOA  @ chinaskills.cn. (
                    0      ; serial
                    1D     ; refresh
```

```
                    1H    ; retry
                    1W    ; expire
                    3H )  ; minimum
                            NS          @
                            A           192.168.100.100
@          IN               MX          10      mail
mail       IN               A           192.168.100.101
www        IN               A           192.168.100.102
ftp        IN               A           192.168.100.103
web        IN               CNAME       www
```

反向解析区域文件的内容如例 7-25.5 所示。

例 7-25.5：搭建 DNS 服务器——反向解析区域文件的内容

```
[root@appsrv named]# vim   zone.192.168.100
$TTL 1D
@   IN SOA  @ chinaskills.cn. (
                    0     ; serial
                    1D    ; refresh
                    1H    ; retry
                    1W    ; expire
                    3H )  ; minimum
                            NS          @
                            A           192.168.100.100
101        IN               PTR         mail.chinaskills.cn.
102        IN               PTR         www.chinaskills.cn.
103        IN               PTR         ftp.chinaskills.cn.
```

第 5 步，重启 DNS 服务，如例 7-25.6 所示。

例 7-25.6：搭建 DNS 服务器——重启 DNS 服务

```
[root@appsrv named]# systemctl   restart   named
[root@appsrv named]# systemctl   status   named
● named.service - Berkeley Internet Name Domain (DNS)
   Loaded: loaded (/usr/lib/systemd/system/named.service; disabled; vendor preset:
disabled)
   Active: active (running) since 一 2022-12-05 17:54:33 CST; 1min 50s ago
```

第 6 步，检查防火墙和 SELinux 的设置。

注意，第 7 ～ 8 步在 Linux 客户端上操作。

第 7 步，修改 Linux 客户端网卡配置文件，将 DNS1 参数设为 192.168.100.100，如例 7-25.7 所示。重启网络服务后可以查看 /etc/resolv.conf 文件确认 DNS 服务器是否设置成功。

例 7-25.7：搭建 DNS 服务器——修改 Linux 客户端网卡配置文件

```
[root@dnscli ~]# vim   /etc/sysconfig/network-scripts/ifcfg-ens33
BOOTPROTO=none
ONBOOT=yes
IPADDR=192.168.100.110
PREFIX=24
GATEWAY=192.168.100.2
DNS1=192.168.100.100
[root@dnscli ~]# systemctl   restart   network
[root@dnscli ~]# cat   /etc/resolv.conf
nameserver  192.168.100.100
```

第 8 步，在 Linux 客户端上验证 DNS 服务。验证 DNS 服务经常使用的命令是 nslookup。可以使用 -q 选项指定查询的 DNS 记录类型，如 A、MX、NS、PTR 等。如果不指定 -t 选项的值，则默认查询 A 类型。具体验证过程如例 7-25.8 所示。注意，可以为 nslookup 命令指定 DNS 服务器，如果不指定，则使用系统默认的 DNS 服务器，即 */etc/resolv.conf* 文件中的配置。

例 7-25.8：搭建 DNS 服务器——在 Linux 客户端上使用 nslookup 工具验证 DNS 服务

```
[root@dnscli ~]# nslookup  www.chinaskills.cn   // 相当于 nslookup -q=A www.
chinaskills.cn
    Server:         192.168.100.100      <== 使用的 DNS 服务器
    Address:        192.168.100.100#53
    Name:           www.chinaskills.cn
    Address:        192.168.100.102      <== 对应的 IP 地址
[root@dnscli ~]# nslookup  -q=MX  chinaskills.cn  192.168.100.100  // 指定 DNS 服务器
    Server:         192.168.100.100
    Address:        192.168.100.100#53
chinaskills.cn  mail exchanger = 10 mail.chinaskills.cn.
[root@dnscli ~]# nslookup  -q=CNAME   web.chinaskills.cn        // 查询别名
    Server:         192.168.100.100
    Address:        192.168.100.100#53
web.chinaskills.cn  canonical name = www.chinaskills.cn.
[root@dnscli ~]# nslookup  -q=PTR  192.168.100.102              // 反向查找
    Server:         192.168.100.100
    Address:        192.168.100.100#53
102.100.168.192.in-addr.arpa  name = www.chinaskills.cn.
```

第 9 步，在 Windows 客户端上配置 DNS 服务器。在【Internet 协议版本 4（TCP/IPv4）属性】对话框中，配置 DNS 服务器的 IP 地址，如图 7-15 所示。

图 7-15 配置 DNS 服务器的 IP 地址

第 10 步，在 Windows 命令行窗口中可以相同的方式使用 nslookup 工具验证 DNS 服务，如例 7-25.9 所示。

例 7-25.9：搭建 DNS 服务器——在 Windows 客户端上使用 nslookup 工具验证 DNS 服务

```
C:\Users\lenovo>nslookup  ftp.chinaskills.cn  192.168.100.100
服务器 : UnKnown
Address: 192.168.100.100
名称 :   ftp.chinaskills.cn
Address: 192.168.100.103
C:\Users\lenovo>nslookup  -q=MX  chinaskills.cn  192.168.100.100
服务器 : UnKnown
```

```
Address:  192.168.100.100
chinaskills.cn  MX preference = 10, mail exchanger = mail.chinaskills.cn
chinaskills.cn  nameserver = chinaskills.cn
mail.chinaskills.cn      internet address = 192.168.100.101
chinaskills.cn  internet address = 192.168.100.100
```

 知识拓展

除了使用 nslookup 命令外，在 Linux 操作系统中还可以使用 dig 和 host 两个命令进行域名解析，具体用法详见本书配套电子资源。

 任务实训

本实训的主要任务是在 CentOS 7.6 操作系统中搭建主 DNS 服务器，并使用 nslookup、dig 和 host 3 个命令分别进行验证。

【实训目的】

（1）理解主 DNS 服务器配置文件之间的关系。

（2）掌握主配置文件和区域文件的结构及用法。

（3）掌握 DNS 服务的基本验证方法。

【实训内容】

本实训的网络拓扑结构如图 7-14 所示，请按照以下步骤完成 DNS 服务器的搭建和验证。

（1）在 DNS 服务器上使用系统镜像文件搭建本地 YUM 源并安装 DNS 软件，配置 DNS 服务器和客户端的 IP 地址。

（2）修改全局配置文件，指定主配置文件为 /etc/named.zones。

（3）创建主配置文件 /etc/named.zones，为域名 ito.siso.com 创建正向解析区域文件 /var/named/zone.ito.siso.com，为网段 172.16.128.0/24 创建反向解析区域文件 /var/named/zone.172.16.128。

（4）在正向解析区域文件中添加以下资源记录。

① 1 条 SOA 资源记录，保留默认值。

② 2 条 NS 资源记录，主机名分别为"dns1"和"dns2"。

③ 1 条 MX 资源记录，主机名为"mail"。

④ 4 条 A 资源记录，主机名分别为"dns1""dns2""mail""www"，IP 地址分别为 172.16.128.10、172.16.128.11、172.16.128.20 和 172.16.128.21。

⑤ 1 条 CNAME 资源记录，为主机名"www"设置别名"web"。

（5）在反向解析区域文件中添加与正向解析区域文件对应的 PTR 资源记录。

（6）使用 nslookup、dig 和 host 命令分别验证 DNS 服务。

任务 7.5　Web 服务配置与管理

任务陈述

随着互联网的不断发展和普及，Web 服务早已成为人们日常生活和学习中必不可少的组成部分。只要在浏览器的地址栏中输入一个网址，就能进入网络世界，获得几乎所有想要的资源。在本任务中，将在 CentOS 7.6 操作系统中搭建简单的 Web 服务器，并通过浏览器验证 Web 服务。本任务使用的软件是 Apache，整个 Web 服务器的搭建和维护也围绕 Apache 展开。

知识准备

7.5.1　Web 服务概述

在信息技术高度发达的今天，互联网已经成为人们工作、学习、娱乐和社交等活动的重要工具，人们获取和传播信息的主要方式之一就是使用 Web 服务。只需拥有一台能连接互联网的电脑，人们就能轻松获得 Web 服务提供的各种资源，可能是简单的文本，也可能是图片、音频和视频等多媒体数据，如图 7-16 所示。

图 7-16　Web 服务

1. Web 服务的工作原理

微课

认识 Web 服务

和前面 3 个任务中介绍的网络服务一样，Web 服务也是采用典型的客户机 / 服务器模式运行的。Web 服务运行于 TCP 之上。每个网站都对应一台（或多台）Web 服务器，Web 服务器中有各种资源，客户端就是用户面前的浏览器。Web

服务的工作原理并不复杂，一般可分为 4 个步骤，即连接过程、请求过程、应答过程及关闭连接过程。Web 服务的交互过程如图 7-17 所示。

（1）连接过程就是浏览器和 Web 服务器之间建立 TCP 连接的过程。

（2）请求过程是指浏览器向 Web 服务器发出资源查询请求的过程，在浏览器中输入的 URL 表示资源在 Web 服务器中的具体位置。

（3）应答过程是指 Web 服务器根据 URL 将相应的资源返回给浏览器，浏览器以网页的形式把资源展示给用户的过程。

图 7-17　Web 服务的交互过程

（4）关闭连接过程是指在应答过程完成以后，浏览器和 Web 服务器之间断开连接的过程。浏览器和 Web 服务器之间的一次交互也被称为一次"会话"。

2．Web 服务相关技术

（1）超文本传输协议（Hyper Text Transfer Protocol，HTTP）是浏览器和 Web 服务器通信时所使用的应用层协议，运行在 TCP 之上。HTTP 规定了浏览器和 Web 服务器之间可以发送的消息的类型、每种消息的语法和语义、收发消息的顺序等。

（2）超文本标记语言（Hyper Text Markup Language，HTML）是由一系列标签组成的一种描述性语言，主要用来描述网页的内容和格式。网页中的不同内容，如文字、图形、动画、声音、表格、超链接等，都可以使用 HTML 标签来表示。

> 微课
>
> 了解 HTML

7.5.2　Apache 服务的安装与启停

Apache 是世界范围内使用量排名第一的 Web 服务器软件，具有出色的安全性和跨平台特性，在常见的计算机平台上几乎都能使用，是目前最流行的 Web 服务器软件之一。Apache 软件的安装如例 7-26 所示。本任务使用 Firefox 浏览器进行测试，因此这里也要安装 Firefox 浏览器。

例 7-26：Apache 软件和 Firefox 浏览器的安装

```
[root@centos7 ~]# yum install httpd -y        // 安装 Apache 软件
[root@centos7 ~]# yum install firefox -y      // 安装 Firefox 浏览器
[root@centos7 ~]# rpm -qa | grep httpd
httpd-2.4.6-88.el7.centos.x86_64
httpd-tools-2.4.6-88.el7.centos.x86_64
```

Apache 服务的后台守护进程名为 httpd，启停 Apache 服务时，将 httpd 作为参数代入表 4-3 所示的命令中即可。例如，使用 systemctl restart httpd 命令可以重启 Apache 服务。

为了验证 Apache 服务器是否在正常运行，可以直接在 Linux 终端窗口中使用 firefox http://127.0.0.1 命令启动 Firefox 浏览器；或者在【应用程序】菜单中打开 Firefox 浏览器，在其地址栏中输入 "http://127.0.0.1"。如果 Apache 服务器正常运行，则会进入图 7-18 所示的测试页面。

图 7-18　测试页面

7.5.3　Apache 服务端配置

Apache 服务的主配置文件是 */etc/httpd/conf/httpd.conf*。除了主配置文件外，Apache 服务的正常运行还需要几个相关的辅助文件，如日志文件和错误文件等。下面介绍 Apache 服务的主配置文件的结构和基本用法。

1. Apache 服务的主配置文件

安装 Apache 软件后自动生成的 httpd.conf 文件大部分是以 "#" 开头的说明行或空行。为了保持主配置文件的简洁，降低初学者的学习难度，需要先对此文件进行备份，再过滤掉所有的说明行，只保留有效的行，如例 7-27 所示。

例 7-27：过滤 httpd.conf 的说明行

```
[root@centos7 ~]# cd  /etc/httpd/conf
[root@centos7 conf]# mv  httpd.conf  httpd.conf.bak
[root@centos7 conf]# grep  -v  '#'  httpd.conf.bak > httpd.conf
[root@centos7 conf]# cat  httpd.conf
ServerRoot "/etc/httpd"          <== 单行指令
Listen 80
<Directory />                    <== 配置段
    AllowOverride none
    Require all denied
</Directory>
......
DocumentRoot "/var/www/html"
```

httpd.conf 文件中包含一些单行的指令和配置段。指令的基本语法是 "*参数名 参数值*"，配置段是用一对标签表示的配置选项。下面介绍其常用参数。

（1）ServerRoot：设置 Apache 的服务目录，即 httpd 守护进程的工作目录，默认值是 /etc/httpd。这个目录中保存了 Apache 的配置文件、日志文件和错误文件等重要内容。如果主配置文件中出现了以相对路径表示的文件路径，则其为相对于 ServerRoot 指定的目录。

（2）DocumentRoot：网站数据的根目录。一般来说，除了虚拟目录外，Web 服务器中存储的网站资源都在这个目录中，其默认值是 /var/www/html。

（3）Listen：指定 Apache 的监听 IP 地址和端口。Web 服务的默认工作端口是 TCP 的 80 端口。

（4）User 和 Group：指定运行 Apache 服务的用户和用户组，默认都是 apache。

（5）ServerAdmin：指定网站管理员的电子邮箱。当网站出现异常状况时，系统会向管理员的电子邮箱发送错误信息。

（6）ServerName：指定 Apache 服务器的主机名，要保证这个主机名是能够被 DNS 服务器解析的，或者可以在 /etc/hosts 文件中找到相关记录。

（7）Directory：设置 Apache 服务器中资源目录的路径、权限及其他相关属性。

（8）DirectoryIndex：指定网站的首页，默认的首页文件是 index.html。

下面通过一个简单的实例演示 Apache 服务的主配置文件的基本用法。

微课

Directory
选项

2. 设置文档根目录和首页

Web 服务器中的各种资源默认保存在文档根目录中。一般来说，人们会根据实际需求指定文档根目录。这里将网站的文档根目录设为 /siso/www，并将网站的首页设为 default.html。

第 1 步，创建文档根目录和首页文件，如例 7-28 所示。

例 7-28：创建文档根目录和首页文件

```
[root@centos7 ~]# mkdir -p /siso/www
[root@centos7 ~]# chmod -R o+rx /siso
[root@centos7 ~]# ls -ld /siso /siso/www
drwxr-xr-x. 3 root root 17 12月 5 23:13 /siso
drwxr-xr-x. 2 root root 6 12月 5 23:13 /siso/www
[root@centos7 ~]# echo "This is my first website..." > /siso/www/default.html
[root@centos7 ~]# ls -l /siso/www/default.html
-rw-r--r--. 1 root root 28 12月 5 23:13 /siso/www/default.html
```

第 2 步，在 Apache 服务的主配置文件中，修改 DocumentRoot 和 DirectoryIndex 参数，并将默认的 Directory 配置段中的路径修改为 /siso/www，如例 7-29 所示。

例 7-29：修改 Apache 服务的主配置文件

```
[root@centos7 ~]# vim /etc/httpd/conf/httpd.conf
#DocumentRoot "/var/www/html"        <== 默认是 /var/www/html
DocumentRoot "/siso/www"

#<Directory "/var/www/html">          <== 默认是 /var/www/html
<Directory "/siso/www">
    Options Indexes FollowSymLinks
```

```
    AllowOverride None
    Require all granted
</Directory>

<IfModule dir_module>
    DirectoryIndex default.html index.html          <== 默认只有 index.html
    DirectoryIndex
</IfModule>
```

第 3 步，重启 Apache 服务，在 Firefox 浏览器的地址栏中输入 "http://127.0.0.1/default.html" 进行测试。虽然 Apache 服务的主配置文件没有问题，但是 Firefox 浏览器没有显示第 1 步中设置的首页，而是图 7-19 所示的错误页面。

根据页面的提示信息，发现错误原因是没有权限访问 *default.html* 文件，这是 SELinux 的安全策略所导致的。使用 setenforce 0 命令将 SELinux 的安全策略设为允许模式，再次测试即可进入首页，如图 7-20 所示。

图 7-19　错误页面

图 7-20　首页

所以，在启用 Apache 服务后一定要修改 SELinux 的安全策略。另外，因为这里是直接在 Apache 服务器中访问 Web 服务，所以不涉及防火墙的问题。为了能够在其他 Web 客户端上访问 Web 服务，需要修改 Apache 服务器的防火墙设置以放行 HTTP 服务，如例 7-30 所示。

例 7-30：修改防火墙设置以放行 HTTP 服务

```
[root@centos7 ~]# firewall-cmd  --permanent  --add-service=http
[root@centos7 ~]# firewall-cmd  --reload
```

需要特别注意的是，由于 Apache 的后台守护进程以 apache 用户身份运行，所以必须合理设置 apache 用户对文档根目录和首页文件的访问权限。具体而言，apache 用户对文档根目录要有读和执行权限，对首页文件要有读权限。

3. 设置虚拟目录

有时候，用户希望在网站根目录之外的地方存放网站资源。对于用户来说，访问这些资源的方式和访问根目录内部资源的方式完全相同，实现这种功能的技术称为虚拟目录。虚拟目录有两个显著的优点：一是可以为不同的虚拟目录设置不同的访问权限，实现对网站资源的灵活管理；二是可以隐藏网站资源的真实路径，用户在浏览器中只能看到虚拟目录的名称，可以在一定程度上提高服务器的安全性。

每个虚拟目录都对应 Apache 服务器中的一个真实的物理目录，从这个意义上来说，虚拟目录其实就是物理目录的"别名"。创建虚拟目录时，要经过创建

微课

配置 Apache
访问列表

物理目录、指定物理目录的访问权限、创建首页、指定物理目录别名等步骤。下面以已搭建好的 Apache 服务器为基础，把一个物理目录 /ito/pub 以虚拟目录的形式发布出去。虚拟目录的名称是 /doc，首页使用默认的 index.html。

第 1 步，创建物理目录和首页文件并修改访问权限，如例 7-31.1 所示。

例 7-31.1：虚拟目录——创建物理目录和首页文件并修改访问权限

```
[root@centos7 ~]# mkdir  -p /ito/pub
[root@centos7 ~]# chmod  -R  o+rx  /ito
[root@centos7 ~]# echo  "we're now in '/ito/pub'" > /ito/pub/index.html
```

第 2 步，修改 Apache 服务的主配置文件。在主配置文件中为物理目录指定别名并设置目录的访问权限，如例 7-31.2 所示。

例 7-31.2：虚拟目录——为物理目录指定别名并设置目录的访问权限

```
[root@centos7 ~]# vim  /etc/httpd/conf/httpd.conf
Alias  /doc "/ito/pub"              <== 为 /ito/pub 指定别名 /doc
<Directory "/ito/pub">             <== 这里是物理目录的真实路径
    AllowOverride none
    Require all granted
</Directory>
```

第 3 步，重启 Apache 服务，检查防火墙和 SELinux 的设置。

第 4 步，测试虚拟目录，在浏览器的地址栏中输入“http://127.0.0.1/doc/index.html”，进入图 7-21 所示的页面。可以看到，浏览器中只有别名，没有实际的物理目录。

7.5.4 配置虚拟主机

虚拟主机是一种在一台物理主机上搭建多个网站的技术。使用虚拟主机技术可以减少搭建 Web 服务器的硬件投入，降低网站维护成本。Apache 服务器中有 3 种类型的虚拟主机，分别是基于 IP 地址、基于域名和基于端口号的虚拟主机。

图 7-21 测试虚拟目录的页面

1. 基于 IP 地址的虚拟主机

基于 IP 地址的虚拟主机是指先为一台 Web 服务器设置多个 IP 地址，再把每个网站绑定到不同的 IP 地址上，通过 IP 地址访问网站。

在下面的实验中，要为 Apache 服务器分配两个 IP 地址——192.168.100.100 和 192.168.100.101，并利用这两个 IP 地址配置两台虚拟主机。

第 1 步，为 Apache 服务器分配两个 IP 地址。在网卡配置文件中添加以下内容并重启网络服务，如例 7-32.1 所示。

例 7-32.1：基于 IP 地址的虚拟主机——分配 IP 地址并重启网络服务

```
[root@centos7 ~]# vim  /etc/sysconfig/network-scripts/ifcfg-ens33
IPADDR0=192.168.100.100
PREFIX0=24
```

```
GATEWAY0=192.168.100.2
IPADDR1=192.168.100.101
PREFIX1=24
GATEWAY1=192.168.100.2
DNS1=192.168.100.100
[root@centos7 ~]# systemctl  restart  network
```

第 2 步，为两台虚拟主机分别创建文档根目录和首页文件并修改权限，如例 7-32.2 所示。

例 7-32.2：基于 IP 地址的虚拟主机——创建文档根目录和首页文件并修改权限

```
[root@centos7 ~]# mkdir  -p  /siso/www1
[root@centos7 ~]# mkdir  -p  /siso/www2
[root@centos7 ~]# chmod  o+rx  /siso/www1
[root@centos7 ~]# chmod  o+rx  /siso/www2
[root@centos7 ~]# echo  "we're now in www1's homepage..." > /siso/www1/index.html
[root@centos7 ~]# echo  "we're now in www2's homepage..." > /siso/www2/index.html
```

第 3 步，新建和虚拟主机对应的配置文件 /etc/httpd/conf.d/vhost.conf，添加以下内容，为两台虚拟主机分别指定文档根目录，如例 7-32.3 所示。

例 7-32.3：基于 IP 地址的虚拟主机——指定文档根目录

```
[root@centos7 ~]# vim  /etc/httpd/conf.d/vhost.conf
<Virtualhost 192.168.100.100>
   DocumentRoot /siso/www1
   <Directory />
      AllowOverride none
      Require all granted
   </Directory>
</Virtualhost>

<Virtualhost 192.168.100.101>
   DocumentRoot /siso/www2
   <Directory />
      AllowOverride none
      Require all granted
   </Directory>
</Virtualhost>
```

第 4 步，重启 Apache 服务，检查防火墙和 SELinux 的设置。

第 5 步，在浏览器的地址栏中分别输入"http://192.168.100.100/index.html"和"http://192.168.100.101/index.html"，可以看到两台虚拟主机的首页，如图 7-22 所示。

（a）　　　　　　　　　　　　　　　　（b）

图 7-22　基于 IP 地址的虚拟主机

2. 基于域名的虚拟主机

基于域名的虚拟主机只要为 Apache 服务器分配一个 IP 地址即可。各虚拟主机之间共享物理主机的 IP 地址，通过不同的域名进行区分。因此，创建基于域名的虚拟主机时需要在

DNS 服务器中创建多条主机资源记录，使不同的域名对应同一个 IP 地址。

现在要在 IP 地址为 192.168.100.100 的虚拟机上同时搭建 DNS 服务器和两台基于域名的虚拟主机。两台虚拟主机的域名分别是 www1.siso.edu.cn 和 www2.siso.edu.cn，其他要求和配置与基于 IP 地址的虚拟主机相同。

第 1 步，在 DNS 服务的正向解析区域文件中添加两条 A 资源记录，如例 7-33.1 所示。DNS 服务器的具体配置方法请参考任务 7.4。

例 7-33.1：基于域名的虚拟主机——在正向解析区域文件中添加 A 资源记录

```
[root@centos7 ~]# vim  /var/named/zone.siso.edu.cn
www1            IN          A               192.168.100.100
www2            IN          A               192.168.100.100
```

第 2 步，为两个网站分别创建文档根目录和首页文件并修改权限。这一步与基于 IP 地址的虚拟主机的设置完全相同，如例 7-32.2 所示，这里不赘述。

第 3 步，修改 /etc/httpd/conf.d/vhost.conf 文件的内容，如例 7-33.2 所示。

例 7-33.2：基于域名的虚拟主机——修改文件的内容

```
[root@centos7 ~]# vim  /etc/httpd/conf.d/vhost.conf
<Virtualhost 192.168.100.100>
    DocumentRoot /siso/www1
    ServerName www1.siso.edu.cn
    <Directory />
        AllowOverride none
        Require all granted
    </Directory>
</Virtualhost>

<Virtualhost 192.168.100.100>
    DocumentRoot /siso/www2
    ServerName www2.siso.edu.cn
    <Directory />
        AllowOverride none
        Require all granted
    </Directory>
</Virtualhost>
```

第 4 步，重启 Apache 服务，检查防火墙和 SELinux 的设置。

第 5 步，在浏览器的地址栏中分别输入 "http://www1.siso.edu.cn/index.html" 和 "http://www2.siso.edu.cn/index.html"，可以看到两台虚拟主机的首页，如图 7-23 所示。

（a）

（b）

图 7-23　基于域名的虚拟主机

3. 基于端口号的虚拟主机

基于端口号的虚拟主机和基于域名的虚拟主机类似，为物理主机分配一个 IP 地址即可，只是各虚拟主机之间通过不同的端口号进行区分，而不是域名。配置基于端口号的虚拟主机需要在 Apache 服务的主配置文件中通过 Listen 指令启用多个监听端口。

假设要在 IP 地址为 192.168.100.100 的虚拟机上搭建两台基于端口号的虚拟主机，监听端口分别是 8080 和 8090，文档根目录分别是 /siso/www8080 和 /siso/www8090，其他要求和创建基于 IP 地址的虚拟主机相同。

第 1 步，为两台虚拟主机分别创建文档根目录和首页文件并修改权限，如例 7-34.1 所示。

例 7-34.1：基于端口号的虚拟主机——创建文档根目录和首页文件并修改权限

```
[root@centos7 ~]# mkdir  -p  /siso/www8080
[root@centos7 ~]# mkdir  -p  /siso/www8090
[root@centos7 ~]# chmod  o+rx  /siso/www8080
[root@centos7 ~]# chmod  o+rx  /siso/www8090
[root@centos7 ~]# echo  "www8080's homepage..." > /siso/www8080/index.html
[root@centos7 ~]# echo  "www8090's homepage..." > /siso/www8090/index.html
```

第 2 步，在 Apache 服务的主配置文件中启用 8080 和 8090 两个监听端口，如例 7-34.2 所示。

例 7-34.2：基于端口号的虚拟主机——启用监听端口

```
[root@centos7 ~]# vim  /etc/httpd/conf/httpd.conf
Listen 8080
Listen 8090
```

第 3 步，修改 /etc/httpd/conf.d/vhost.conf 文件的内容，如例 7-34.3 所示。

例 7-34.3：基于端口号的虚拟主机——修改文件的内容

```
[root@centos7 ~]# vim  /etc/httpd/conf.d/vhost.conf
<Virtualhost 192.168.100.100:8080>
   DocumentRoot /siso/www8080
   <Directory />
       AllowOverride none
       Require all granted
   </Directory>
</Virtualhost>

<Virtualhost 192.168.100.100:8090>
   DocumentRoot /siso/www8090
   <Directory />
       AllowOverride none
       Require all granted
   </Directory>
</Virtualhost>
```

第 4 步，重启 Apache 服务，检查防火墙和 SELinux 的设置。

第 5 步，在浏览器的地址栏中分别输入"http://192.168.100.100:8080/index.html"和"http://192.168.100.100:8090/index.html"，可以看到两台虚拟主机的首页，如图 7-24 所示。

（a）　　　　　　　　　　　　　　　　（b）

图 7-24　基于端口号的虚拟主机

任务实施

实验：搭建 Apache 服务器

本任务案例选自 2022 年全国职业院校技能大赛网络系统管理赛项试题库，稍做了修改。

某集团总部为了促进总部和各分部间的信息共享，需要在总部应用服务器安装 Apache 软件，向总部和各分部提供 Web 服务。Apache 服务器安装了 CentOS 7.6 操作系统，具体要求如下。

（1）使用本地 YUM 源安装 Apache 软件。

（2）Apache 服务器 IP 地址为 192.168.100.100，使用域名 www.chinaskills.cn 进行访问。

（3）网站根目录为 /data/webdata。

（4）网站首页为 index.html，内容是 "Welcome to 2022 Computer Network Application Contest!"。

以下是完成本任务的操作步骤。

第 1 步，设置虚拟机 IP 地址为 192.168.100.100，安装 Apache 软件。

第 2 步，参照任务 7.4 配置 DNS 服务，建立 192.168.100.100 和 www.chinaskills.cn 的对应关系，确保域名解析正确，如例 7-35.1 所示。

例 7-35.1：搭建 Apache 服务器——配置 DNS 服务

```
[root@appsrv ~]# vim  /var/named/zone.chinaskills.cn
www    IN A  192.168.100.100
[root@appsrv ~]# systemctl  restart  named
[root@appsrv ~]# nslookup  www.chinaskills.cn
Server:      192.168.100.100
Address:     192.168.100.100#53
Name:        www.chinaskills.cn
Address:     192.168.100.100
```

第 3 步，创建网站根目录和首页文件并修改权限，如例 7-35.2 所示。

例 7-35.2：搭建 Apache 服务器——创建网站根目录和首页文件并修改权限

```
[root@appsrv ~]# mkdir  -p  /data/webdata
[root@appsrv ~]# chmod  o+rx  /data/webdata
[root@appsrv ~]# vim  /data/webdata
[root@appsrv ~]# vim  /data/webdata/index.html
Welcome to 2019 Computer Network Application Contest!    <== 添加这一行内容
```

```
[root@appsrv ~]#
```

第 4 步，修改 Apache 服务的主配置文件，添加或修改以下内容，如例 7-35.3 所示。

例 7-35.3：搭建 Apache 服务器——修改 Apache 服务的主配置文件

```
[root@appsrv ~]# vim  /etc/httpd/conf/httpd.conf
Listen  80
ServerName  www.chinaskills.cn
DocumentRoot  "/data/webdata"
<Directory "/data/webdata">
    AllowOverride None
    Require all granted
    DirectoryIndex index.html
</Directory>
```

第 5 步，重启 Apache 服务，检查防火墙和 SELinux 的设置。

第 6 步，在浏览器的地址栏中输入 "http://www.chinaskills.cn"，验证页面如图 7-25 所示。

图 7-25　验证页面

很多网站向用户提供了 "个人主页" 的功能，允许用户在权限范围内管理自己的主页空间。使用 Apache 软件搭建的 Web 服务器也能够实现个人主页的功能，且步骤比较简单，具体方法详见本书配套电子资源。

本实训的主要任务是在 CentOS 7.6 操作系统中搭建 Apache 服务器，练习文档根目录、首页文件、用户个人主页和虚拟主机的配置，并完成相关访问控制规则的配置。

【实训目的】

（1）理解 Apache 服务器主配置文件的结构。

（2）掌握 Apache 服务器常用功能的配置方法。

（3）掌握 Apache 服务器访问控制规则的配置方法。

【实训内容】

请按照以下步骤完成 Apache 服务器的搭建和验证。

（1）在 Apache 服务器中使用系统镜像文件搭建本地 YUM 源并安装 Apache 软件，配置

Apache 服务器和客户端的 IP 地址。

（2）测试 Apache 软件是否安装成功。

（3）将文档根目录设置为 */siso/web*，默认首页文件使用 *default.html*，内容为 "Welcome to SISO!"。

（4）新建系统用户 zys，在 Apache 服务器中启用个人主页功能。

（5）分别以基于 IP 地址、基于域名和基于端口号的形式在 Apache 服务器中搭建虚拟主机。

任务 7.6　FTP 服务配置与管理

任务陈述

FTP 历史悠久，是计算机网络领域中应用最广泛的应用层协议之一。FTP 基于 TCP 运行，是一种可靠的文件传输协议，具有跨平台、跨系统的特征。FTP 采用客户机 / 服务器模式，允许用户方便地上传和下载文件。对于每一个网络管理员来说，FTP 服务的配置和管理是必须掌握的基本技能。本任务从 FTP 的基本概念讲起，内容包括 FTP 的工作原理、工作模式、用户分类，以及 FTP 服务器的搭建和验证。

知识准备

7.6.1　FTP 服务概述

FTP 服务的主要功能是实现 FTP 客户端和 FTP 服务器之间的文件共享。用户可以在客户端上使用 FTP 命令连接 FTP 服务器来上传和下载文件，也可以借助一些专门的 FTP 客户端软件，如 FileZilla，更加方便地进行文件传输。下面介绍 FTP 的工作原理。

1. FTP 的工作原理

微课

FTP
工作模式

FTP 服务基于客户机 / 服务器模式运行，FTP 客户端和 FTP 服务器需要在建立 TCP 连接后才能进行文件传输。根据建立连接方式的不同，可把 FTP 的工作模式分为主动模式和被动模式两种，如图 7-26 所示。

（1）主动模式

FTP 客户端随机选择一个端口（一般大于 1024，这里假设为 Port A）与 FTP 服务器的 21 端口建立 TCP 连接，这条 TCP 连接被称为控制信道。FTP 客户端通过控制信道向 FTP 服务器发送指令，如查询、上传或下载等。

当 FTP 客户端需要数据时，先随机启用另一个端口（一般大于 1024，假设为 Port B），再通过控制信道向 FTP 服务器发送 PORT 指令，通知 FTP 服务器采用主动模式传输数据，以及客户端接收数据的端口为 Port B。最后 FTP 服务器使用 20 号端口与 FTP 客户端的 Port B 端口建立 TCP 连接，这条连接被称为数据信道。FTP 服务器和 FTP 客户端使用数据信道进行实际的文件传输。

图 7-26　FTP 的两种工作模式

在主动模式下，控制信道的发起方是 FTP 客户端，而数据信道的发起方是 FTP 服务器。如果 FTP 客户端有防火墙限制，或者使用了 NAT 服务，那么 FTP 服务器很可能无法与 FTP 客户端建立数据信道。

（2）被动模式

在被动模式下，控制信道的建立和主动模式完全相同，这里假设 FTP 客户端仍然使用 Port A 端口。当 FTP 客户端需要数据时，通过控制信道向 FTP 服务器发送 PASV 指令，通知 FTP 服务器采用被动模式传输数据。FTP 服务器收到 FTP 客户端的被动联机请求后，随机启用一个端口（一般大于 1024，假设为 Port P），并通过控制信道将这个端口告知 FTP 客户端。最后，FTP 客户端随机使用另一个端口（一般大于 1024，假设为 Port B）与 FTP 服务器的 Port P 建立 TCP 连接，这条连接就是数据信道。

在被动模式下，数据信道的发起方是 FTP 客户端。服务器的安全访问控制一般比较严格，因此 FTP 客户端很可能不能使用被动模式与位于防火墙后方或内部网络中的 FTP 服务器建立数据连接。

2. FTP 的用户分类

一般来说，管理员会根据资源的重要性向不同的用户开放访问权限。FTP 有以下 3 种类型的用户。

（1）匿名用户

如果要在 FTP 服务器中共享一些公开的、没有版权和保密性要求的文件，那么可以允许用户匿名访问。匿名用户在 FTP 服务器中没有对应的系统账户。

（2）本地用户

本地用户又称实体用户，即实际存在的操作系统用户。以本地用户身份登录 FTP 服务器时，默认目录就是系统用户的主目录，但是本地用户可以切换到其他目录。本地用户能执行的 FTP 操作主要取决于用户在文件系统中的权限。

（3）虚拟用户

虚拟用户也称访客用户，是指可以使用 FTP 服务但不能登录操作系统的特殊账户。虚拟用户并不是真实的操作系统用户，因此不能登录操作系统。

7.6.2　FTP 服务的安装与启停

vsftpd 是一款非常受欢迎的 FTP 软件，vsftpd 突出了 FTP 的安全性，着力于构建安全可靠的 FTP 服务器。vsftpd 软件的安装如例 7-36 所示。

例 7-36：vsftpd 软件的安装

```
[root@centos7 ~]# yum install vsftpd -y        // 安装 vsftpd 软件
[root@centos7 ~]# rpm -qa | grep vsftpd
vsftpd-3.0.2-28.el7.x86_64
```

FTP 服务的后台守护进程名为 vsftpd，启停 FTP 服务时，将 vsftpd 作为参数代入表 4-3 所示的命令中即可。例如，使用 systemctl restart vsftpd 命令可以重启 FTP 服务。

另外，需要在 FTP 客户端上安装 FTP 客户端软件，这样即可在 FTP 客户端上通过 ftp 命令访问 FTP 服务，如例 7-37 所示。

例 7-37：安装 FTP 客户端软件

```
[root@centos7 ~]# yum install ftp -y           // 安装 FTP 客户端软件
```

7.6.3　FTP 服务端配置

FTP 服务的登录用户分为 3 种，每种用户的配置方法各不相同。除了主配置文件外，FTP 服务的运行还涉及其他配置文件。下面先来介绍 FTP 服务的主配置文件，其他配置文件在使用到的时候再详细说明。

1. FTP 服务的主配置文件

FTP 服务的主配置文件是 */etc/vsftpd/vsftpd.conf*。由于主配置文件的内容大多是以"#"开头的说明信息，所以这里仍然先对文件进行备份，再过滤掉其所有的说明行，如例 7-38 所示。

微课

FTP
基本配置

例 7-38：过滤掉 vsftpd.conf 的所有说明行

```
[root@centos7 ~]# cd /etc/vsftpd
[root@centos7 vsftpd]# mv vsftpd.conf vsftpd.conf.bak
[root@centos7 vsftpd]# grep -v '#' vsftpd.conf.bak > vsftpd.conf
[root@centos7 vsftpd]# cat vsftpd.conf
```

```
anonymous_enable=YES
local_enable=YES
write_enable=YES
```

FTP 服务的主配置文件的结构相对比较简单，以 "#" 开头的是说明行，其他的是具体的参数，格式为 "*参数名 = 参数值*"，注意，"=" 前后不能有空格。FTP 的参数中有一些是全局参数，这些参数对 3 种类型的登录用户都适用，还有一些是与实际的登录用户相关的参数。FTP 服务的主配置文件中常用的全局参数如表 7-8 所示。

表 7-8　FTP 服务的主配置文件中常用的全局参数

参数名	功能
listen	指定 FTP 服务是否以独立方式运行，默认为 NO
listen_address	指定独立方式下 FTP 服务的监听地址
listen_port	指定独立方式下 FTP 服务的监听端口，默认是 21 号端口
max_clients	指定最大的客户端连接数，值为 0 时表示不限制客户端连接数量
max_per_ip	指定同一 IP 地址可以发起的最大连接数，值为 0 时表示不限制连接数量
port_enable	指定是否允许主动模式，默认为 YES
pasv_enable	指定是否允许被动模式，默认为 YES
write_enable	指定是否允许用户进行上传文件、新建目录、删除文件和目录等操作，默认为 NO
download_enable	指定是否允许用户下载文件，默认为 YES
vsftpd_log_file	vsftpd 进程的日志文件，默认是 */var/log/vsftpd.log*
userlist_enable	
userlist_deny	结合使用以允许或禁止某些用户使用 FTP 服务
userlist_file	

下面针对 3 种不同类型的 FTP 用户，分别介绍为其配置 FTP 服务器的方法。3 种用户使用的网络拓扑结构相同，如图 7-27 所示。两台 CentOS 7.6 虚拟机的网络连接方式均为 NAT 模式，实验前要保证这 2 台虚拟机的网络连通性。

FTP客户端　　　　FTP服务器
CentOS 7.6　　　　CentOS 7.6
192.168.100.110　　192.168.100.100

图 7-27　FTP 服务网络拓扑结构

2. 匿名用户登录 FTP 服务器

对于匿名用户登录 FTP 服务器的情况，要特别注意控制匿名用户的访问权限和根目录，这可以通过设置 FTP 服务的主配置文件中与匿名用户相关的参数来实现。FTP 服务的主配置文件中与匿名用户相关的常用参数如表 7-9 所示。

下面通过一个具体的例子来了解匿名用户登录 FTP 服务器的配置方法。具体要求如下：允许匿名用户登录，根目录是 */var/anon_ftp*，只能下载文件，不可以上传文件、创建目录、删除和重命名文件等。

表 7-9　FTP 服务的主配置文件中与匿名用户相关的常用参数

参数名	功能
anonymous_enable	是否允许匿名用户登录，默认为 YES
anon_root	匿名用户登录后使用的根目录。这里的根目录是指匿名用户的主目录，而不是文件系统的根目录"/"
ftp_username	匿名用户登录后具有哪个用户的权限，即匿名用户以哪个用户的身份登录，默认是 ftp 用户
no_anon_password	如果设为 YES，那么 FTP 服务不会向匿名用户询问密码，默认为 NO
anon_upload_enable	是否允许匿名用户上传文件，默认为 NO。必须启用 write_enable 参数才能使 anon_upload_enable 生效
anon_mkdir_write_enable	是否允许匿名用户创建目录，默认为 NO。必须启用 write_enable 参数才能使 anon_mkdir_write_enable 生效
anon_umask	匿名用户上传文件时使用的 umask 值，默认为 077
anon_other_write_enable	是否允许匿名用户执行除上传文件和创建目录之外的写操作，如删除和重命名，默认为 NO
anon_max_rate	指定匿名用户的最大传输速率，单位是 B/s，值为 0 时表示不限制传输速率，默认为 0

第 1 步，在 FTP 服务器中创建根目录，并在根目录中新建测试文件 *file1.100*，扩展名".100"表示其为 FTP 服务器中的文件，如例 7-39.1 所示。

例 7-39.1：配置匿名用户登录——创建根目录和测试文件

```
[root@centos7 ~]# mkdir -p /var/anon_ftp
[root@centos7 ~]# ls -ld /var/anon_ftp
drwxr-xr-x. 2 root root 6 12月 5 20:13 /var/anon_ftp
[root@centos7 ~]# touch /var/anon_ftp/file1.100
```

第 2 步，修改 FTP 服务的主配置文件，添加或修改以下内容，如例 7-39.2 所示。

例 7-39.2：配置匿名用户登录——修改 FTP 服务的主配置文件

```
[root@centos7 ~]# vim /etc/vsftpd/vsftpd.conf
anonymous_enable=YES          <== 允许匿名登录
anon_root=/var/anon_ftp       <== 设置匿名用户根目录
write_enable=NO               <== 全局参数，不允许写操作
```

第 3 步，重启 FTP 服务，修改防火墙和 SELinux 设置。

注意，下面第 4～6 步在 FTP 客户端上操作。

第 4 步，登录 FTP 客户端，在 */tmp* 目录中新建测试文件 *file1.110*，扩展名".110"表示其为 FTP 客户端中的文件，如例 7-39.3 所示。

例 7-39.3：配置匿名用户登录——新建客户端测试文件

```
[zys@centos7 ~]$ cd /tmp
[zys@centos7 tmp]$ touch file1.110
```

第 5 步，使用 ftp 命令连接 FTP 服务器并查询服务器端测试文件，如例 7-39.4 所示。

例 7-39.4：配置匿名用户登录——连接 FTP 服务器并查询服务器端测试文件

```
[zys@centos7 tmp]$ ftp  192.168.100.100
Name (192.168.100.100:zys): ftp          <== 输入匿名用户的登录身份
Password:       <== 提示输入密码，这里直接按 Enter 键即可
230 Login successful.    <== 登录成功
ftp> pwd       <== 查看当前工作目录
257 "/"
ftp> ls       <== 使用 ls 命令查看文件
-rw-r--r--   1  0   0   0  Dec 05 12:14   file1.100
ftp>
```

ftp 命令后跟 FTP 服务器的 IP 地址，执行命令后进入交互模式。首先需要输入匿名用户的登录身份，即表 7-9 中 ftp_username 参数指定的用户。因为没有在 FTP 服务的主配置文件中修改 ftp_username 的值，所以这里输入默认值ftp。系统随后提示输入密码，可以直接按 Enter 键。验证通过后可以使用其他命令执行后续操作，在本任务的【知识拓展】部分会介绍在 FTP 的交互模式中可以使用的命令。需要特别说明的是，执行 pwd 命令显示的当前工作目录是根目录 "/"，但是这里的根目录并不是 FTP 服务器文件系统的根目录，而是在 FTP 服务的主配置文件中通过 anon_root 参数设置的用户的主目录，即 /var/anon_ftp。如果没有特别说明，则在本项目中提到的根目录指的都是用户的主目录。

微课

常用FTP
命令

第 6 步，测试匿名用户的文件上传和下载权限。从 FTP 服务器中下载 *file1.100* 文件时操作成功，但上传 *file1.110* 文件时提示 "550 Permission denied."，即没有权限执行上传操作，如例 7-39.5 所示，符合任务要求。

例 7-39.5：配置匿名用户登录——测试匿名用户的文件上传和下载权限

```
ftp> get  file1.100
226 Transfer complete.
ftp> put  file1.110
550 Permission denied.
ftp> quit
```

3. 本地用户登录 FTP 服务器

本地用户就是操作系统的真实用户。推荐的设置是允许本地用户使用 FTP 服务，但是不能登录操作系统，这样可以降低账号和密码泄露带来的系统安全风险。FTP 服务的主配置文件中与本地用户相关的常用参数如表 7-10 所示。

表 7-10 FTP 服务的主配置文件中与本地用户相关的常用参数

参数名	功能
local_enable	是否允许本地用户登录 FTP 服务器，默认为 NO
local_max_rate	指定本地用户的最大传输速率，单位是 B/s，值为 0 时表示不限制传输速率，默认为 0
local_umask	本地用户上传文件时使用的 umask 值，默认为 077
local_root	本地用户登录后使用的根目录

续表

参数名	功能
chroot_local_user	是否将用户锁定在根目录中，默认为 NO
chroot_list_enable	指定是否使用 chroot 用户列表文件，默认为 NO
chroot_list_file	用户列表文件。根据 chroot_list_enable 的设置，文件中的用户可能被 chroot，也可能不被 chroot

在配置本地用户登录 FTP 服务器之前，先来学习 chroot 的意义和用法。如果一个用户被 chroot，那么该用户登录 FTP 服务器后将被锁定在自己的根目录中，只能在根目录及其子目录中进行操作，无法切换到根目录以外的其他目录。

和 chroot 相关的参数有 3 个，分别是 chroot_local_user、chroot_list_enable 和 chroot_list_file。其中，chroot_local_user 用来设置是否将用户锁定在根目录中，默认为 NO，表示不锁定；如果值为 YES，则表示把所有用户都锁定在根目录中。还可以通过 chroot_list_enable 和 chroot_list_file 两个参数指定一个文件，文件中的用户作为 chroot_local_user 设置的"例外"而存在。也就是说，如果默认设置是锁定所有用户的根目录，那么文件中的用户将不被锁定，反之亦然。chroot_list_file 用于定义具体的文件名，而 chroot_list_enable 用于指定是否启用例外。3 个 chroot 参数的具体关系如表 7-11 所示。

表 7-11　3 个 chroot 参数的具体关系

chroot_list_enable 的取值	chroot_local_user 的取值	
	chroot_local_user=NO	chroot_local_user=YES
chroot_list_enable=NO	所有用户都不被 chroot	所有用户都被 chroot
chroot_list_enable=YES	所有用户都不被 chroot。chroot_list_file 文件指定的用户例外，被 chroot	所有用户都被 chroot。chroot_list_file 文件指定的用户例外，不被 chroot

下面介绍配置本地用户登录 FTP 服务器的方法。

假设软件开发中心的 FTP 服务器中有一个目录 /siso/ito，用于保存公司的日常工作资料。用户 ss 作为 FTP 服务器的管理员，对目录有全部的读写权限，且不被 chroot；用户 zys 作为普通员工，可以执行上传及下载等操作，但是要被 chroot。下面是配置的具体操作步骤。

第 1 步，确保系统中存在本地用户 ss 和 zys。在 FTP 服务器中新建目录 /siso/ito 及两个测试文件，如例 7-40.1 所示。

例 7-40.1：配置本地用户登录——在 FTP 服务器中新建目录及测试文件

```
[root@centos7 ~]# id ss
uid=1237(ss) gid=1237(ss) 组=1237(ss),1003(devteam1),1004(devteam2)
[root@centos7 ~]# id zys
uid=1000(zys) gid=1000(zys) 组=1000(zys),1002(devteam)
```

```
[root@centos7 ~]# mkdir  -p  /siso/ito
[root@centos7 ~]# ls  -ld  /siso/ito
drwxr-xr-x.   2   root   root   40   12月  5 20:37   /siso/ito
[root@centos7 ~]# touch  /siso/ito/file2.100      // 新建服务器端测试文件
[root@centos7 ~]# touch  /siso/ito/file3.100
```

第 2 步，修改 FTP 服务的主配置文件，添加或修改以下内容，重启 FTP 服务，如例 7-40.2 所示。

例 7-40.2：配置本地用户登录——修改 FTP 服务的主配置文件并重启 FTP 服务

```
[root@centos7 ~]# vim  /etc/vsftpd/vsftpd.conf
write_enable=YES                         <== 允许用户写入
download_enable=YES                      <== 允许用户下载
local_enable=YES                         <== 允许本地用户登录 FTP 服务器
local_root=/siso/ito                     <== 本地用户根目录
chroot_local_user=YES                    <== 所有用户默认被 chroot
chroot_list_enable=YES                   <== 启用例外用户
chroot_list_file=/etc/vsftpd/chroot_list <== 例外用户列表文件
[root@centos7 ~]# systemctl  restart  vsftpd
```

第 3 步，新建例外用户列表文件 /etc/vsftpd/chroot_list，在其中添加用户 ss，如例 7-40.3 所示。

例 7-40.3：配置本地用户登录——添加例外用户

```
[root@centos7 ~]# vim  /etc/vsftpd/chroot_list
ss                 <== 只添加用户 ss
```

第 4 步，修改防火墙和 SELinux 设置。

注意，接下来几步在 FTP 客户端上操作。

第 5 步，在 FTP 客户端上新建测试文件 file2.110 和 file3.110，如例 7-40.4 所示。

例 7-40.4：配置本地用户登录——在 FTP 客户端上新建测试文件

```
[zys@centos7 ~]$ cd  /tmp
[zys@centos7 tmp]$ touch  file2.110  file3.110
```

第 6 步，在 FTP 客户端上使用用户 zys 登录 FTP 服务器，测试能否更改目录，如例 7-40.5 所示。

例 7-40.5：配置本地用户登录——使用用户 zys 测试能否更改目录

```
[zys@centos7 tmp]$ ftp  192.168.100.100
Name (192.168.100.100:zys): zys          <== 输入用户名 zys
Password:                                 <== 输入用户 zys 的密码
230 Login successful.
ftp> pwd                                  <== 查看当前目录
257 "/"                                   <== 即 /siso/ito
ftp> cd  /siso                            <== 更改目录
550 Failed to change directory.           <== 更改目录失败
ftp> ls                                   <== 查看目录内容
-rw-r--r--   1   0   0   0   Nov 28 11:46   file2.100
-rw-r--r--   1   0   0   0   Nov 28 12:34   file3.100
ftp>
```

更改目录时出现错误提示"550 Failed to change directory."，说明用户 zys 被锁定在根目录中，无法更改目录。

第 7 步，继续测试下载和上传操作，如例 7-40.6 所示。

例 7-40.6：配置本地用户登录——继续测试下载和上传操作

```
ftp> get  file2.100              <== 下载文件
226 Transfer complete.
ftp> put  file2.110              <== 上传文件
553 Could not create file.       <== 上传文件失败
ftp> quit
```

用户 zys 可以下载文件，但是上传文件时系统提示 "553 Could not create file."，即无权创建文件。遇到这样的问题可以从以下两个方面进行排查。一是检查 FTP 服务的主配置文件中是否开放了相应的权限。在例 7-40.2 中，已经设置了允许本地用户上传文件，说明不是这方面出现了问题。二是检查本地用户在 FTP 服务器的文件系统中是否有相应的写权限。具体而言，要检查用户 zys 对 /siso/ito 目录是否有写权限。在例 7-40.1 中，/siso/ito 目录的权限是 "rwxr-xr-x"，用户和属组都是 root，且没有对用户 zys 开放写权限。这里可以直接赋予用户 zys 写权限，也可以修改 /siso/ito 目录的所有者和属组，如例 7-40.7 所示。注意，这一步在 FTP 服务器中操作。

例 7-40.7：配置本地用户登录——修改根目录的权限

```
[root@centos7 ~]# chmod  o+w  /siso/ito  // 或 chown  zys  /siso/ito
[root@centos7 ~]# ls  -ld  /siso/ito
drwxr-xrwx.  2   root   root    40 12月  5 20:37     /siso/ito
```

第 8 步，修改完成后回到 FTP 客户端再次登录 FTP 服务器。奇怪的是，这次登录时出现了一个新错误，如例 7-40.8 所示。

例 7-40.8：配置本地用户登录——再次登录 FTP 服务器

```
[zys@centos7 tmp]$ ftp  192.168.100.100
Name (192.168.100.100:zys): zys
Password:
500 OOPS: vsftpd: refusing to run with writable root inside chroot()
Login failed.
421 Service not available, remote server has closed connection
ftp> quit
```

错误提示信息是 "500 OOPS: vsftpd: refusing to run with writable root inside chroot()"。这是因为 vsftpd 在 2.3.5 版本之后增强了安全限制，如果用户被锁定在其主目录中，那么该用户对其主目录就不能再具有写权限！如果登录时发现还有写权限，则会出现例 7-40.8 所示的错误提示。要解决这个问题，可以在 FTP 服务的主配置文件中设置 allow_writeable_chroot 参数，并重启 FTP 服务，如例 7-40.9 所示。

例 7-40.9：配置本地用户登录——设置 allow_writeable_chroot 参数

```
[root@centos7 ~]# vim  /etc/vsftpd/vsftpd.conf
allow_writeable_chroot=YES                  <== 增加这一行，允许对主目录的写操作
[root@centos7 ~]# systemctl  restart  vsftpd
```

第 9 步，回到 FTP 客户端重新登录 FTP 服务器，再次尝试上传客户端测试文件，发现文件上传成功，如例 7-40.10 所示。

例 7-40.10：配置本地用户登录——再次上传客户端测试文件

```
[zys@centos7 tmp]$ ftp  192.168.100.100
Name (192.168.100.100:zys): zys
Password:
230 Login successful.            <== 登录成功
ftp> put  file2.110
226 Transfer complete.           <== 文件上传成功
ftp> ls
-rw-r--r--     1      0       0       0   Dec 05 12:37   file2.100
-rw-r--r--     1   1000    1000       0   Dec 05 13:00   file2.110
-rw-r--r--     1      0       0       0   Dec 05 12:37   file3.100
ftp> quit
```

第 10 步，在 FTP 客户端上使用用户 ss 的身份进行以上测试，如例 7-40.11 所示。

例 7-40.11：配置本地用户登录——使用用户 ss 的身份进行测试

```
[siso@localhost tmp]$ ftp  192.168.100.100
Name (192.168.100.100:zys): ss            <== 输入用户名 ss
Password:                        <== 输入用户 ss 的密码
230 Login successful.
ftp> pwd                         <== 查看当前目录
257 "/siso/ito"
ftp> cd  /siso                   <== 更改目录
250 Directory successfully changed.        <== 目录更改成功
ftp> pwd                         <== 确认目录是否更改
257 "/siso"
ftp> cd  ito                     <== 返回根目录
250 Directory successfully changed.
ftp> get  file3.100              <== 下载文件
226 Transfer complete.
ftp> put  file3.110              <== 上传文件
226 Transfer complete.
ftp> ls
-rw-r--r--     1      0       0       0   Dec 05 12:37   file2.100
-rw-r--r--     1   1000    1000       0   Dec 05 13:00   file2.110
-rw-r--r--     1      0       0       0   Dec 05 12:37   file3.100
-rw-r--r--     1   1237    1237       0   Dec 05 13:01   file3.110
ftp> quit
```

可以看到，用户 ss 可以上传和下载文件，也可以更改目录，符合任务要求。

4. 虚拟用户登录 FTP 服务器

虚拟用户不是真实的操作系统本地用户，只能使用 FTP 服务，无法访问其他系统资源。使用虚拟用户可以对 FTP 服务器中的文件资源进行更精细的安全管理，还可以防止由于本地用户密码泄露带来的系统安全风险。FTP 服务的主配置文件中和虚拟用户相关的常用参数如表 7-12 所示。

使用虚拟用户登录 FTP 服务器时，虚拟用户会被映射为一个本地用户。默认情况下，虚拟用户和匿名用户具有相同的权限，尤其是在写权限方面，一般倾向于对虚拟用户进行更加严格的访问控制。

可以为每个虚拟用户指定不同的自定义配置文件，并放在 user_config_dir 参数指定的目录中，文件名为虚拟用户的用户名。自定义配置文件中的设置具有更高的优先级，因此

vsftpd 将优先使用这些设置。如果某个用户没有自定义配置文件，则直接使用 FTP 服务的主配置文件 *vsftpd.conf* 中的设置。

表 7-12　FTP 服务的主配置文件中和虚拟用户相关的常用参数

参数名	功能
local_enable	启用虚拟用户时要将此参数设为 YES，默认为 NO
guest_enable	启用虚拟账户功能，默认为 NO
guest_username	虚拟账户对应的本地用户
user_config_dir	用户自定义配置文件所在目录
virtual_use_local_privs	指定虚拟账户是否和本地用户具有相同的权限，默认为 NO
anon_upload_enable	允许虚拟用户上传文件时要将此参数设为 YES，默认为 NO
pam_service_name	vsftpd 使用的可插拔认证模块（Plugable Authentication Module，PAM）的名称

下面介绍配置虚拟用户登录 FTP 服务器的方法。

假设要创建两个虚拟用户 vuser1 和 vuser2，根目录分别为 */siso/ito/pub* 和 */var/ftp/vuser*，分别映射到本地用户 itopub 和 ftp；vuser1 可以上传和下载文件，vuser2 只能下载文件。下面是配置的具体操作步骤。

第 1 步，创建保存虚拟用户的用户名和密码的文件，奇数行是用户名，偶数行是密码，并使用 db_load 命令生成本地账号数据库文件，如例 7-41.1 所示。

例 7-41.1：配置虚拟用户登录——生成本地账号数据库文件

```
[root@centos7 ~]# cd  /etc/vsftpd
[root@centos7 vsftpd]# vim  vuser.pwd
vuser1              <== 奇数行是用户名
123456              <== 偶数行是密码
vuser2
abcdef
[root@centos7 vsftpd]# db_load  -T  -t  hash  -f  vuser.pwd  vuser.db
[root@centos7 vsftpd]# chmod  700  vuser.db
[root@centos7 vsftpd]# ls  -l  vuser*
-rwx------.  1  root  root  12288  12月  5 21:14  vuser.db
-rw-r--r--.  1  root  root     28  12月  5 21:13  vuser.pwd
```

第 2 步，为了使用第 1 步中生成的数据库文件对虚拟用户进行验证，需要调用操作系统提供的 PAM。修改 vsftpd 对应的 PAM 配置文件 */etc/pam.d/vsftpd*，将默认配置全部过滤掉并添加以下内容，如例 7-41.2 所示。

例 7-41.2：配置虚拟用户登录——修改 PAM 配置文件

```
[root@centos7 vsftpd]# vim  /etc/pam.d/vsftpd
auth         required      pam_userdb.so    db=/etc/vsftpd/vuser
account      required      pam_userdb.so    db=/etc/vsftpd/vuser
```

第 3 步，创建 vuser1 的根目录和测试文件并修改其权限，新建 vuser1 的映射用户 itopub，如例 7-41.3 所示。

例 7-41.3：配置虚拟用户登录——创建 vuser1 的根目录和测试文件并修改其权限

```
[root@centos7 vsftpd]# mkdir  -p  /siso/ito/pub
[root@centos7 vsftpd]# chmod  o+w  /siso/ito/pub
[root@centos7 vsftpd]# ls  -ld  /siso/ito/pub
drwxr-xrwx.  2  root  root  6 12 月  5 21:19  /siso/ito/pub
[root@centos7 vsftpd]# touch  /siso/ito/pub/file4.100
[root@centos7 vsftpd]# useradd  itopub
[root@centos7 vsftpd]# passwd  itopub
```

第 4 步，创建 vuser2 的根目录和测试文件并修改其权限，如例 7-41.4 所示。

例 7-41.4：配置虚拟用户登录——创建 vuser2 的根目录和测试文件并修改其权限

```
[root@centos7 vsftpd]# mkdir  -p  /var/ftp/vuser
[root@centos7 vsftpd]# chmod  o+w  /var/ftp/vuser
[root@centos7 vsftpd]# ls  -ld  /var/ftp/vuser
drwxr-xrwx.  2  root  root  6 12 月 5 21:21  /var/ftp/vuser
[root@centos7 vsftpd]# touch  /var/ftp/vuser/file5.100
```

第 5 步，修改 FTP 服务的主配置文件，添加或修改以下内容。通过 user_config_dir 参数指定保存用户自定义配置文件的目录，如例 7-41.5 所示。

例 7-41.5：配置虚拟用户登录——修改 FTP 服务的主配置文件

```
[root@centos7 vsftpd]# vim  /etc/vsftpd/vsftpd.conf
anonymous_enable=NO
local_enable=YES
guest_enable=YES
anon_upload_enable=NO
allow_writeable_chroot=YES
user_config_dir=/etc/vsftpd/user_conf       <== 此目录要手动创建
pam_service_name=vsftpd
```

第 6 步，创建第 5 步中指定的目录，同时为两个虚拟用户添加自定义配置文件，文件名和虚拟用户名相同，如例 7-41.6 所示。

例 7-41.6：配置虚拟用户登录——添加自定义配置文件

```
[root@centos7 vsftpd]# mkdir  /etc/vsftpd/user_conf
[root@centos7 vsftpd]# vim  /etc/vsftpd/user_conf/vuser1   // 文件名和虚拟用户名相同
guest_username=itopub
write_enable=YES
anon_upload_enable=YES
local_root=/siso/ito/pub
[root@centos7 vsftpd]# vim  /etc/vsftpd/user_conf/vuser2
guest_username=ftp
write_enable=NO
local_root=/var/ftp/vuser
```

第 7 步，重启 FTP 服务，并修改防火墙和 SELinux 设置。

注意，第 8 ~ 10 步在 FTP 客户端上操作。

第 8 步，在 FTP 客户端上创建测试文件，如例 7-41.7 所示。

例 7-41.7：配置虚拟用户登录——在 FTP 客户端上创建测试文件

```
[zys@centos7 ~]$ cd  /tmp
[zys@centos7 tmp]$ touch  file4.110  file5.110
```

第 9 步，在 FTP 客户端上使用 vuser1 用户的身份登录 FTP 服务器并测试下载和上传操作，如例 7-41.8 所示。

例 7-41.8： 配置虚拟用户登录——使用 vuser1 用户的身份测试下载和上传操作

```
[zys@centos7 tmp]$ ftp  192.168.100.100
Name (192.168.100.100:zys): vuser1     <== 输入用户名 vuser1
Password:               <== 输入用户 vuser1 的密码 123456
230 Login successful.
ftp> ls
-rw-r--r--    1   0     0   0  Dec 05 13:20   file4.100
ftp> get  file4.100     <== 下载文件
226 Transfer complete.
ftp> put  file4.110     <== 上传文件
226 Transfer complete.
ftp> quit
```

第 10 步，在 FTP 客户端上使用 vuser2 用户的身份登录 FTP 服务器并测试下载和上传操作，如例 7-41.9 所示。

例 7-41.9： 配置虚拟用户登录——使用 vuser2 用户的身份并测试下载和上传操作

```
[zys@centos7 tmp]$ ftp  192.168.100.100
Name (192.168.100.100:zys): vuser2     <== 输入用户名 vuser2
Password:                   <== 输入用户 vuser2 的密码 abcdef
230 Login successful.
ftp> ls
-rw-r--r--    1   0     0     0  Dec 05 13:21   file5.100
ftp> get file5.100      <== 下载文件
226 Transfer complete.
ftp> put file5.110      <== 上传文件
550 Permission denied.
ftp> quit
```

可以看到，用户 vuser1 可以上传和下载文件，用户 vuser2 只能下载文件而不能上传文件，符合任务要求。通过这种方法，实现了对不同虚拟用户访问权限的精细控制。

 任务实施

实验：搭建 FTP 服务器

本任务案例选自 2022 年全国职业院校技能大赛网络系统管理赛项试题库，稍做了修改。

某集团总部为了促进总部和各分部间的信息共享，需要在总部搭建 FTP 服务器，向总部和各分部提供 FTP 服务。FTP 服务器安装了 CentOS 7.6 操作系统，具体要求如下。

（1）使用本地 YUM 源安装 vsftpd 软件。

（2）FTP 服务器 IP 地址为 192.168.100.100，使用本地用户模式。

（3）创建本地用户 tom。

（4）设置本地用户的根目录为 */data/ftp_data* 并在目录中创建 *ftp_test* 空文件。

（5）允许用户 tom 上传和下载文件。

（6）将用户 tom 锁定在其根目录中。

以下是完成本任务的操作步骤。

第 1 步，设置虚拟机 IP 地址为 192.168.100.100，安装 vsftpd 软件。

第 2 步，创建普通用户 tom，新建根目录和测试文件，如例 7-42.1 所示。

例 7-42.1：搭建 FTP 服务器——创建普通用户，新建根目录和测试文件

```
[root@appsrv ~]# useradd  tom
[root@appsrv ~]# passwd  tom
[root@appsrv ~]# mkdir  -p  /data/ftp_data
[root@appsrv ~]# chmod  o+w  /data/ftp_data
[root@appsrv ~]# touch  /data/ftp_data/ftp_test
[root@appsrv ~]# ls  -ld  /data/ftp_data
drwxr-xrwx.  2  root  root  22  12月 5 22:08  /data/ftp_data
```

第 3 步，修改 FTP 服务的主配置文件，添加以下内容，重启 FTP 服务，如例 7-42.2 所示。

例 7-42.2：搭建 FTP 服务器——修改 FTP 服务的主配置文件

```
[root@appsrv ~]# vim  /etc/vsftpd/vsftpd.conf
write_enable=YES                      <== 允许用户写入
download_enable=YES                   <== 允许用户下载
local_enable=YES                      <== 允许本地用户登录 FTP 服务器
local_root=/data/ftp_data             <== 本地用户根目录
chroot_local_user=YES                 <== 所有用户默认被 chroot
allow_writeable_chroot=YES            <== 允许对主目录进行写操作
[root@appsrv ~]# systemctl  restart  vsftpd
```

第 4 步，修改防火墙和 SELinux 的设置。

注意，以下步骤在 FTP 客户端上操作。

第 5 步，以 tom 用户身份登录 FTP 服务器并验证相关功能，如例 7-42.3 所示。

例 7-42.3：搭建 FTP 服务器——登录 FTP 服务器并验证相关功能

```
[zys@ftpcli ~]$ cd  /tmp
[zys@ftpcli tmp]$ touch  file6.110              // 新建客户端测试文件
[siso@localhost tmp]$ ftp  192.168.100.100
Name (192.168.100.100:zys): tom                 <== 输入用户名 tom
Password:                                        <== 输入用户 tom 的密码
230 Login successful.
ftp> pwd              <== 查看当前工作目录
257 "/"
ftp> ls               <== 查看目录内容
-rw-r--r--  1  0  0  0  Dec 05 14:08  ftp_test
ftp> get  ftp_test    <== 下载文件
226 Transfer complete.
ftp> put  file6.110   <== 上传文件
226 Transfer complete.
ftp> ls
-rw-r--r--  1  1240  1240  0  Dec 05 14:21  file6.110
-rw-r--r--  1  0     0     0  Dec 05 14:08  ftp_test
ftp> quit
```

知识拓展

在 FTP 命令交互模式中使用的命令和之前学习过的 Linux 命令相同或类似，常用的 FTP 命令及其功能详见本书配套电子资源。

任务实训

本实训的主要任务是在 CentOS 7.6 操作系统中搭建 FTP 服务器，练习匿名用户、本地用户和虚拟用户的配置方法。

【实训目的】

（1）理解 vsftpd 主配置文件的结构。

（2）掌握匿名用户登录 FTP 服务器的配置方法。

（3）掌握本地用户登录 FTP 服务器的配置方法。

（4）掌握虚拟用户登录 FTP 服务器的配置方法。

【实训内容】

本实训的网络拓扑结构如图 7-27 所示，请按照以下步骤完成 FTP 服务器的搭建和验证。

（1）在 FTP 服务器中使用系统镜像文件搭建本地 YUM 源并安装 vsftpd 软件，配置 FTP 服务器和客户端的 IP 地址。

（2）在 FTP 客户端上使用本地 YUM 源安装 FTP 软件。

（3）备份 vsftpd 主配置文件，过滤掉以 "#" 开头的说明行。

（4）配置匿名用户登录 FTP 服务器并进行验证，具体要求如下。

① 启用匿名用户登录功能。

② 匿名用户根目录是 /var/anon_ftp。

③ 匿名用户只能下载文件，不能对 FTP 服务器进行任何写操作。

④ 匿名用户的最大数据传输速率是 500B/s。

（5）配置本地用户登录 FTP 服务器并进行验证，具体要求如下。

① 启用本地用户登录功能。

② 本地用户根目录是 /var/local_ftp。

③ 新建两个本地用户 local_user1 和 local_user2。

④ 两个用户都可以上传和下载文件、创建目录等。

⑤ local_user1 被锁定在根目录中，local_user2 可以更改目录。

（6）配置虚拟用户登录 FTP 服务器并进行验证，具体要求如下。

① 启用虚拟用户登录功能。

② 新建两个虚拟用户 vir_user1 和 vir_user2，密码均为 123456。

③ 使用 db_load 命令生成数据库文件，修改 PAM 相关文件。

④ vir_user1 具有自定义配置文件，可以上传和下载文件，不被锁定在根目录中。

⑤ vir_user2 没有自定义配置文件，可以下载但不能上传文件，被锁定在根目录中。

任务 7.7 邮件服务配置与管理

任务陈述

邮件服务是互联网中使用最多的网络服务之一，邮件服务的出现极大地改变了人们工作和生活的沟通方式。借助邮件服务，人们可以随时随地接收来自同事、家人或朋友的电子邮件，就像是有一个隐形的"邮递员"整日奔波于互联网中不知疲倦地收信和送信一样。邮件服务具体是如何工作的，其中涉及哪些网络协议？在 CentOS 操作系统中如何搭建邮件服务器？这些问题将在本任务中一一得到解答。

知识准备

7.7.1 邮件服务工作过程

邮件服务运行过程中涉及多个参与方。这些参与方按照邮件协议的规定相互协作，共同完成邮件的收发操作。邮件服务的工作过程如图 7-28 所示。下面结合该图详细介绍在邮件的传输过程中各个参与方的角色和职责。

图 7-28　邮件服务的工作过程

1. MUA

邮件用户代理（Mail User Agent，MUA）即通常所说的邮件客户端，也就是安装在用户主机中的邮件客户端软件。常用的 MUA 有 Foxmail、Thunderbird 及 Outlook Express 等。用户通过 MUA 从邮件服务器接收邮件，并在 MUA 提供的界面中浏览、编写和发送邮件。

2. MTA

邮件传送代理（Mail Transfer Agent，MTA）主要负责收信与寄信。不严格地说，可以认为 MTA 管理了一个域名下的多个邮件账号。用户在 MUA 中创建的邮件会被发送至发件人邮件账号对应的 MTA。MTA 会检查邮件的收件人信息。如果 MTA 发现自己不是收件人的 MTA，则将邮件转发给下一个 MTA。常用的 MTA 软件有 Sendmail、Postfix 等。

3. MDA

不管是否涉及邮件转发，最终总会有一个 MTA 接管这些邮件。该 MTA 将邮件交给邮件投递代理（Mail Deliver Agent，MDA），MDA 负责把邮件保存到收件人的收件箱中。收件箱其实是邮件服务器中的一个或多个文件。另外，MDA 除了负责把邮件保存到邮件服务器本地文件中外，还可以执行其他管理功能，如邮件过滤。常用的 MDA 软件有 Procmail、Maildrop 等。

4. MRA

邮件接收代理（Mail Receive Agent，MRA）与 MUA 交互，帮助收件人从其收件箱中收取邮件。常用的 MRA 软件有 Dovecot 等。

7.7.2　邮件服务相关协议

从图 7-28 中可以看出，邮件收发时还涉及多个邮件协议，这些协议规定了邮件的格式以及邮件收发参与方应该如何协作。限制篇幅，下文仅简单介绍常见邮件协议的主要特点。

1. SMTP

简单邮件传输协议（Simple Mail Transfer Protocol，SMTP）是一种可靠且有效的邮件传输协议，使用 TCP 的端口 25，是发送邮件时使用的标准协议。SMTP 定义了从发件人（源地址）到收件人（目的地址）传输邮件的规则，以及邮件在传输过程中的中转方式。从图 7-28 中可以看出，MUA 向 MTA 发送邮件以及一个 MAT 向另一个 MTA 转发邮件时使用的都是 SMTP。

SMTP 的重要特性之一是可以跨越网络传输，即 SMTP 邮件中继。使用 SMTP 可以实现同一网络内部主机之间的邮件传输，也可以通过中继器或网关实现不同网络之间的邮件传输。SMTP 服务器是遵循 SMTP 的发送邮件服务器，用来发送或转发用户发出的邮件。

2. IMAP 和 POP3

因特网消息访问协议（Internet Message Access Protocol，IMAP）和邮局协议第三版（Post Office Protocol-Version 3，POP3）是目前使用广泛的邮件接收协议。邮件客户端可以通过这些协议从邮件服务器获取邮件信息并下载邮件。从图 7-28 中可以看出，MUA 与 MRA 交互时使用的就是 IMAP 或 POP3。IMAP 和 POP3 均运行于 TCP/IP 之上，使用的端口分别是 143 和 110。

7.7.3 邮件服务的安装与启停

本任务需要在邮件服务器中安装两款软件，即 Postfix 和 Dovecot，分别负责邮件的发送和接收。本任务使用的邮件客户端软件是 Thunderbird，有关该软件的相关介绍详见 5.2.2 节。这几款软件的安装过程如例 7-43 所示。

例 7-43：安装邮件服务相关软件

```
[root@centos7 ~]# yum install postfix -y
[root@centos7 ~]# yum install dovecot -y
[root@centos7 ~]# rpm -qa | grep -E 'postfix|dovecot'
postfix-2.10.1-9.el7.x86_64
dovecot-2.2.36-8.el7.x86_64
```

Postfix 和 Dovecot 的后台守护进程分别为 postfix 和 dovecot，启停方法与本项目前面介绍的几种服务类似，将对应进程代入表 4-3 所示的命令中即可，这里不赘述。

选择【应用程序】→【互联网】→【Thunderbird】选项，或者在终端窗口中直接使用 thunderbird 命令，打开 Thunderbird 主窗口，如图 7-29 所示。

图 7-29 Thunderbird 主窗口

7.7.4 邮件服务配置流程

一般来说，可以按照以下流程搭建 Linux 邮件服务器。

（1）配置 Postfix 服务器。

（2）配置 Dovecot 服务器。

（3）邮件服务器本地配置，如新建本地邮件用户、设置本机域名等。

（4）在邮件客户端上添加邮箱账号。

1. Postfix 配置要点

Postfix 的主配置文件是 */etc/postfix/main.cf*，配置格式是"参数名 = 参数值"，配置文件中以"#"开头的是注释行。Postfix 常用配置参数及其含义如表 7-13 所示。

表 7-13　Postfix 常用配置参数及其含义

参数名	含义
myhostname	邮件服务器所在主机的主机名，采用 FQDN 的形式，如 mail.siso.edu.cn
mydomain	邮件服务器管理的域名，即发件人的邮箱域名，如 siso.edu.cn
myorigin	发件人邮箱对应的域名，默认为 mydomain 参数值
mydestination	此邮件服务器能够接收的收件人邮箱域名，有多个域名时，各域名间以逗号分隔
mynetworks	受信任的网络范围，来自该网络的邮件可以经由此邮件服务器中继。有多个网络时，各网络间以逗号或空格分隔
inet_interfaces	Postfix 监听的网络接口，即 Postfix 接收邮件的网卡，默认为所有接口
home_mailbox	邮件的存储位置，这是相对于邮件用户本地主目录的存储位置

2．Dovecot 配置要点

Dovecot 的主配置文件是 /etc/dovecot/dovecot.conf，也采用"参数名 = 参数值"的语法格式。Dovecot 还有若干辅助的配置文件部署在 /etc/dovecot/conf.d 子目录中。Dovecot 常用配置参数及其含义如表 7-14 所示。

表 7-14　Dovecot 常用配置参数及其含义

配置文件	参数名	含义
dovecot.conf	protocols	Dovecot 支持的协议，如 IMAP、POP3 等，以各协议名间空格分隔
	listen	Dovecot 监听的端口，"*"":"分别表示监听所有的 IPv4 和 IPv6 端口
conf.d/10-auth.conf	disable_plaintext_auth	是否允许明文密码验证
	auth_mechanisms	Dovecot 的认证机制
conf.d/10-mail.conf	mail_location	邮件存储格式及位置，要与 Postfix 接收邮件的方式相同
conf.d/10-master.conf	service imap-login 配置区段下的 port 参数	IMAP 的服务端口
	service pop3-login 配置区段下的 port 参数	POP3 的服务端口
conf.d/10-ssl.conf	ssl	是否启用安全邮件协议，如 IMAPS/POP3S

3．邮件服务器本地设置

邮件客户端通过 Dovecot 从邮件服务器获取邮件列表并下载邮件，Dovecot 同时负责验证用户身份。可以将用户信息存储在邮件服务器本地，将其视为操作系统用户检查 /etc/

passwd 文件。也可以将用户信息存储在数据库中，与数据库服务器建立连接后验证用户身份。本任务后续实验将采用前一种方式，因此需要在邮件服务器中新建本地用户作为邮箱账号。另外，需要设置邮件服务器的主机名和域名，并根据需要设置邮箱账号别名。具体设置方法详见下文【任务实施】部分。

4. 邮件客户端设置

邮件服务器配置完成之后，需要在邮件客户端上添加邮箱账号进行测试。本任务使用 Thunderbird 作为邮件客户端，具体设置方法详见下文【任务实施】部分。

实验：搭建邮件服务器

本任务选自 2022 年全国职业院校技能大赛网络系统管理赛项试题库，稍做了修改。

某公司打算在内部网络应用服务器中部署邮件服务，方便员工交流。邮件服务器同时承担 DNS 服务器的功能，其网络拓扑结构如图 7-30 所示。邮件服务器安装了 CentOS 7.6 操作系统，具体要求如下。

（1）安装配置 Postfix 和 Dovecot，启用 SMTP 和 IMAP。

（2）创建测试用户 mailuser1 和 mailuser2，用户邮件均存储到用户主目录的 Maildir 中。

（3）添加广播邮箱地址 all@chinaskills.cn，当该邮箱收到邮件时，所有用户都能在自己的邮箱中查看邮件。

（4）使用 mailuser1@chinaskills 的邮箱向 mailuser2@chinaskills 的邮箱发送一封测试邮件，邮件标题为"just test mail from mailuser1"，邮件内容为"hello, mailuser2"。

（5）使用 mailuser2@chinaskills 的邮箱向 mailuser1@chinaskills 的邮箱发送一封测试邮件，邮件标题为"just test mail from mailuser2"，邮件内容为"hello, mailuser1"。

（6）使用 mailuser1@chinaskills 的邮箱向 all@chinaskills 的邮箱发送一封测试邮件，邮件标题为"just test mail from mailuser1 to all"，邮件内容为"hello, all"。

IP地址：192.168.100.100
DNS: chinaskills.cn

邮件客户端emailcli   邮件服务器appsrv

图 7-30　邮件服务网络拓扑结构

以下是完成本任务的操作步骤。

注意，第 1 ~ 11 步在邮件服务器上操作。

第 1 步，设置邮件服务器的 IP 地址，安装邮件相关软件，如例 7-44.1 所示。

例 7-44.1：搭建邮件服务器——安装邮件相关软件

```
[root@appsrv ~]# yum install postfix -y
[root@appsrv ~]# yum install dovecot -y
```

第 2 步，参照任务 7.4 在邮件服务器上配置 DNS 服务，如例 7-44.2 所示，其中显示了区域文件的记录。

例 7-44.2：搭建邮件服务器——配置 DNS 服务

```
[root@appsrv ~]# vim /var/named/zone.chinaskills.cn
@       IN  MX 10    mail
mail    IN  A        192.168.100.100
[root@appsrv ~]# systemctl restart named
[root@appsrv ~]# nslookup mail.chinaskills.cn
Server:      192.168.100.100
Address:     192.168.100.100#53
Name:        mail.chinaskills.cn
Address:     192.168.100.100
```

第 3 步，在 Postfix 主配置文件 /etc/postfix/main.cf 中配置以下参数，并重启 postfix 服务，如例 7-44.3 所示。

例 7-44.3：搭建邮件服务器——配置参数

```
[root@appsrv ~]# vim /etc/postfix/main.cf
myhostname = mail.chinaskills.cn
mydomain = chinaskills.cn
myorigin = $mydomain
inet_interfaces = all
mydestination = $myhostname, localhost.$mydomain, localhost, $mydomain
mynetworks = 0.0.0.0/0
home_mailbox = Maildir/
[root@appsrv ~]# systemctl restart postfix
```

第 4 步，在 Dovecot 主配置文件 /etc/dovecot/dovecot.conf 中进行修改，如例 7-44.4 所示。

例 7-44.4：搭建邮件服务器——修改 /etc/dovecot/dovecot.conf

```
[root@appsrv ~]# vim /etc/dovecot/dovecot.conf
protocols = imap
listen = *              <== 只在 IPv4 接口上监听服务
```

第 5 步，在 Dovecot 配置文件 /etc/dovecot/conf.d/10-auth.conf 中进行修改，如例 7-44.5 所示。

例 7-44.5：搭建邮件服务器——修改 /etc/dovecot/conf.d/10-auth.conf

```
[root@appsrv ~]# vim /etc/dovecot/conf.d/10-auth.conf
disable_plaintext_auth = no
auth_mechanisms = plain login
```

第 6 步，在 Dovecot 配置文件 /etc/dovecot/conf.d/10-mail.conf 中进行修改，如例 7-44.6 所示。

例 7-44.6：搭建邮件服务器——修改 */etc/dovecot/conf.d/10-mail.conf*

```
[root@appsrv ~]# vim /etc/dovecot/conf.d/10-mail.conf
mail_location = maildir:~/Maildir
```

第 7 步，在 Dovecot 配置文件 */etc/dovecot/conf.d/10-ssl.conf* 中进行修改，并重启 dovecot 服务，如例 7-44.7 所示。

例 7-44.7：搭建邮件服务器——修改 */etc/dovecot/conf.d/10-ssl.conf*

```
[root@appsrv ~]# vim /etc/dovecot/conf.d/10-ssl.conf
ssl = no
[root@appsrv ~]# systemctl restart dovecot
```

第 8 步，检查邮件服务器上各服务的端口活动状态，如例 7-44.8 所示。

例 7-44.8：搭建邮件服务器——检查邮件服务器上各服务的端口活动状态

```
[root@appsrv ~]# netstat -tulnp | grep -E ' :143 | :25 '
Tcp    0    0    127.0.0.1:25      0.0.0.0:*    LISTEN    4787/master
Tcp    0    0    0.0.0.0:143       0.0.0.0:*    LISTEN    4956/dovecot
```

第 9 步，修改防火墙和 SELinux 的设置。

第 10 步，在邮件服务器上新建本地用户，如例 7-44.9 所示。

例 7-44.9：搭建邮件服务器——新建本地用户

```
[root@appsrv ~]# useradd mailuser1
[root@appsrv ~]# useradd mailuser2
[root@appsrv ~]# passwd mailuser1
[root@appsrv ~]# passwd mailuser2
```

第 11 步，在邮件服务器上新建邮箱别名。具体方法是在 */etc/aliases* 文件中添加一行别名记录，并执行 newaliases 命令，如例 7-44.10 所示。

例 7-44.10：搭建邮件服务器——新建邮箱别名

```
[root@appsrv ~]# vim /etc/aliases
all: mailuser1 , mailuser2
[root@appsrv ~]# newaliases
```

注意，第 12 ～ 15 步在邮件客户端上操作。

第 12 步，设置邮件客户端的 DNS 服务器。可以通过修改网卡配置文件的 DNS 选项，或者直接修改 */etc/resolv.conf* 文件实现，如例 7-44.11 所示。

例 7-44.11：搭建邮件服务器——设置邮件客户端 DNS 服务器

```
[root@emailcli ~]# vim /etc/resolv.conf
nameserver 192.168.100.100
```

第 13 步，在邮件客户端上安装 Thunderbird 软件。如果是安装后首次使用，则系统会自动打开【设置现有的电子邮件账户】窗口。在其中输入账户名、电子邮件账号和密码后单击【手动配置】按钮。在服务器设置选项组中分别设置收件服务器（IMAP 或 POP3 服务器）及发件服务器（SMTP 服务器）的具体参数，如图 7-31 所示。单击【重新测试】按钮，测试服务器连通性并验证邮件账户合法性。如果测试通过，则单击【完成】按钮结束邮件账号添加操作。采用同样的方式添加邮件账号 mailuser2。

第14步，添加完两个邮件账号后，按照任务要求编辑并发送邮件，如图7-32所示。如果要发送广播邮件，则在收件人处填写 all@chinaskills.cn 即可。图7-33和图7-34所示分别为mailuser1的已发送消息界面和mailusre2的收件箱界面。

图7-31 【设置现有的电子邮件账户】窗口

图7-32 编辑并发送邮件

图7-33 mailuser1的已发送消息界面

图 7-34　mailuser2 的收件箱界面

 知识拓展

本任务的【任务实施】部分搭建的邮件服务器采用明文传输邮件账号及密码，这是一种不安全的通信方式。现在比较普遍的做法是使用 SSL 对 IMAP 和 POP3 进行加密，提高邮件传输的安全性，具体方法详见本书配套电子资源。

 任务实训

本实训的主要任务是在 CentOS 7.6 操作系统中搭建邮件服务器，练习 Postfix 和 Dovecot 的配置方法。

【实训目的】

（1）理解邮件服务的工作原理和配置流程。

（2）掌握 Postfix 的配置方法。

（3）掌握 Dovecot 的配置方法。

（4）掌握邮件服务器的验证方法。

【实训内容】

请按照以下步骤完成邮件服务器的搭建和验证。

（1）在邮件服务器上安装 Postfix 和 Dovecot 软件，在邮件客户端主机上安装 Thunderbird，配置邮件服务器和客户端主机的 IP 地址。

（2）在邮件服务器上配置 DNS 服务，添加 MX 记录指定邮件服务器，域名为 chinaskills.cn。

（3）设置邮件服务器的主机名和域名，分别为 mailsrv 和 mail.chinaskills.cn。

（4）配置 Postfix 服务器和 Dovecot，启用 SMTP 和 IMAP。

（5）创建测试用户 zxy 和 xxt，用户邮件均存储到用户主目录下的 Maildir 中。

（6）添加广播邮箱地址 all@chinaskills.cn，当该邮箱收到邮件时，所有用户都能在自己的邮箱中查看该邮件。

（7）使用 zxy@chinaskills.cn 的邮箱向 xxt@chinaskills.cn 的邮箱发送一封测试邮件，邮件标题为 "mail from zxy"，邮件内容为 "hello, xxt"。

（8）使用 xxt@chinaskills.cn 的邮箱向 zxy@chinaskills.cn 的邮箱发送一封测试邮件，邮件标题为 "mail from xxt"，邮件内容为 "hello, zxy"。

（9）使用 zxy@chinaskills.cn 的邮箱向 all@chinaskills.cn 的邮箱发送一封测试邮件，邮件标题为 "mail from zxy to all"，邮件内容为 "hello, all"。

任务 7.8 数据库服务配置与管理

任务陈述

信息时代的一个典型特征是数据产生的速度非常快，由此带来的问题是如何有效地存储、检索、管理和利用这些数据。数据库管理系统是介于应用程序与底层数据存储之间的大型中间件，为上层应用程序提供管理数据的接口，提高数据利用的效率，保证数据存储的安全性。数据库管理系统有多种类型，其中常用的是关系型数据库。本任务以 CentOS 7 操作系统中常用的 MariaDB 为例，简单介绍数据库管理系统的基本概念、配置与管理方法。

知识准备

7.8.1 数据库管理系统概述

数据库管理系统（Database Management System，DBMS）是一种用于建立、修改、访问和维护数据库的大型软件。数据库管理员通过 DBMS 对数据库进行统一的管理和控制，用户通过 DBMS 访问数据库中的数据。DBMS 主要职责之一是维护数据的安全性和完整性，以及进行多用户下的并发控制和数据库恢复。

目前使用较多的是关系型数据库。关系型数据库使用二维表结构表示数据及数据间的关系，而表由行和列组成。表 7-15 所示为学生基本信息表，下面结合该表简单介绍关系型数据库的基本概念。

表 7-15　学生基本信息表

学号	姓名	性别	入学年份	班级
210124001	唐诗	女	2021	网络 211
210124002	宋词	男	2021	网络 211
210124003	元曲	男	2021	网络 211

（1）实体（Entity）。可以简单地认为一张表就代表一个实体，是设计数据库时对事物及其关系进行分类的结果。例如，学生、教室和学校是不同的实体。

（2）行（Row）。表的一行也称为一条记录，代表实体的一个实例。例如，表 7-15 的每一行代表一个不同的学生。

（3）列（Column）。表的一列也称为一个字段（Field），表示实体的一个属性（Attribute）。每一列都用不同的名称标识，如学号、姓名等。另外，每一列的数据类型都是相同的。常见的数据类型有数字类型、日期和时间类型、字符串类型等。

（4）值（Value）。值指的是实例属性的具体取值。例如，第 1 个学生的学号取值为 210124001。

（5）键（Key）。键是表的某 1 列或某几列，用来识别表中特定的行。键的值在其所在列必须是唯一的。如果键由多列组成，那么这些列的取值的组合必须是唯一的。在表 7-15 中，键是学号，因为一个学生可由其学号唯一标识。

关系型数据库采用结构化查询语言（Structured Query Language，SQL）对数据进行操作，具有容易理解和操作方便的特点，还有利维护数据之间的一致性。下文将要介绍的 MariaDB 数据库是典型的关系型数据库。

7.8.2　MariaDB 的安装与启停

MariaDB 数据库管理系统是 MySQL 的一个分支，主要由开源社区维护。MySQL 是目前非常流行的关系型数据库。尤其是在 Web 应用方面，MySQL 是最好的应用软件之一。MariaDB 虽然被视为 MySQL 数据库的替代品，但它在扩展功能、存储引擎以及一些新的功能改进方面都强过 MySQL。MariaDB 和 MySQL 在绝大多数方面是兼容的，因此从 MySQL 迁移到 MariaDB 非常简单。本任务使用 MariaDB 作为数据库操作平台。安装 MariaDB 数据库需要用到 mariadb-server 和 mariadb 两个软件包，MariaDB 的安装如例 7-45 所示。

例 7-45：MariaDB 的安装

```
[root@centos7 ~]# yum install mariadb-server mariadb -y
[root@centos7 ~]# rpm -qa | grep mariadb
mariadb-5.5.68-1.el7.x86_64
mariadb-libs-5.5.68-1.el7.x86_64
mariadb-server-5.5.68-1.el7.x86_64
```

启停 MariaDB 数据库服务时将 mariadb 作为参数代入表 4-3 所示的命令中即可，具体操作这里不赘述。

7.8.3　管理 MariaDB 数据库

下面介绍管理和维护 MariaDB 数据库时常用的操作及注意事项。

1．数据库初始化

MariaDB 数据库安装完成后，为提高数据库的安全性，一般要使用 mysql_secure_installation 命令对数据库进行初始化操作。数据库初始化主要完成以下几项工作。

（1）设置 root 用户登录数据库时的密码。

（2）删除匿名用户。

（3）禁止 root 用户远程登录。

（4）删除默认的测试数据库。

（5）刷新数据库授权列表，使数据库初始化设置立即生效。

MariaDB 数据库的初始化过程如例 7-46 所示。

例 7-46：MariaDB 数据库的初始化过程

```
[root@centos7 ~]# mysql_secure_installation
Enter current password for root (enter for none):    <== 输入 root 用户的密码
Set root password? [Y/n]  y                          <== 设置 root 用户的密码
New password:
Re-enter new password:
Password updated successfully!
Remove anonymous users? [Y/n]  y                     <== 删除匿名用户
Disallow root login remotely? [Y/n]  n               <== 禁止 root 用户远程登录
Remove test database and access to it? [Y/n] y       <== 删除名为 test 的数据库及对该数据库的
访问权限
Reload privilege tables now? [Y/n] y                 <== 刷新数据库授权列表，使修改生效
```

注意，使用 mysql_secure_installation 需要先输入 root 用户的密码。这里的 root 用户的密码是指 root 用户登录数据库的密码，不是 root 用户登录操作系统的密码，后面设置的 root 用户的密码也是指其登录数据库的密码。

2．登录数据库

在终端窗口中使用 mysql 命令即可登录 MariaDB 数据库，如例 7-47 所示。其中，-u 选项后跟登录用户名，-p 选项指定需要输入登录密码。密码验证成功后进入数据库交互式环境，通过执行 SQL 语句完成特定功能。输入"quit"或"exit"退出数据库。

例 7-47：登录 MariaDB 数据库

```
[root@centos7 ~]# mysql  -u  root  -p
Enter password:       <== 输入 root 用户的密码
……
MariaDB [(none)]> quit
Bye
```

3. 数据库常用操作

数据库管理员的常用操作主要包括创建和删除数据库或表、数据库权限管理等。普通用户的数据库操作主要集中在对数据本身的增加、修改、删除和查询上。MariaDB 数据库常用操作命令及其含义如表 7-16 所示。感兴趣的读者可以自行查阅相关资料学习更多的数据库操作。

表 7-16　MariaDB 数据库常用操作命令及其含义

常用操作命令	含义
create database *db_name* ;	创建新的数据库
drop database *db_name* ;	删除指定数据库
use *db_name* ;	切换到指定数据库
show databases ;	显示当前所有的数据库
show tables ;	显示当前数据库中的数据表
create table *t_name* (*f1_name f1_type f1_length* , ...) ;	创建数据表
drop table *t_name* ;	删除数据表
desc *t_name* ;	显示数据表的表结构
select * from *t_name* where ...;	从数据表中查询满足指定条件的记录
insert into *t_name* values ('*value1*', '*value2* ', ...) ;	向数据表中插入新的记录
update *t_name* set *f1_name* = '*value1*',... where ... ;	修改数据表中满足指定条件的记录
delete from *t_name* where ... ;	从数据表中删除满足指定条件的记录

4. 数据库备份与恢复

数据库备份是数据库管理员日常维护工作的重要内容，可以在一定程度上提高数据库的安全性。一般将数据库备份成文件，在需要时利用备份文件还原数据库。mysqldump 命令用于 MariaDB 数据库的备份与恢复。mysqldump 命令的用法非常灵活，支持不同粒度的数据库备份。例如，可以备份全部或指定数据库、备份数据表或表中的指定记录，也可以只导出表结构而不导出数据。mysqldump 命令的基本用法如例 7-48 所示，实际案例详见下文的【任务实施】部分。

例 7-48：mysqldump 命令的基本用法

```
// 备份全部数据库
mysql -u root -p -A > /tmp/backup1.sql

// 备份 db1 和 db2 两个数据库
mysqldump -u root -p --databases db1 db2 > /tmp/backup2.sql

// 备份 db1 数据库中的表 t1
mysqldump -u root -p --databases db1 --tables t1 > /tmp/backup3.sql

// 备份 db1 数据库中的表 t1 的指定记录
mysqldump -u root -p --databases db1 --tables t1 --where='id=25' > /tmp/backup4.sql

// 备份 db1 数据库中的表结构
```

```
mysqldump -u root -p --no-data --databases db1 > /tmp/backup5.sql

// 恢复数据库，将数据库备份文件输入重定向到mysqldump
mysqldump -u root -p < /tmp/backup1.sql
```

任务实施

实验：搭建数据库服务器

本任务案例选自 2022 年全国职业院校技能大赛网络系统管理赛项试题库，稍做了修改。

某公司打算在内部网络中部署邮件服务，将邮件账户信息保存在 MariaDB 数据库中，故需要搭建数据库服务器。数据库服务器安装了 CentOS 7.6 操作系统，具体要求如下。

（1）安装 MariaDB 数据库软件。初始化数据库时设置 root 用户的密码、删除匿名用户和测试数据库，同时禁止 root 用户远程登录数据库。

（2）创建新用户 mailadmin，密码为 ChinaSkill22!。

（3）创建数据库 maildb。

（4）在数据库 maildb 中创建表 mailbox，其包含 4 个字段，分别是 username（用户名）、pwd（密码）、domain（域名）、ctime（创建时间），其中 username 是主键。授予 mailadmin 用户可以完全访问 mailbox 表的权限。

（5）以 mailadmin 用户身份登录数据库，切换到 maildb 数据库。向 mailbox 表中插入两条数据，用户名分别为 mailuser1@chinaskills.cn 和 mailuser2@chinaskills.cn，密码默认均为 123456。

（6）备份 mailbox 表中的数据。

以下是完成本任务的操作步骤。

第 1 步，安装 MariaDB 相关软件包并启用数据库服务，如例 7-49.1 所示。

例 7-49.1：搭建数据库服务器——安装 MariaDB 软件包并启用数据库服务

```
[root@mariadbsrv ~]# yum install mariadb-server mariadb -y
[root@mariadbsrv ~]# systemctl restart mariadb
```

第 2 步，按要求初始化 MariaDB 数据库，如例 7-49.2 所示。

例 7-49.2：搭建数据库服务器——初始化 MariaDB 数据库

```
[root@mariadbsrv ~]# mysql_secure_installation
Enter current password for root (enter for none):
Set root password? [Y/n] y
New password:
Re-enter new password:
Password updated successfully!
Remove anonymous users? [Y/n] y
Disallow root login remotely? [Y/n] y
Remove test database and access to it? [Y/n] y
```

```
Reload privilege tables now? [Y/n] y
```

第 3 步，使用新设置的 root 用户的密码登录数据库并创建用户 mailadmin，如例 7-49.3 所示。

例 7-49.3：搭建数据库服务器——登录数据库并创建用户

```
[root@mariadbsrv ~]# mysql -u root -p
Enter password:
Welcome to the MariaDB monitor.  Commands end with ; or \g.
Your MariaDB connection id is 9
Server version: 5.5.68-MariaDB MariaDB Server
MariaDB [(none)]> create user mailadmin@'localhost' identified by 'ChinaSkill22!' ;
```

第 4 步，创建 maildb 数据库，并切换到该数据库，如例 7-49.4 所示。可以看到，新建的数据库是空的。

例 7-49.4：搭建数据库服务器——创建 maildb 数据库

```
MariaDB [(none)]> create database maildb ;
MariaDB [(none)]> use maildb;
MariaDB [maildb]> show tables;
Empty set (0.00 sec)
```

第 5 步，在 maildb 数据库中新建表 mailbox，并授予 mailadmin 用户完全访问权限，如例 7-49.5 所示。

例 7-49.5：搭建数据库服务器——创建数据表并授权

```
MariaDB [maildb]> create table mailbox (username varchar(60) primary key, pwd
varchar(20), domain varchar(40), ctime datetime) ;
MariaDB [maildb]> show tables ;
| Tables_in_maildb |
+--------------+
| mailbox      |
MariaDB [maildb]> desc mailbox ;
+-----------+-------------+------+------+---------+------ +
| Field     | Type        | Null | Key  | Default| Extra |
+-----------+-------------+------+------+---------+------ +
| username  | varchar(60) | NO   | PRI  | NULL    |       |
| pwd       | varchar(20) | YES  |      | NULL    |       |
| domain    | varchar(40) | YES  |      | NULL    |       |
| ctime     | datetime    | YES  |      | NULL    |       |
MariaDB [maildb]> grant all privileges on mail.mailbox to mailadmin@'%' ;
MariaDB [maildb]> quit
```

第 6 步，以 mailadmin 用户身份登录数据库，切换到 maildb 数据库，向 mailbox 表中插入两条数据，如例 7-49.6 所示。

例 7-49.6：搭建数据库服务器——插入表数据

```
[root@mariadbsrv ~]# mysql -u mailadmin -p
Enter password:
MariaDB [(none)]> use maildb ;
MariaDB [maildb]> insert into mailbox values ('mailuser1@chinaskills.cn', '123456',
'chinaskills.cn', '2022-11-30 11:02:25');
MariaDB [maildb]> insert into mailbox values ('mailuser2@chinaskills.cn', '123456',
'chinaskills.cn', '2022-11-30 11:02:25');
MariaDB [maildb]> select * from mailbox ;
| username                | pwd  | domain       | ctime     |
```

```
+--------------------------+--------+----------------+----------------------+
| mailuser1@chinaskills.cn | 123456 | chinaskills.cn | 2022-11-30 11:02:25  |
| mailuser2@chinaskills.cn | 123456 | chinaskills.cn | 2022-11-30 11:02:25  |
MariaDB [maildb]> quit
```

第 7 步，备份 mailbox 表中插入的两条数据，如例 7-49.7 所示。

例 7-49.7：搭建数据库服务器——备份表数据

```
[root@mariadbsrv ~]# mysqldump -u root -p --databases maildb --tables mailbox > /tmp/
mailbox.sql
Enter password:
[root@mariadbsrv ~]# ls  -l  /tmp/mailbox.sql
-rw-r--r--.  1  root  root  2105  11 月 30 11:08  /tmp/mailbox.sql
```

 知识拓展

mysqldump 命令提供了非常丰富的数据库备份和恢复方法，方便数据库管理员根据实际需要灵活选择，具体内容详见本书配套电子资源。

 任务实训

本实训的主要任务是在 CentOS 7.6 操作系统中搭建 MariaDB 数据库服务器，练习 MariaDB 数据库的常用操作。

【实训目的】

（1）掌握 MariaDB 数据库的安装方法。

（2）掌握 MariaDB 数据库的初始化方法。

（3）掌握 MariaDB 数据库中创建数据库和表的方法及步骤。

（4）掌握增加、删除、修改和查询数据的基本语法。

【实训内容】

请按照以下步骤完成邮件服务器的搭建和验证。

（1）安装 MariaDB 数据库软件。

（2）初始化 MariaDB 数据库。设置 root 用户的密码并删除匿名用户和测试数据库，但允许 root 用户远程登录数据库。

（3）创建数据库 studb。

（4）在数据库 studb 中创建表 student，其包含 5 个字段，分别是 id（学号）、name（姓名）、sex（性别）、class（班级）、年级（grade）。其中，id 是主键。

（5）向 student 表中插入两条数据，id 分别是 1 和 2。

（6）备份 student 表中的数据。

（7）修改 student 表中 id 为 1 的记录，将其年级改为 2022。

（8）删除 student 表中 id 为 2 的数据。

（9）恢复数据库 studb，查看 student 表中的数据是否为最初插入的两条记录。

项目小结

本项目主要介绍了几种常见网络服务器的配置与管理，包括 Samba 服务器、NFS 服务器、DHCP 服务器、DNS 服务器、Apache 服务器、FTP 服务器、邮件服务器和数据库服务器。Samba 服务的主要作用是为不同操作系统间的资源共享提供统一的平台；NFS 是一个跨平台的网络文件系统，NFS 客户端能够像访问本地资源一样访问 NFS 服务器中的文件资源；DHCP 服务在大型的网络环境中为大量主机动态分配 IP 地址等网络参数，防止因手动分配 IP 地址可能产生的地址冲突等问题，减轻了网络管理员的管理负担；DNS 协议在整个互联网体系中发挥着极其重要的作用，可以把 DNS 看作一个巨大的分布式数据库，其基于分级管理的工作机制，向全世界的主机提供域名解析服务；Apache 是目前流行的搭建 Web 服务器的软件之一，具有出色的安全性和跨平台特性；FTP 是计算机网络领域中应用非常广泛的应用层协议之一，基于 TCP 运行，是一种可靠的文件传输协议，具有跨平台、跨系统的特征，允许用户方便地上传和下载文件；邮件服务采用 SMTP、IMAP 和 POP3 等协议完成邮件的收发，是目前应用非常广泛的网络应用之一；数据库服务是计算机环境中不可或缺的基础服务，使用 MariaDB 搭建的数据库服务器具有开源、成本低、扩展性好的特点。

项目练习题

一、Samba 练习题

1. 选择题

（1）使用 Samba 服务共享了目录，但是在 Windows 网络邻居中看不到它，应该在 /etc/smb.conf 中进行的设置是（   ）。

  A．Allow Windows Clients= yes   B．Hidden=no

  C．Browseable = yes   D．以上都不是

（2）（   ）命令允许 198.168.100.0/24 访问 Samba 服务器。

  A．hosts enable=198 168.100.   B．hosts allow=198.168.100.

  C．hosts accept=198.168.100.   D．hosts accept=198.168.100.0/24.

（3）启用 Samba 服务时，（   ）是必须运行的端口监控程序。

  A．nmbd   B．lmbd   C．mmbd   D．smbd

（4）Samba 服务的密码文件是（   ）。

　　　A．smb.conf　　　　　　B．smbclient　　　　　C．smbpasswd　　　　D．samba.conf

（5）可以通过设置（　　　）来控制访问 Samba 共享服务器的合法主机名。

　　　A．allow hosts　　　　　B．valid hosts　　　　C．valid users　　　D．hosts allow

（6）Samba 的主配置文件不包括（　　　）。

　　　A．global 段　　　　　　　　　　　　B．directory shares 段

　　　C．printers shares 段　　　　　　　　D．application shares 段

（7）Samba 服务的默认安全模式等级是（　　　）。

　　　A．user　　　　　　　　B．share　　　　　　　C．server　　　　　D．ads

（8）Samba 服务器的配置文件是（　　　）。

　　　A．httpd.conf　　　　　B．inetd.conf　　　　　C．rc.samba　　　　D．smb.conf

（9）在 Linux 中安装 Samba 服务器程序时，可以使（　　　）。

　　　A．Windows 访问 Linux 中 Samba 服务器共享的资源

　　　B．Linux 访问 Windows 主机中的共享资源

　　　C．Windows 主机访问 Windows 服务器共享的资源

　　　D．Windows 访问 Linux 中的域名解析服务

（10）改变 Samba 主配置文件后需要（　　　）。

　　　A．重启 Samba 服务，使新的配置文件生效

　　　B．重启系统，使新的配置文件生效

　　　C．执行 smbadmin reload 命令，使新的配置文件生效

　　　D．发送心跳信号给 smbd 与 nmbd 进程，使新的配置文件生效

（11）某公司使用 Linux 操作系统搭建了 Samba 文件服务器，在用户名为 gtuser 的员工出差期间，为了避免该账号被其他员工冒用，需要临时将其禁用，此时可以使用（　　　）命令。

　　　A．smbpasswd -a gtuser　　　　　　　B．smbpasswd -d gtuser

　　　C．smbpasswd -e gtuser　　　　　　　D．smbpasswd -x gtuser

（12）关于 Linux 操作系统用户与 Samba 用户的关系，以下说法正确的是（　　　）。

　　　A．如果没有建立对应的系统用户，则无法添加或使用 Samba 用户

　　　B．Samba 用户与同名的系统用户的登录密码必须相同

　　　C．与 Samba 用户同名的系统用户必须能够登录 Shell

　　　D．使用 smbpasswd 命令可以添加 Samba 用户及与其同名的系统用户

2．填空题

（1）启用 Samba 服务器的命令是＿＿＿＿＿。

（2）Samba 服务器一共有 4 种安全等级。使用＿＿＿＿＿等级，用户不需要账号及密码即

可登录 Samba 服务器。

（3）设置 Samba 服务开机启动的命令是_____。

（4）Samba 用户的用户名和密码保存在_____文件中。

（5）Samba 服务的两个后台守护进程是_____和_____。

3. 简答题

（1）简述 Samba 服务的工作原理。

（2）简述 Samba 服务器的部署流程。

二、NFS 练习题

1. 选择题

（1）下列不属于 NFS 特点的是（　　　）。

    A. NFS 提供透明的文件传输服务　　　　B. NFS 能发挥数据集中的优势

    C. NFS 配置灵活，性能优异　　　　　　D. NFS 不能跨平台使用

（2）NFS 能提供透明的文件传输，这里的"透明"是指（　　　）。

    A. NFS 服务器能够同时为多个 NFS 客户端提供服务

    B. NFS 服务器可以灵活地增加存储空间

    C. NFS 客户端访问本地资源和远程文件的方式是相同的

    D. NFS 客户端和 NFS 服务器可以安装不同的操作系统

（3）NFS 使用的文件传输机制是（　　　）。

    A. Samba　　　　　　B. RPC　　　　　C. Web　　　　　D. FTP

（4）NFS 服务的主配置文件是（　　　）。

    A. /etc/fstab　　　　　　　　　　　　B. /etc/aliases

    C. /etc/exports　　　　　　　　　　　D. /etc/yum.conf

（5）允许某一网段的所有主机使用 NFS 服务，可以将客户端配置为（　　　）。

    A. 172.16.1.3　　　　　　　　　　　B. 172.16.1.0/24

    C. mail.chinaskills.cn　　　　　　　　D. *.chinaskills.cn

（6）允许 NFS 客户端对共享目录具有读写权限，需要指定的共享项为（　　　）。

    A. ro　　　　　　　　B. rw　　　　　　C. sync　　　　　D. noaccess

2. 填空题

（1）NFS 采用典型的_____架构，支持跨平台跨系统的文件共享。

（2）_____文件传输是指 NFS 客户端能够像访问本地资源一样访问远程文件资源。

（3）NFS 能发挥_____的优势，降低 NFS 客户端的存储空间需求。

（4）NFS 使用＿＿＿＿＿＿实现文件传输。

（5）NFS 服务的主配置文件是＿＿＿＿＿＿。

3. 简答题

（1）简述 NFS 服务的主要特点。

（2）简述 NFS 服务的部署流程。

三、DHCP 练习题

1. 选择题

（1）DHCP 租约过程为（   ）。

    A. Discover - Offer - Request - ACK   B. Discover - ACK - Request - Offer

    C. Request - Offer - Discover - ACK   D. Request - ACK - Discover - Offer

（2）ipconfig /release 命令的作用是（   ）。

    A. 获取 IP 地址   B. 释放 IP 地址

    C. 查看所有 IP 配置   D. 查看 IP 地址

（3）ipconfig /renew 命令的作用是（   ）。

    A. 获取 IP 地址   B. 释放 IP 地址

    C. 查看所有 IP 配置   D. 查看 IP 地址

（4）ipconfig /all 命令的作用是（   ）。

    A. 获取 IP 地址   B. 释放 IP 地址   C. 查看所有 IP 配置   D. 查看 IP 地址

（5）创建保留 IP 地址时，主要绑定其（   ）。

    A. MAC 地址   B. IP 地址   C. 名称   D. 域名

（6）DHCP 使用（   ）端口来监听和接收客户请求消息。

    A. TCP   B. TCP/IP   C. IP   D. UDP

（7）在大型网络中部署网络服务时，至少要有一个（   ）服务器。

    A. DNS   B. DHCP   C. 网络主机   D. 域名

（8）DHCP 简称（   ）。

    A. 静态主机配置协议   B. 动态主机配置协议

    C. 主机配置协议   D. 域名解析协议

（9）DHCP 可以为网络提供的服务不包括（   ）。

    A. 自动分配 IP 地址   B. 设置网关

    C. 设置 DNS   D. 设置 DHCP 服务器的 IP 地址

（10）要实现动态 IP 地址分配，网络中至少要有一台计算机的操作系统中安装（   ）。

    A. DNS 服务器   B. DHCP 服务器

C.　IIS 服务器　　　　　　　　　　　　D.　主域控制器

（11）DHCP 使用的端口号是（　　　　）。

A.　80　　　　　　　B.　20 和 21　　　　C.　67 和 68　　　　D.　53

（12）通过 DHCP 服务器的 host 声明为特定主机分配保留 IP 地址时，使用（　　　）关键字指定相应的 MAC 地址。

A.　mac-address　　　　　　　　　　　B.　hardware-ethernet

C.　fixed-address　　　　　　　　　　D.　match-physical-address

2. 填空题

（1）DHCP 是_____的简称，其作用是为网络中的主机分配 IP 地址。

（2）DHCP 工作过程中会产生_____、_____、_____和_____4 种报文。

（3）在 Windows 环境中，使用_____命令可以查看 IP 地址配置，使用_____命令可以释放 IP 地址，使用_____命令可以重新获取 IP 地址。

（4）客户机从 DHCP 服务器获取地址有_____、_____和_____3 种方式。

（5）DHCP 采用了客户机 / 服务器结构，因此 DHCP 有两个端口号：服务器为_____，客户机为_____。

（6）DHCP 采用_____协议作为传输协议。

3. 简答题

（1）DHCP 分配地址有哪 3 种方式？

（2）DHCP 的选项有什么作用，其常用选项有哪些？

（3）动态 IP 地址方案有什么优缺点？简述 DHCP 的工作原理。

四、DNS 练习题

1. 选择题

（1）DNS 服务器配置文件中的 A 记录表示（　　　）。

A.　域名到 IP 地址的映射　　　　　　B.　IP 地址到域名的映射

C.　官方 DNS　　　　　　　　　　　　D.　邮件服务器

（2）DNS 指针记录是指（　　　）。

A.　A　　　　　　　B.　PTR　　　　　　C.　CNAME　　　　　D.　NS

（3）在（　　　）文件中可以修改使用的 DNS 服务器。

A.　/etc/hosts.conf　　　　　　　　　B.　/etc/hosts

C.　/etc/sysconfig/network　　　　　　D.　/etc/resolv.conf

（4）在 Linux 操作系统中，使用 BIND 配置 DNS 服务器时，若需要设置 192.168.10.0/24

网段的反向区域，则（　　　　）是该反向域名的正确表示方式。

  A.　192.168.10.in-addr.arpa   B.　192.168.10.0.in-addr.arpa

  C.　10.168.192.in-addr.arpa   D.　0.10.168.192.in-addr.arpa

（5）在 Linux 操作系统中，使用 BIND 配置 DNS 服务器时，若需要在区域文件中指定该域的邮件服务器，则应该添加（　　　　）记录。

  A.　NS   B.　MX   C.　A   D.　PTR

（6）在 gt.edu 域中，有一台主机的 IP 地址为 202.13.157.28，域名为 sales.gt.edu，域名服务器为 BIND，使用 named.157.13.202 文件来记录该域的反向解析库，则关于 sales.gt.edu 主机的正确反向解析记录为（　　　　）。

  A.　28. IN PTR sales.gt.edu.   B.　28 IN PTR sales.gt.edu.

  C.　sales. IN PTR 202.13.157.28   D.　sales IN PTR 202.13.157.28

（7）在 DNS 服务器的区域配置文件中，PTR 记录的作用是（　　　　）。

  A.　定义主机的别名

  B.　用于设置主机域名到 IP 地址的对应记录

  C.　用于设置 IP 地址到主机域名的对应记录

  D.　描述主机的操作系统信息

（8）配置文件（　　　　）用于保存当前主机所使用的 DNS 服务器地址。

  A.　/etc/hosts   B.　/etc/host.conf

  C.　/etc/resolv.conf   D.　/etc/resolve.conf

（9）关于 DNS 服务器，以下说法正确的是（　　　　）。

  A.　DNS 服务器不需要配置客户端

  B.　建立某个分区的 DNS 服务器时，只需要建立一个主 DNS 服务器

  C.　主 DNS 服务器需要启动 named 进程，而从 DNS 服务器不需要启动 named 进程

  D.　DNS 服务器的 root.cache 文件包含了根名称服务器的有关信息

（10）在 DNS 配置文件中，用于表示某主机别名的是（　　　　）。

  A.　NS   B.　CNAME   C.　NAME   D.　CN

（11）可以完成域名与 IP 地址的正向解析和反向解析任务的命令是（　　　　）。

  A.　nslookup   B.　arp   C.　ifconfig   D.　dnslook

2.　填空题

（1）DNS 实际上是分布在 Internet 中的主机信息的数据库，其作用是实现_____和_____之间的转换。

（2）当 LAN 中没有条件建立 DNS 服务器，但又想让局域网中的用户使用计算机名互相访问时，应配置_____文件。

（3）DNS 默认使用的端口号是_____。

（4）DNS 的后台服务进程是_____。

（5）在 Internet 中，计算机之间直接利用 IP 地址进行寻址，因而需要将用户提供的主机名转换为 IP 地址，人们把这个过程称为_____。

（6）在 DNS 顶级域中，表示商业组织的是_____。

（7）_____表示主机的资源记录，_____表示别名的资源记录。

（8）DNS 服务器有 4 类：_____、_____、_____和_____。

3. 简答题

（1）DNS 服务器主要有哪几种配置类型？

（2）简述 SOA 和 NS 记录的主要作用。

（3）为什么要部署 DNS 转发服务器，它有哪些类型？

（4）为什么要部署辅助 DNS 服务器，它有什么特点？

五、Apache 练习题

1. 选择题

（1）通过调整 httpd.conf 文件的（　　）配置参数，可以更改 Apache 站点默认的首页文件。

    A. DocumentRoot　　　　　　　　B. ServerRoot

    C. DirectoryIndex　　　　　　　　D. DefaultIndex

（2）当 Apache Web 服务器产生错误时，用于设定在浏览器中显示管理员电子邮箱地址的参数是（　　）。

    A. ServerName　　　　　　　　　B. ServerAdmin

    C. ServerRoot　　　　　　　　　D. DocumentRoot

（3）Apache 服务器提供服务的标准端口是（　　）。

    A. 10000　　　　B. 23　　　　C. 80　　　　D. 53

（4）在 Apache 服务器的配置文件 httpd.conf 中，设定用户个人主页存放目录的参数是（　　）。

    A. UserDir　　　B. Directory　　　C. public_html　　　D. DirectoryIndex

（5）从 Internet 中获得软件最常采用的是（　　）。

    A. WWW　　　B. Telnet　　　C. FTP　　　D. DNS

（6）下列选项中，不是 URL 地址中包含信息的是（　　）。

    A. 主机名　　　B. 端口号　　　C. 网络协议　　　D. 软件版本

（7）在默认的安装中，Apache 将自己的配置文件放在（　　　）目录中。

    A．/etc/httpd/　　　　B．/etc/httpd/conf　　　　C．/etc/　　　　D．/etc/apache

（8）CentOS 提供的 WWW 服务器软件是（　　　）。

    A．IIS　　　　B．Apache　　　　C．PWS　　　　D．IE

（9）Apache 服务器是（　　　）。

    A．DNS 服务器　　　　　　　　　B．Web 服务器

    C．FTP 服务器　　　　　　　　　D．SendMail 服务器

（10）如果要修改默认的 WWW 服务的端口号为 8080，则需要修改配置文件中的（　　　）。

    A．pidfile 80　　　　B．timeout 80　　　　C．keepalive 80　　　　D．listen 80

2．填空题

（1）＿＿＿＿＿＿＿是实现 WWW 服务器功能的应用程序，即通常所说的"Web 服务器"，在服务器端为用户提供浏览 Web 服务的就是 Apache 应用程序。

（2）Web 服务器在 Internet 中使用最为广泛，它采用的是＿＿＿＿＿＿＿结构。

（3）在 Linux 中，Web 服务器 Apache 的主配置文件的绝对路径是＿＿＿＿＿＿＿。

（4）Apache 的 httpd 服务程序使用的是＿＿＿＿＿＿＿端口。

（5）URL 的英文全称为＿＿＿＿＿＿＿，中文名称为＿＿＿＿＿＿＿。

3．简答题

（1）简述 Web 浏览器和 Web 服务器交互的过程。

（2）什么是虚拟目录，它有什么优势？

（3）简述在一台 Apache 服务器上基于不同 IP 地址配置虚拟主机的方式。

（4）简述在一台 Apache 服务器上基于不同端口配置虚拟主机的方式。

（5）简述在一台 Apache 服务器上基于不同域名配置虚拟主机的方式。

六、FTP 练习题

1．选择题

（1）FTP 服务使用的端口是（　　　）。

    A．21　　　　B．23　　　　C．25　　　　D．53

（2）可以一次下载多个文件的命令为（　　　）。

    A．mget　　　　B．get　　　　C．put　　　　D．mput

（3）（　　　）不是 FTP 用户类型。

    A．本地用户　　　　B．匿名用户　　　　C．虚拟用户　　　　D．普通用户

（4）修改配置文件 *vsftpd.conf* 的（　　）参数可以实现独立启动。

    A. listen=YES   B. listen=NO   C. boot=standalone D. boot=xinetd

（5）在配置文件 *vsftpd.conf* 中，如果设置 userlist_enable=YES、userlist_deny=NO，则参数 userlist_file 指定的文件中所列的用户（　　）。

    A. 可以访问 FTP 服务   B. 不能够访问 FTP 服务

    C. 可以读写 FTP 服务中的文件   D. 不可以读写 FTP 服务中的文件

（6）在配置文件 *vsftpd.conf* 中，允许匿名用户删除文件的权限由（　　）参数提供。

    A. anonymous_enable   B. anon_mkdir_write_enable

    C. anon_other_write_enable   D. anon_root

（7）在 *vsftpd.conf* 文件中增加以下内容，表示对（　　）用户进行设置。

```
write_enable=YES
anon_world_readable_only=NO
anon_upload_enable=YES
anon_mkdir_write_enable=YES
```

    A. 匿名   B. 本地   C. 虚拟   D. 普通

（8）命令 rpm　-qa | grep　vsftpd 的功能是（　　）。

    A. 安装 vsftpd 程序   B. 启动 vsftpd 程序

    C. 检查系统是否已安装 vsftpd 程序   D. 运行 vsftpd 程序

（9）在 TCP/IP 模型中，应用层包含了所有的高层协议，在下列应用协议中，（　　）是实现本地与远程主机之间文件传输的协议。

    A. Telnet   B. FTP   C. SNMP   D. NFS

（10）在 Linux 操作系统中，小张使用系统默认的 vsftpd 架设了 FTP 服务器，他新建了一个名为 gtuser 的用户，并修改了 */etc/vsftpd/vsftpd.conf* 文件，加入了以下两行内容，并把用户 gtuser 加入了 */etc/vsftpd/user_list* 文件中，则用户 gtuser 在客户端登录时会被（　　）。

```
userlist_enable=YES
userlist_deny=NO
```

    A. 允许登录   B. 拒绝登录   C. 不确定   D. 以上都对

（11）在 Linux 操作系统中搭建 vsftpd 服务器时，若需要限制本地用户的最大传输速率为 200Kb/s，则可以在配置文件中设置（　　）。

    A. max_clients=20   B. max_per_ip=20

    C. local_max_rate=200000   D. local_max_rate=200

（12）在 Linux 操作系统中配置 vsftpd 服务器时，若需要限制最多允许 50 个客户端同时连接，则应该在 *vsftpd.conf* 文件中设置（　　）。

    A. max_clients=50   B. max_per_ip=50

    C. local_max_rate=50   D. anon_max_rate=50

2．填空题

（1）启用 vsftpd 服务的命令是_____。

（2）登录 FTP 服务器的匿名用户的用户名是_____。

（3）FTP 服务用于完成文件下载和上传，FTP 的英文全称是_____。

（4）FTP 服务通过使用一个共同的用户名_____，其密码不限的管理策略，使任何用户都可以方便地从服务器中下载文件。

（5）FTP 的工作模式主要有两种：_____和_____。

（6）默认 root 用户_____访问 FTP 服务。

（7）FTP 使用_____和_____端口工作。

（8）在 FTP 客户端上一次上传多个文件的命令是_____。

3．简答题

（1）FTP 服务器有哪两种工作模式，它们的基本原理是什么？

（2）如何配置匿名用户登录 FTP 服务器？

（3）如何配置本地用户登录 FTP 服务器？

（4）如何配置虚拟用户登录 FTP 服务器？

七、邮件服务练习题

1．选择题

（1）与 MUA 交互，帮助收件人从其收件箱中收取邮件的是（　　　）。

　　A．MUA　　　　　　B．MTA　　　　　　C．MDA　　　　　　D．MRA

（2）以下不属于常用 MUA 的是（　　）。

　　A．Foxmail　　　　B．Thunderbird　　C．Outlook Express　D．Postfix

（3）（　　）是一种常用的 MTA。

　　A．Postfix　　　　B．Thunderbird　　C．Dovecot　　　　D．Foxmail

（4）（　　）是一种常用的 MRA。

　　A．Dovecot　　　　B．Foxmail　　　　C．Thunderbird　　D．Postfix

（5）发送邮件时使用的标准协议是（　　）。

　　A．POP3　　　　　B．IMAP　　　　　C．SMTP　　　　　D．ICMP

（6）（　　）是广泛使用的邮件接收协议，使用的端口是 143/TCP。

　　A．POP3　　　　　B．IMAP　　　　　C．SMTP　　　　　D．ICMP

（7）POP3 使用的端口是（　　）。

　　A．25　　　　　　B．57　　　　　　C．110　　　　　　D．80

2. 填空题

（1）邮件用户代理简称为_____，即通常所说的邮件客户端。

（2）MUA 先将邮件发送至发件人所在的_____。

（3）Dovecot 是一种典型的_____。

（4）_____定义了传输邮件的规则，以及邮件在传输过程中的中转方式。

（5）IMAP 和 POP3 均运行于 TCP/IP 协议之上，使用的端口分别是_____和_____。

3. 简答题

（1）简述和邮件相关的几个基本概念。

（2）简述邮件服务的工作过程。

（3）简述常用的邮件协议。

八、数据库服务练习题

1. 选择题

（1）关于 DBMS，不正确的一项是（　　）。

    A．DBMS 用于建立、修改、访问和维护数据库

    B．使用 DBMS 可以对数据进行统一的管理和控制

    C．DBMS 一般不支持多用户

    D．DBMS 的衡量指标包括功能、稳定性和扩展性

（2）数据库分类方式与其他 3 种不同的是（　　）。

    A．实时数据库　　　　B．层次数据库　　　C．网状数据库　　　D．关系数据库

（3）设计数据库时对事物及其关系进行分类，得到的是（　　）。

    A．实体　　　　　　　B．行　　　　　　　C．列　　　　　　　D．键

（4）数据表的一行代表（　　）。

    A．实体的一个实例　　　　　　　　　B．实体的一个属性

    C．实例属性的取值　　　　　　　　　D．实体的唯一标识

（5）关于数据表主键的说法，正确的是（　　）。

    A．由数据表的 1 列组成

    B．用于唯一标识实体的一个实例

    C．键的值可以重复或为空

    D．必须是数字类型，不能是字符串类型

2. 填空题

（1）数据库管理系统简称_____。

（2）DBMS 具有_____和_____的特性，支持多个用户和应用程序同时进行操作。

（3）DBMS 的衡量指标包括_____、_____和_____。

（4）按照数据在数据库中的存储和管理方式，可将数据库分为_____、_____和_____。

（5）在关系型数据库中，一系列的行和列组成一个_____。

（6）设计数据库时，学生、教室和学校可被抽象为_____。

（7）_____用于唯一标识表中的特定行，其值在表中必须是唯一的。

3. 简答题

（1）简述数据库管理系统的主要作用。

（2）简述 3 种数据库类型的主要特点。